全国中等职业技术学校电工类专业一体化精品教材

PLC基础与实训

中国劳动社会保障出版社

图书在版编目(CIP)数据

PLC基础与实训/人力资源和社会保障部教材办公室组织编写. —北京：中国劳动社会保障出版社，2010

全国中等职业技术学校电工类专业一体化精品教材

ISBN 978-7-5045-8441-0

Ⅰ.①P… Ⅱ.①人… Ⅲ.①可编程序控制器-专业学校-教材 Ⅳ.①TM571.6

中国版本图书馆CIP数据核字(2010)第140079号

中国劳动社会保障出版社出版发行

（北京市惠新东街1号 邮政编码：100029）

出 版 人：张梦欣

*

北京市科星印刷有限责任公司印刷装订 新华书店经销

787毫米×1092毫米 16开本 14.5印张 342千字

2010年7月第1版 2024年11月第20次印刷

定价：24.00元

营销中心电话：400-606-6496

出版社网址：http://www.class.com.cn

http://jg.class.com.cn

前　言

为了更好地适应全国中等职业技术学校电工类专业的教学要求，全面提升教学质量，人力资源和社会保障部教材办公室组织全国有关学校的一线教师和行业、企业专家，在充分调研企业生产和学校教学情况的基础上，研发、出版了全国中等职业技术学校电工类专业一体化精品教材。本套教材充分吸收国内外职业教育教学的先进理念，借鉴一体化教学改革的最新成果，在体系构建和内容设置上具有突出特点。

一是教材体系完整，为教和学提供有力支持。

从电工类专业教学实际需求出发，构建既有通用基础平台又有不同专业方向平台的完整的一体化教材体系。其中，通用基础平台的教材包括《电工基础》《电子技术基础》《电工电子基本技能》《电子小制作》；专业方向平台的教材包括《电机变压器设备安装与维护》《电气控制线路安装与检修》《PLC 基础与实训》《楼宇智能化技术》《电气运行》《视频监控与安防技术》《楼宇综合布线》《继电保护装置及二次回路》等，适用于电气自动化设备安装与维修、楼宇自动控制设备安装与维护、变配电设备运行与维护等专业方向的教学。

从“助教”和“助学”的角度构建每门课程对应的教学资源，结构如下：

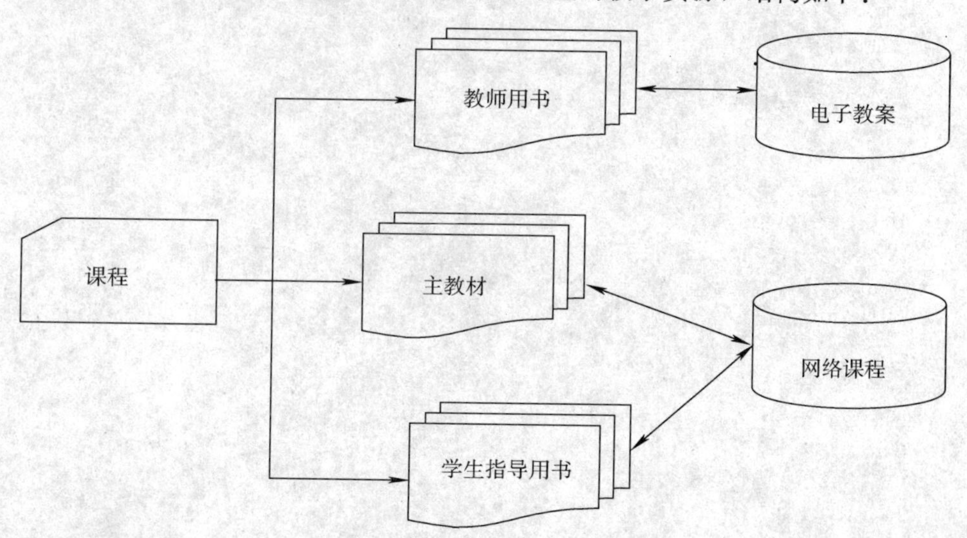

其中，主教材讲授各门课程的主要知识和技能，内容准确、针对性强，并通过课题的设置和栏目的设计，突出教学的互动性，启发学生自主学习。教师用书涵盖教材内容分析、教学过程建议、课堂活动设计等多个方面的内容，为教师提供全面的教学指导服务。在教师用书之后还附有教学用电子教案等多媒体教学素材光盘。学生指导用书除包含课后习题外，还设置了与教师用书配套的课堂活动设计内容，注重学生综合素质培养、知识面拓展和能力强化，成为贯穿学生整个学习过程的学习指导材料。网络课程根据主教材和学生指导用书开发，用于学生通过网络进行远程自学。

二是教材内容精良，为能力培养打造坚实平台。

在内容的选择和组织上，坚持以能力为本位，重视实践能力的培养。力求使教材内容涵盖《国家职业标准·维修电工》（中级）、《国家职业标准·智能楼宇管理师》（智能楼宇管理员）和《国家职业标准·变配电室值班电工》（中级）的知识和技能要求。结合一体化教学理念，以典型工作任务为载体，整合相应的知识和技能，实现理论与操作技能的统一，使学生在一个个贴近企业的具体职业情境中学习，既符合职业教育的基本规律，又有利于培养学生分析问题和解决问题的综合职业能力。

在内容的呈现方式上，尽可能使用图片、实物照片或表格等形式将各个知识点和操作过程生动地展示出来，力求给学生营造一个更加直观的认知环境。同时，设计了很多贴近生活的导入和小栏目，以期激发学生的学习兴趣。

本套教材的开发得到了河北、江苏、陕西、河南、广西、广东等省、自治区人力资源和社会保障厅及有关学校的大力支持，在此我们表示诚挚的谢意。

人力资源和社会保障部教材办公室

2010年6月

简　介

本书是全国中等职业技术学校电工类专业一体化精品教材，通过典型工作任务，介绍可编程序控制器的应用知识与技能，共包括 11 个学习项目：电动机的单向连续运行控制、三相异步电动机正反转控制、自动送料小车控制、抢答器控制系统、花式喷泉控制系统、彩灯控制系统、简易汽车自动清洗装置、液体混合控制系统、皮带运输机、十字路口交通灯控制、机械手物料传送和分拣装置控制系统。

本书由王淑玲、刘玲娣、洪海、姚锦卫、刘维、王金荣、杨征编写，王淑玲主编，刘玲娣任副主编；杨杰忠审稿。

目　　录

项目一

电动机的单向连续运行控制

学习目标

1. 了解可编程序控制器的特点。
2. 掌握三菱 PLC 的软硬件结构及工作原理。
3. 掌握 PLC 的外部接线。
4. 掌握梯形图的画法。
5. 掌握电动机单向连续运行控制的编程、安装、调试方法。

项目任务

在实际生产中，如鼓风机、砂轮机（见图 1—1）等很多生产机械的运转都需要应用电动机的单向运行。

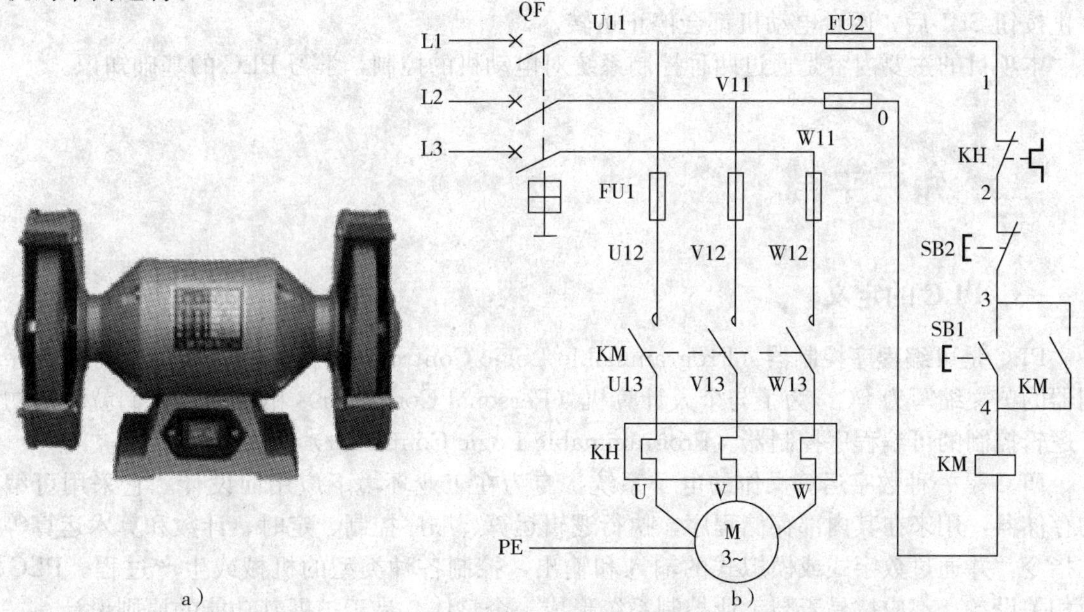

图 1—1 砂轮电动机的单方向运行

a）砂轮电动机 b）控制电路图

图 1—2 所示是一台三相异步电动机单方向连续运行控制的实物安装图。

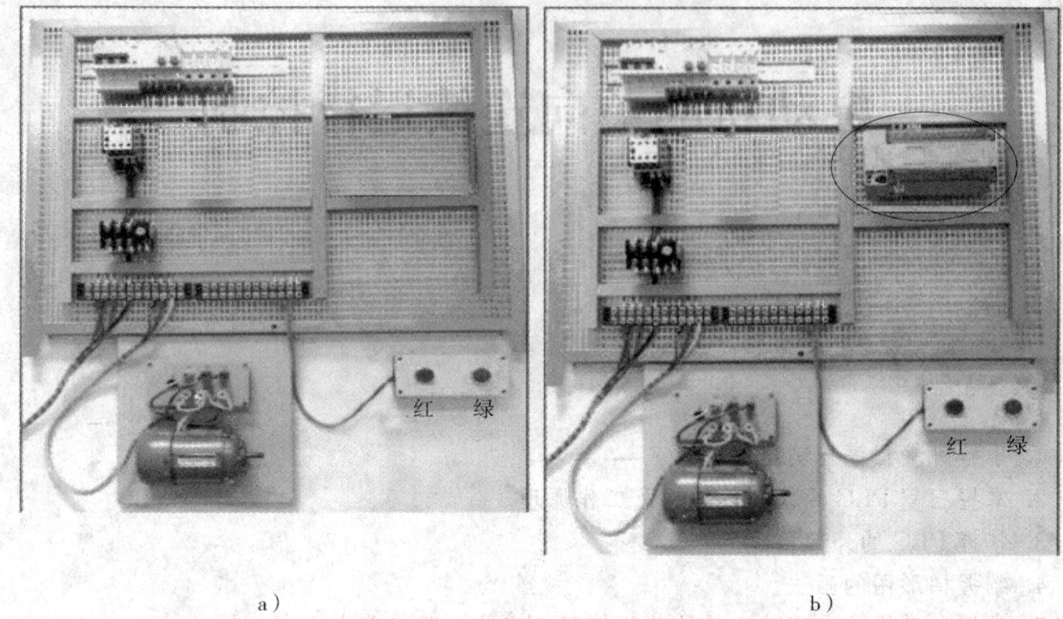

图 1—2 三相异步电动机单方向连续运行控制实物安装图

a）接触器逻辑控制系统 b）PLC 控制系统

其中图 1—2a 所示是常见的采用接触器逻辑控制系统实现的三相异步电动机单方向连续运行控制实物；图 1—2b 所示是采用 PLC 控制系统实现的三相异步电动机单方向连续运行控制实物。通过通电操作试机，可以看到当分别按下图 1—2a 和图 1—2b 所示中的绿色启动按钮 SB2 后，两台电动机都会启动并连续运行，当分别按下图 1—2a 和图 1—2b 所示的红色停止按钮 SB1 后，两台电动机都会停止运转。

本项目的主要内容是通过两种控制系统对电动机的控制，学习 PLC 的基础知识。

一、PLC 的定义

PLC 是可编程序控制器（Programmable Logic Controller）的缩写。实际上可编程序控制器的英文缩写为 PC，为了与个人计算机（Personal Computer）相区别，人们就将最初用于逻辑控制的可编程序控制器（Programmable Logic Controller）叫做 PLC。

PLC 是一种数字运算操作的电子系统，专为在工业环境下应用而设计。它采用可编程的存储器，用来在其内部存储程序，执行逻辑运算、顺序控制、定时、计数和算术运算等操作指令，并通过数字式或模拟式的输入和输出，控制各种类型的机械或生产过程。PLC 及其相关设备，都应按易于与工业控制系统形成一个整体，易于扩展其功能的原则设计。

二、PLC 的组成与工作原理

1. PLC 的组成

PLC 系统的实际组成与微型计算机基本相同，也是由硬件系统和软件系统两大部分组成。

(1) PLC 的硬件系统

PLC 的硬件系统就是指构成它的各个结构部件，是有形实体，如图 1—3 所示。

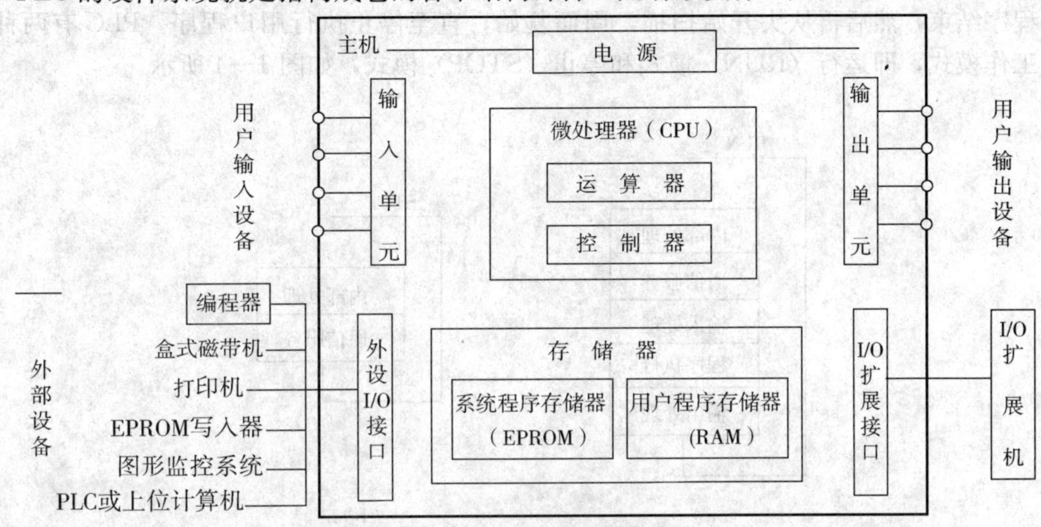

图 1—3　PLC 组成框图

PLC 的硬件系统由主机、I/O 扩展机（单元）及外部设备组成。主机及扩展机采用微机的结构形式，其内部由运算器、控制器、存储器、输入单元、输出单元以及接口等部分组成。运算器和控制器集成在一片或几片大规模集成电路中，称之为微处理器（或微处理机、中央处理器），简称 CPU。存储器主要有系统程序存储器（EPROM）和用户程序存储器（RAM）。

主机内各部分之间均通过总线连接。总线有电源总线、控制总线、地址总线和数据总线。

输入、输出单元是 PLC 与外部输入信号、被控设备连接的转换电路，通过外部接线端子可直接与现场设备相连。例如将按钮、行程开关、继电器触点、传感器等接至输入端子，通过输入单元把它们的输入信号转换成微处理器能接受和处理的数字信号，并把这些信号转换成被控设备或显示设备能够接受的电压或电流信号，经过输出端子的输出以驱动接触器线圈、电磁阀、信号灯、电动机等执行装置。

编程器是 PLC 重要的外部设备，一般 PLC 都配有专用的编程器。通过编程器可以输入程序，并可以对用户程序进行检查、修改、调试和监视，还可以调用和显示 PLC 的一些状态和系统参数。随着信息技术的发展，现在编程器一般用于现场调试，而编程工作则通过软件进行。本教材将重点介绍通过计算机运用 MELSOFT 系列 GX Developer 编程软件进行编程的方法。

(2) PLC 的软件系统

PLC 的软件系统是指 PLC 所使用的各种程序的集合，包括系统程序（或称为系统软件）和用户程序（或称为应用软件）。系统程序主要包括系统管理和监控程序以及编译程序，各种性能不同的 PLC 系统程序会有所不同。系统程序在出厂前已被固化在 EPROM 中，用户不能改变。用户程序是用户根据生产过程和工艺要求而编制的程序，通过编程器或计算机输入到 PLC 的 RAM 中，并可以进行修改和删除。

2. PLC 的工作原理

PLC 用户程序的执行采用的是循环扫描工作方式。即 PLC 对用户程序逐条顺序执行，直至程序结束，然后再从头开始扫描，周而复始，直至停止执行用户程序。PLC 有两种基本的工作模式，即运行（RUN）模式和停止（STOP）模式，如图 1—4 所示。

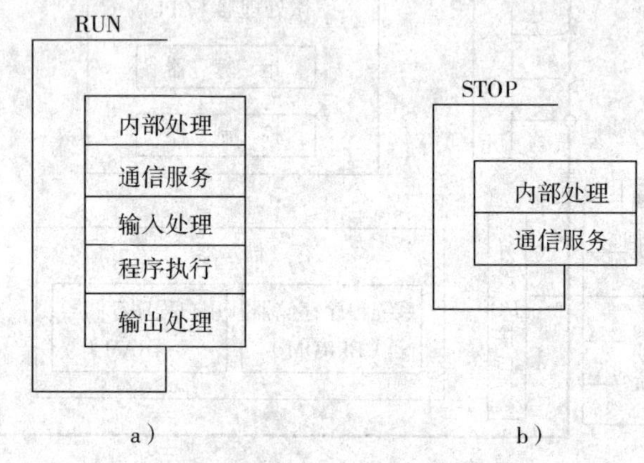

图 1—4 PLC 基本的工作模式

a）运行模式 b）停止模式

（1）运行模式

在运行模式下，PLC 对用户程序的循环扫描过程一般分为三个阶段，即输入处理阶段、程序执行阶段和输出处理阶段，如图 1—5 所示。

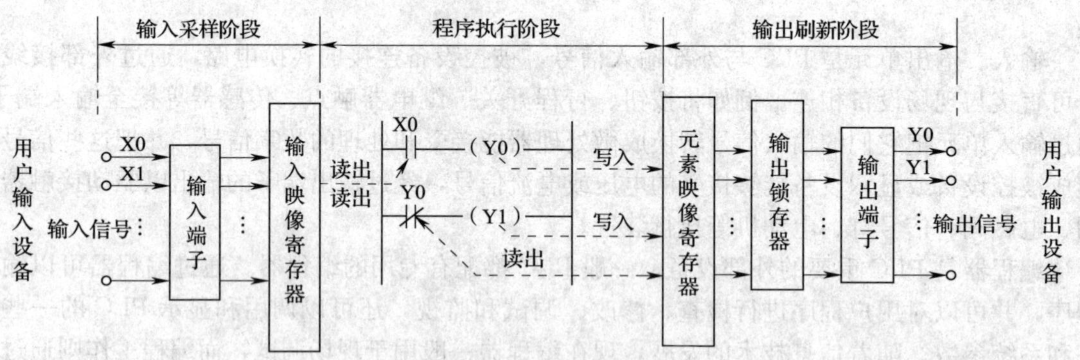

图 1—5 PLC 的工作过程

输入处理阶段——输入处理阶段又称输入采样阶段。PLC 在此阶段，以扫描方式顺序读入所有输入端子的状态，即接通/断开（ON 或 OFF），并将其状态存入输入映像寄存器。接着转入程序执行阶段，在程序执行期间，即使输入状态发生变化，输入映像寄存器内容也不会变化，这些变化只能在一个工作周期的输入采样阶段才被读入刷新。

程序执行阶段——在程序执行阶段，PLC 对程序按顺序进行扫描。如果程序用梯形图表示，则总是按先上后下、从左向右的顺序进行扫描。每扫描一条指令时，所需的输入状态或其他元素的状态分别由输入映像寄存器和元素映像寄存器中读出，然后进行逻辑运算，并将运算结果写入到元素映像寄存器中。也就是说，程序执行过程中，元素映像寄存器内元素的状态可以被后面将要执行到的程序所应用，它所寄存的内容也会随程序执行的进程而变化。

输出处理阶段——输出处理阶段又称输出刷新阶段。在此阶段，PLC 将元素映像寄存器中所有输出继电器的状态（即接通/断开），转存到输出锁存电路，再驱动被控对象（负载），这就是 PLC 的实际输出。

PLC 重复地执行上述三个阶段，这三个阶段是分时完成的。为了连续地完成 PLC 所承担的工作，系统必须周而复始地依一定的顺序完成这一系列的具体工作。这种工作方式叫做循环扫描工作方式。PLC 执行一次扫描操作所需的时间称为扫描周期，其典型值为 1～100 ms。一般来说，一个扫描过程中，执行指令的时间占了绝大部分。

（2）停止模式

在停止模式下，PLC 只进行内部处理和通信服务工作。在内部处理阶段，PLC 检查 CPU 模块内部的硬件是否正常，监控定时器复位工作。

三、PLC 控制系统与继电器—接触器逻辑控制系统的比较

下面以“三相异步电动机单方向连续运行控制”为例，将 PLC 控制系统与继电器—接触器逻辑控制系统进行比较，它们的不同点主要表现在以下几个方面。

1. 组成的器件不同

继电器—接触器逻辑控制系统是由许多硬件继电器和接触器组成的，而 PLC 则是由许多“软继电器”组成的。传统的继电器—接触器控制系统由于使用了大量的机械触点，使系统可靠性大大降低。例如在本项目中继电器—接触器逻辑控制系统实现电动机的单方向连续运行，就是通过接触器 KM 的一副辅助常开触点实现自保的，一旦触点接触不良，将会影响电动机的正常运行。而 PLC 采用无机械触点的逻辑运算微电子技术，复杂的控制由 PLC 内部运算器完成，故寿命长，可靠性高。

2. 触点的数量不同

继电器和接触器的触点数较少，一般只有 4～8 对，而 PLC 内部的“软继电器”可供编程的触点数是无限的。

3. 控制方式不同

继电器—接触器逻辑控制系统是通过元件之间的硬件接线来实现的，而 PLC 控制系统是通过软件编程来实现控制功能的，即它通过输入端子接收外部输入信号，接内部输入继电器；输出继电器的触点接到 PLC 的输出端子上，由事先编好的程序（梯形图）驱动，通过输出继电器触点的通断，实现对负载的功能控制。

如图 1—6 所示是电动机单方向连续运行控制的 PLC 等效控制系统框图。从图中可以看出，按下启动按钮 SB2 后，内部输入继电器 X1 的等效线圈接通（ON），在程序（梯形图）中的 X1 的常开触点接通（ON），驱动内部输出继电器 Y0 工作，与输出端子相连的 Y0 常开触点接通（ON），使与输出端子相连的接触器 KM 得电动作，与此同时在程序（梯形图）中的 Y0 常开触点接通（ON）。当松开启动按钮 SB2 后，内部输入继电器 X1 的等效线圈失电（OFF），内部输出继电器 Y0 通过自己的常开触点保持得电，保证接触器 KM 线圈继续保持得电，起到类似接触器自锁的作用。

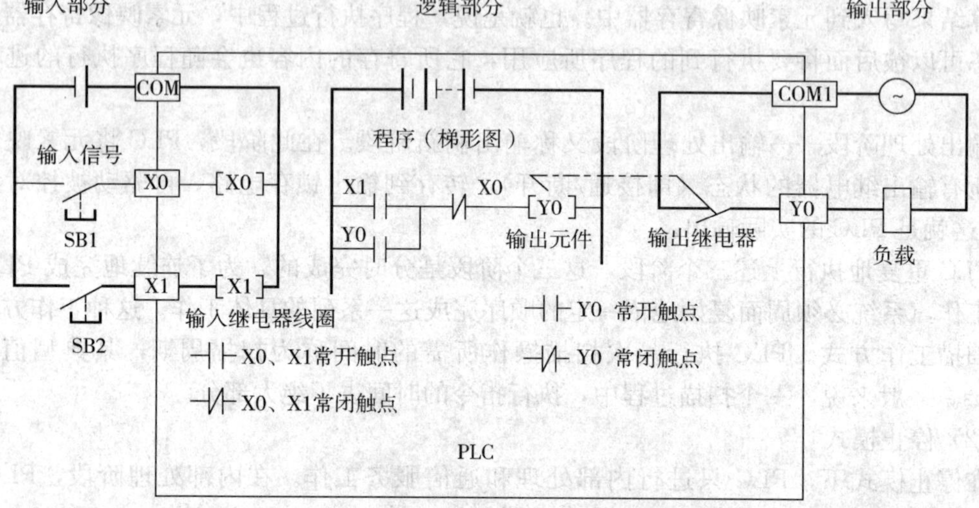

图 1—6　电动机单方向连续运行控制的 PLC 控制系统框图

需要停止时，按下停止按钮 SB1，内部输入继电器 X0 的等效线圈接通（ON），在程序（梯形图）中的 X0 的常闭触点断开（ON），驱动内部输出继电器 Y0 停止工作，与输出端子相连的 Y0 常开触点断开（OFF），使与输出端子相连的接触器 KM 失电；与此同时在程序（梯形图）中的 Y0 常开触点断开（OFF）。当松开停止按钮 SB1 后，内部输入继电器 X0 的等效线圈失电（OFF），X0 的常闭触点复位（OFF）。

从上述控制过程中，可以看到 PLC 控制系统实现电动机单方向连续运行，主要是通过 PLC 的程序（梯形图）来驱动，如想将本线路的控制功能改成断续（点动）控制，只需修改原来程序，就可实现。不用改变外部接线。因此，PLC 控制系统具有只要改变控制程序，即可灵活改变控制功能的特点。

4. 工作方式不同

在继电器—接触器逻辑控制系统中，当电源接通时，线路中各继电器都处于受制约状态。在 PLC 中，各“软继电器”都处于周期性循环扫描接通中，每个“软继电器”受制约接通的时间是极其短暂的。

四、PLC 的编程语言与编程方法

PLC 是按照程序进行工作的。程序就是用一定的语言把控制任务描述出来。国际电工委员会（IEC）1994 年 5 月在 PLC 标准中推荐的常用语言有：梯形图（Ladder Diagram）、指令表（Instruction List）、顺序功能图（Sequential Function Chart）和功能块图（Function Block Diagram）等。本项目重点介绍梯形图和指令表，顺序功能图和功能块图将在后续的项目中陆续介绍。

1. 梯形图（Ladder Diagram）

梯形图基本上沿用电气控制图的形式，采用的符号也大致相同。如图 1—7a 所示，梯形图的两侧平行竖线为母线，其间由许多触点和编程线圈组成逻辑行。应用梯形图进行编程时，只要按梯形图逻辑行顺序输入到计算机中去，计算机就可自动将梯形图转换成指令表及 PLC 能接受的机器语言，存入并执行。

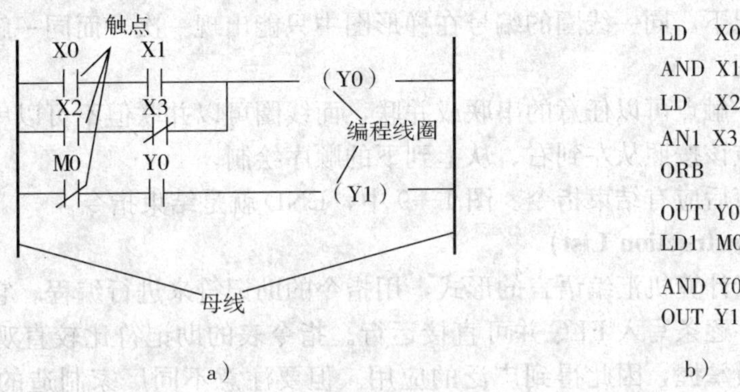

图 1—7 梯形图和指令表

a）梯形图 b）指令表

如图 1—8 所示是 PLC 内部各类等效继电器的线圈和触点与继电器线圈和触点的图形符号比较，等效继电器的动作原理与常规继电器控制中的动作原理完全一致。

图 1—8 PLC 内部各类等效继电器的线圈和触点与继电器线圈和触点的图形符号

a）梯形图符号 b）电气图符号

用 PLC 内部各类等效继电器的线圈和触点的图形符号，按照一定原理构成的图形就叫梯形图。

从图 1—8 中可以看出梯形图其实就是从继电器控制电路图变化而来的，因此梯形图形式上与继电器控制很相似，读图方法和习惯也相同。梯形图是用图形符号在图中的相互关系来表示控制逻辑的编程语言，并且梯形图通过连线，将许多功能强大的 PLC 指令的图形符号连在一起，表达了所调用的 PLC 指令及其前后顺序关系，是目前最常用的一种可编程控制器程序设计语言。

如图 1—9 所示为本项目的梯形图。在所有梯形图中，都由左母线、右母线和逻辑行组成，每个逻辑行由各种等效继电器的触点串并联和线圈组成。画梯形图时必须遵守以下原则。

（1）左母线只能直接接各类继电器的触点，继电器线圈不能直接接左母线。

（2）右母线只能直接接各类继电器的线圈（不含输入继电器线圈），继电器的触点不能

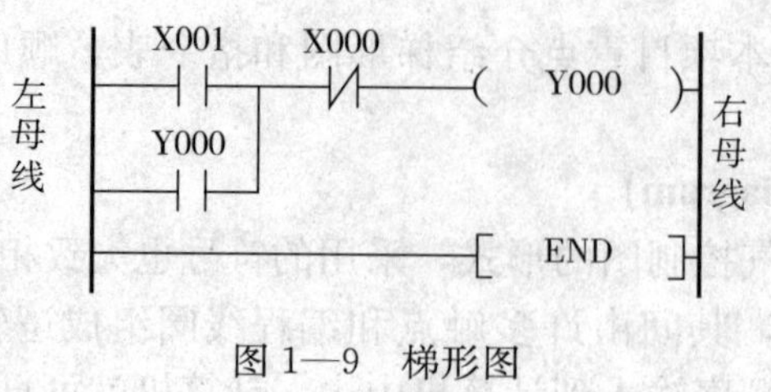

图 1—9 梯形图

直接接右母线。

（3）一般情况下，同一线圈的编号在梯形图中只能出现一次，而同一触点的编号在梯形图中可以重复出现。

（4）梯形图中触点可以任意的串联或并联，而线圈可以并联但不可以串联。

（5）梯形图应该按照从左到右、从上到下的顺序绘制。

（6）程序结束后应有结束指令。图 1—9 中，END 就是结束指令。

2. 指令表（Instruction List）

指令表类似于计算机汇编语言的形式，用指令的助记符来进行编程。它通过编程器按照指令表的指令顺序逐条写入 PLC 并可直接运行。指令表的助记符比较直观易懂，编程也简单，便于工程人员掌握，因此得到广泛的应用。但要注意不同厂家制造的 PLC，所使用的指令助记符有所不同，即对同一梯形图来说，用指令助记符写成的语句表也不同。如图 1—7a 所示的梯形图所对应的指令表如图 1—7b 所示。

语句是指令语句表编程语言的基本单元，每个控制功能由一个或多个语句组成的程序来执行。每条语句规定可编程控制器中 CPU 如何动作，它是由操作码和操作数组成的，操作码用助记符表示要执行的功能，操作数表明操作的地址或一个预先设定的值。PLC 的指令有基本指令和功能指令之分。指令语句表和梯形图之间存在唯一对应关系。图 1—9 所示梯形图对应的指令语句表如下：

步序	助记符	操作元件
0	LD	X001
1	OR	Y000
2	ANI	X000
3	OUT	Y000
4	END	

上面所给出的每一条指令都属于基本指令。基本指令一般由助记符和操作元件组成，助记符是每一条基本指令的符号（如 LD、OR、ANI、OUT 和 END），它表明了操作功能；操作元件是基本指令的操作对象（如 X000、X001、Y000，简写成 X0、X1、Y0）。某些基本指令仅由助记符组成，如 END 指令。

五、FX_{2N}系列 PLC 的型号

FX_{2N}系列 PLC 的基本单元、扩展单元、扩展模块的型号规格见表 1—1、表 1—2 和表 1—3。

表 1—1　　基本单元一览表

输入输出总点数	输入点数	输出点数	FX2N系列		
			AC 电源 DC 输入		
			继电器输出	三端双向晶闸管开关元件	晶体管输出
16	8	8	FX_{2N}—16MR—001	—	FX_{2N}—16MT—001
32	16	16	FX_{2N}—32MR—001	FX_{2N}—32MS—001	FX_{2N}—32MT—001
48	24	24	FX_{2N}—48MR—001	FX_{2N}—48MS—001	FX_{2N}—48MT—001
64	32	32	FX_{2N}—64MR—001	FX_{2N}—64MS—001	FX_{2N}—64MT—001
80	40	40	FX_{2N}—80MR—001	FX_{2N}—80MS—001	FX_{2N}—80MT—001
128	64	64	FX_{2N}—128MR—001	—	FX_{2N}—128MT—001
输入输出总点数	输入点数	输出点数	DC 电源 AC 输入		
			继电器输出		晶体管输出
32	16	16	FX_{2N}—32MR—D		FX_{2N}—32MT—D
48	24	24	FX_{2N}—48MR—D		FX_{2N}—48MT—D
64	32	32	FX_{2N}—64MR—D		FX_{2N}—64MT—D
80	40	40	FX_{2N}—80MR—D		FX_{2N}—80MT—D

表 1—2　　扩展单元一览表

输入输出总点数	输入点数	输出点数	AC 电源 DC 输入		
			继电器输出	三端双向晶闸管开关元件	晶体管输出
32	16	16	FX_{2N}—32ER	—	FX_{2N}—32ET
48	24	24	FX_{2N}—48ER	—	FX_{2N}—48ET

表 1—3　　扩展模块一览表

输入给出总点数	输入总数	输出点数	继电器输出	输入	晶体管输出	三端双向晶闸管开关元件	输入信号电压	连接形式
8（16）	4（8）	4（8）	FX_{0N}—8ER		—	—	DC24V	横端子台
8	8	0	—	FX_{0N}—8EX	—	—	DC24V	横端子台
8	0	8	FX_{0N}—8EYR	—	FX_{0N}—8EYT	—	—	横端子台
16	16	0	—	FX_{0N}—16EX	—	—	DC24V	横端子台
16	0	16	FX_{0N}—16EYR	—	FX_{0N}—16EYT	—	—	横端子台
16	16	0	—	FX_{2N}—16EX	—	—	DC24V	纵端子台
16	0	16	FX_{2N}—16EYR	—	FX_{2N}—16EYT	FX_{2N}—16EYS	—	纵端子台

如图 1—10 所示为基本单元型号各组成部分的含义说明。扩展单元及扩展模块型号构成与基本单元雷同，只是在模块区部分中用“E”代替“M”。

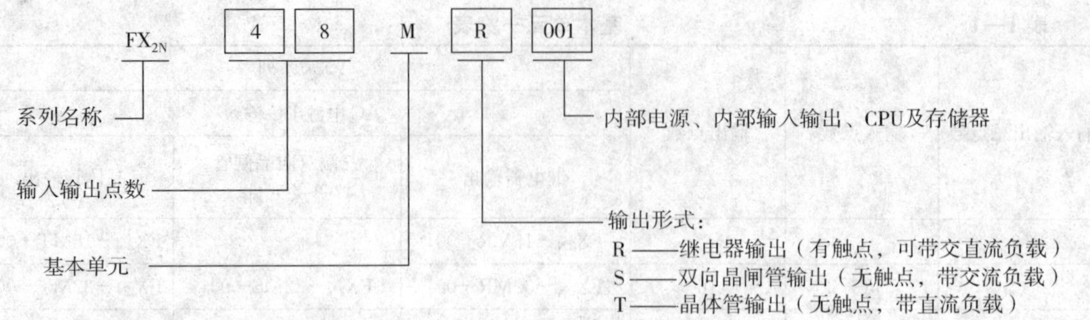

图 1—10　基本单元型号名称

一、FX_{2N}系列 PLC 的接线

PLC 在工作前必须正确地接入控制系统，与 PLC 连接的主要有 PLC 的电源接线、输入输出器件的接线、通信线和接地线。

1. 电源接入及端子排列

PLC 基本单元的供电通常有两种情况：一是直接使用工频交流电，通过交流输入端子连接，这种方式对电压的要求比较宽松，100～250 V 均可使用；二是采用外部直流开关电源供电，一般配有直流 24 V 输入端子。采用交流供电的 PLC，机内自带直流 24 V 内部电源，为输入器件及扩展模块供电。FX_{2N}系列 PLC 大多为 AC 电源，DC 输入形式。图 1—11 是 FX_{2N}－48MR 基本单元外形，基本单元由内部电源、内部 CPU、内部输入输出接口及程

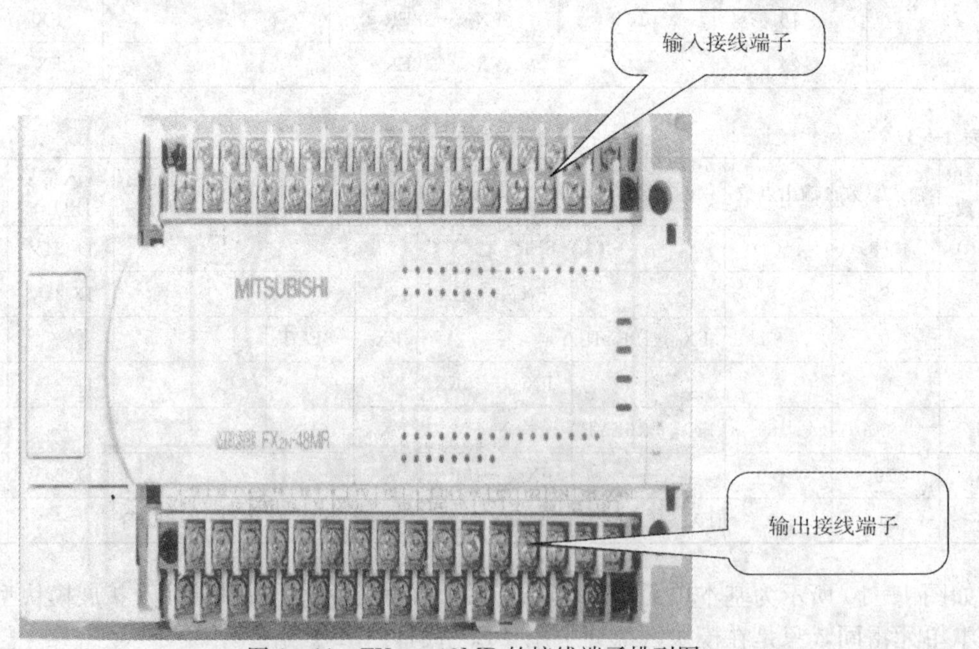

图 1—11　FX_{2N}－48MR 的接线端子排列图

序存储器（RAM）组成，其中动作指示灯 1 有 5 个，分别为 POWER——电源指示灯、RUN——运行指示灯、BATT. V——电池电压下降指示灯、PROG－E——程序出错指示闪烁灯及 CPU－E——CPU 出错指示灯。其排列及电源接线如图 1—12 所示。如图 1—13 所示为基本单元接有扩展模块时交直流电源的配线情况。

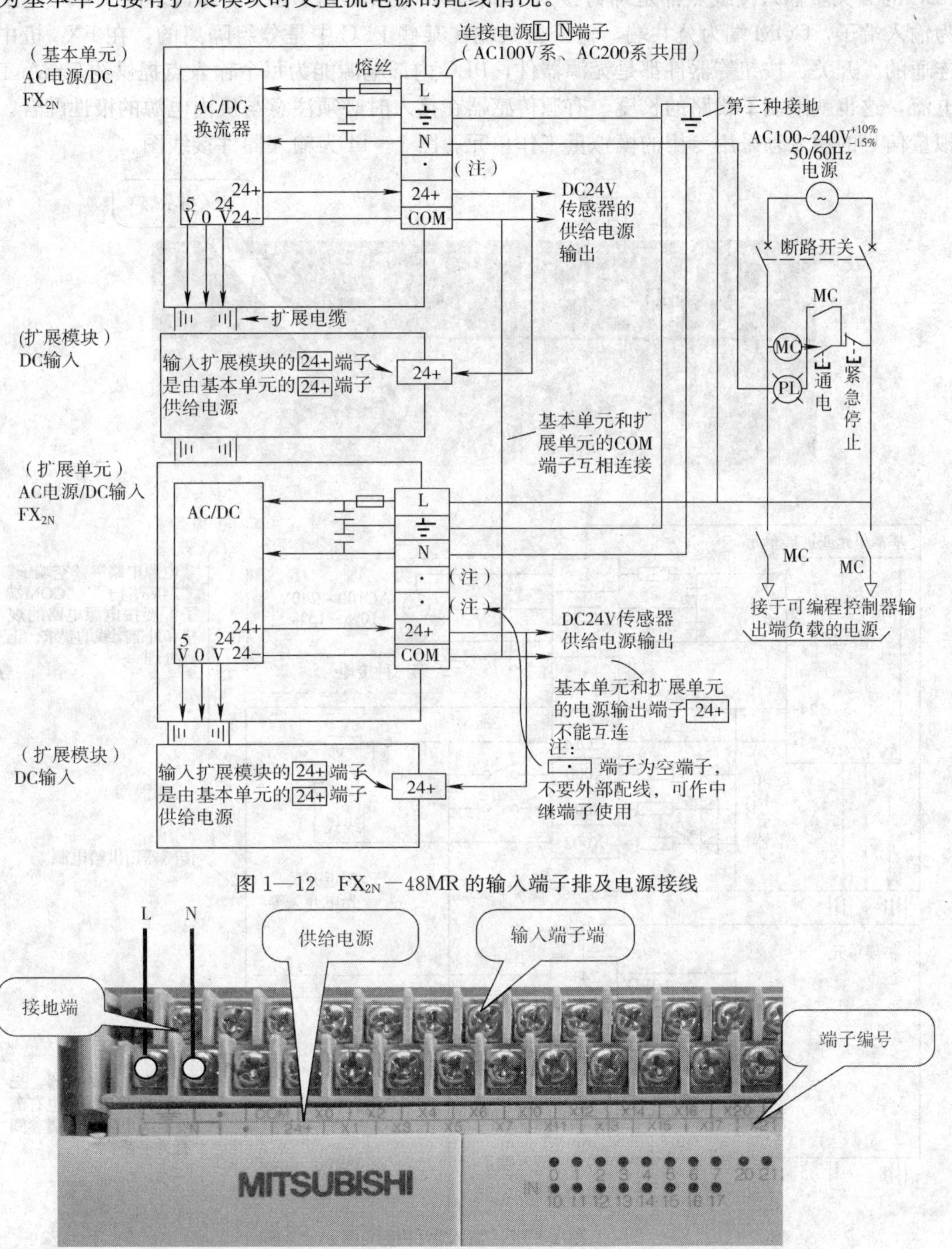

图 1—12　FX_{2N}－48MR 的输入端子排及电源接线

图 1—13　AC 电源、DC 输入型机电源配线

2. 输入口器件的接入

PLC 的输入口连接器件主要有开关、按钮及各种传感器，这些都是触点类型的器件。在接入 PLC 时，每个触点的两个接头分别连接一个输入点及输入公共端。由图 1—11 可知 PLC 的开关量输入接线点都是螺钉接入方式，每一位信号占用一个螺钉。图 1—11 中上部为输入端子，COM 端为公共端，输入公共端在某些 PLC 中是分组隔离的，在 FX_{2N} 机中是连通的。开关、按钮等器件都是无源器件，PLC 内部电源能为每个输入点提供约 7 mA 工作电流，这也就限制了线路的长度。有源传感器在接入时必须注意与机内电源的极性配合。模拟量信号的输入须采用专用的模拟量工作单元。图 1—14 为输入器件接线图。

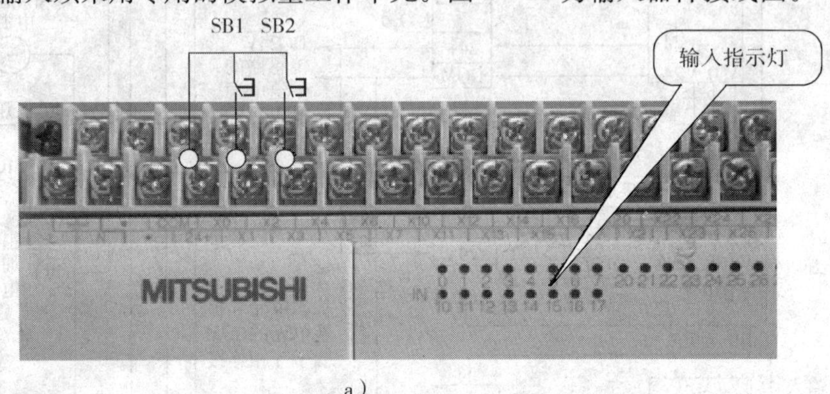

a）

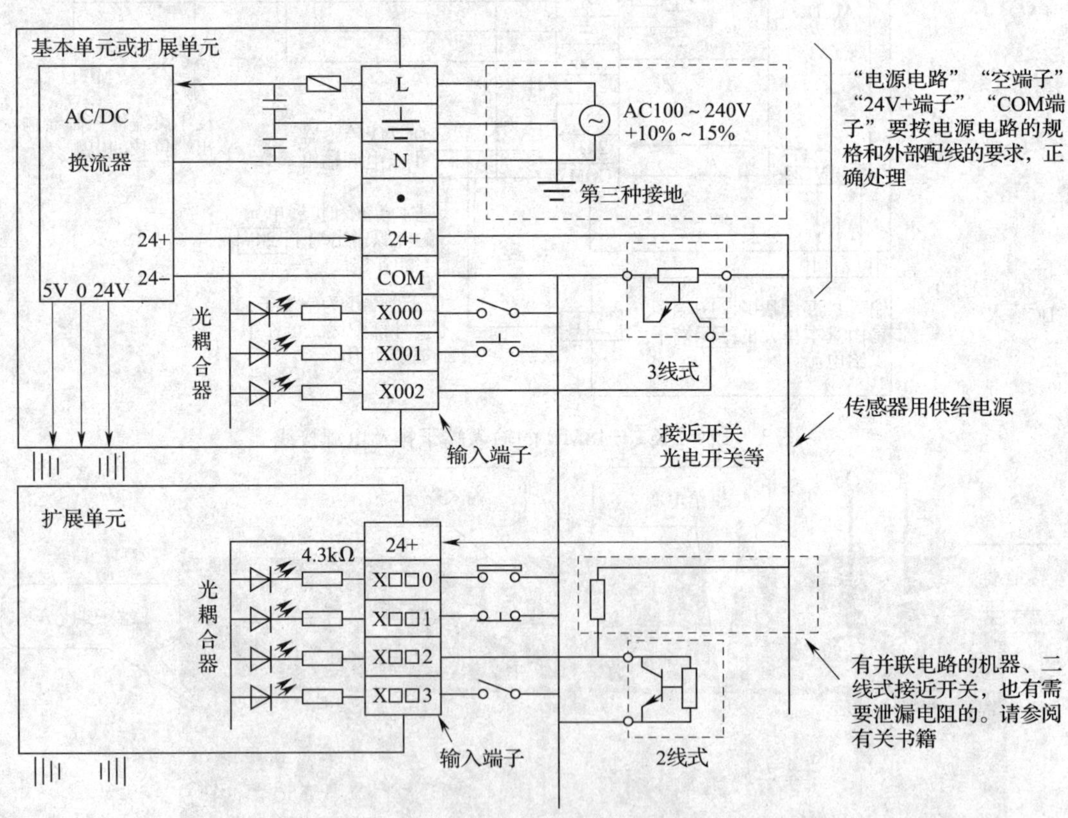

图 1—14 输入器件接线图

a）实物接线图 b）接线原理图

3. 输出口器件的接入

PLC 输出口上连接的器件主要是继电器、接触器、电磁阀等线圈。这些器件均采用 PLC 机外的专用电源供电，PLC 内部不过是提供一组开关接点。接入时线圈的一端接输出点螺钉，一端经电源接输出公共端。如图 1—11 中下部为输出端子，由于输出口连接线圈种类多，所需的电源种类及电压不同，输出口公共端常为许多组，而且组间是隔离的。如图 1—15 所示为 FX_{2N}—48MR 的输出端子排及电源和继电器线圈接线图。PLC 输出口的电流定额一般为 2A，大电流的执行器件必须配装中间继电器。如图 1—16 所示为输出器件为继电器时输出器件的连接图。

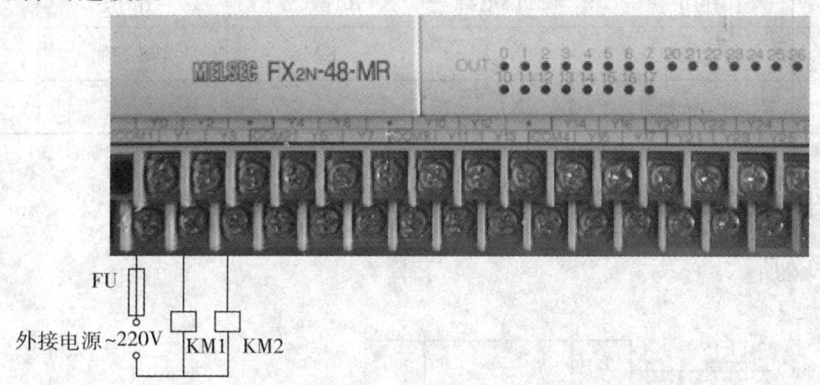

图 1—15　FX_{2N}—48MR 的输出端子排及电源和继电器线圈接线

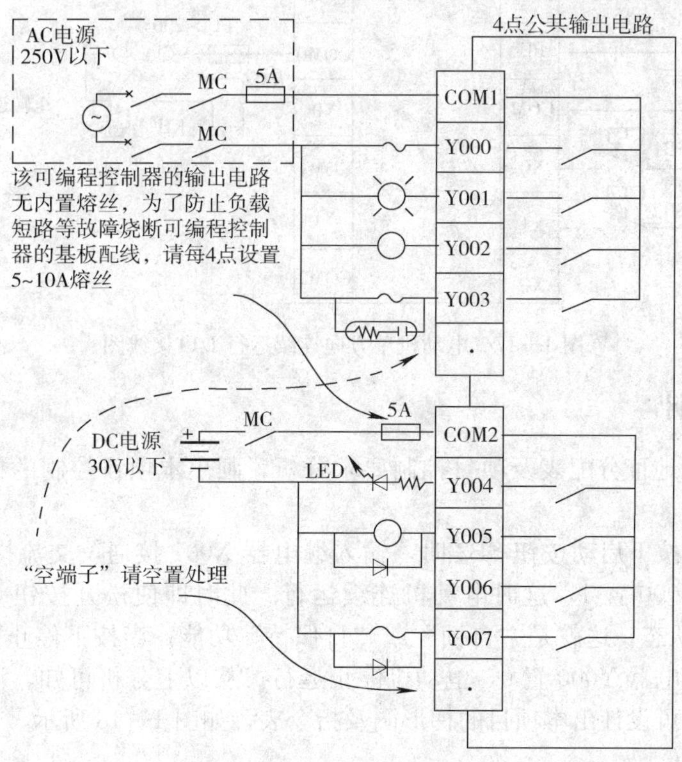

图 1—16　输出元件接线图

二、通过对本项目控制要求分析，分配输入点和输出点，写出 I/O 通道地址分配表

根据上述控制要求，可确定 PLC 需要 2 个输入点，1 个输出点，其 I/O 通道分配表见表 1—4。

表 1—4　　I/O 通道地址分配表

输入			输出		
元件代号	作用	输入继电器	元件代号	作用	输出继电器
SB1	停止按钮	X0	KM	正转控制	Y0
SB2	启动按钮	X1			

三、画出 PLC 的 I/O 接线图

如图 1—17 所示。

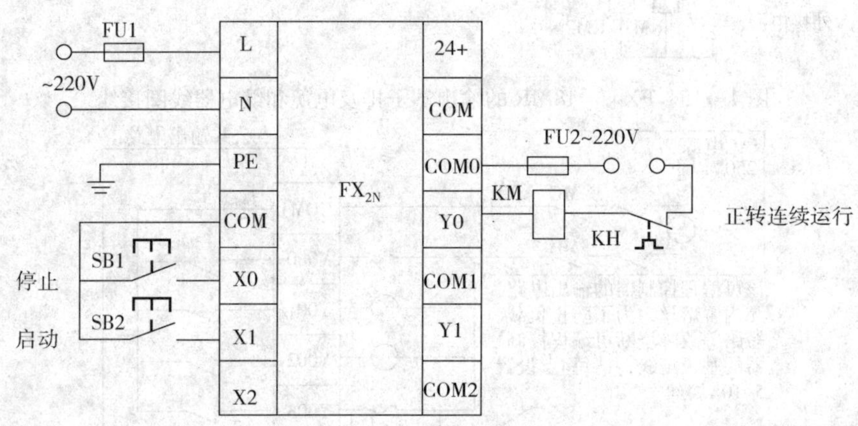

图 1—17　电动机单方向连续运行 I/O 接线图

四、程序设计

根据 I/O 通道地址分配表及项目控制要求分析，画出本项目控制的梯形图，并写出指令语句表。

编程思路：当按下启动按钮 SB2 时，输入继电器 X001 接通，交流接触器 KM 线圈得电，输出继电器 Y000 置 1，这时电动机连续运行。此时即使松开按钮 SB2，输出继电器 Y000 仍保持接通状态，这就是“自锁”或“自保持”功能；当按下停止按钮 SB1 时，KM 线圈得电，输出继电器 Y000 置 0，电动机停止运行。从以上分析可知，满足电动机连续运行控制要求，由此可设计出本项目的梯形图及指令表，如图 1—18 所示。

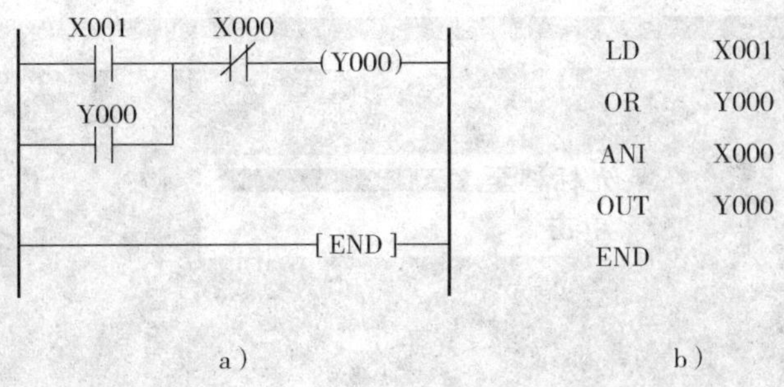

图 1—18 PLC 控制电动机单方向连续运行电路
a）梯形图 b）指令表

五、程序输入及仿真运行

三菱 GX Developer 编程软件是应用于三菱系列 PLC 的中文编程软件，可在 Windows XP 及以上操作系统运行。

1. GX Developer 编程软件的安装

运行安装盘中的“SETUP”，按照逐级提示即可完成 GX Developer 的安装。安装结束后，将在桌面上建立一个和“GX Developer”相对应的图标，同时在桌面的“开始/程序”中建立一个“MELSOFT 应用程序→GX Developer”选项。若需增加模拟仿真功能，在上述安装结束后，运行安装盘中 LLT 文件夹下的“SETUP”文件，按照逐级提示即可完成模拟仿真功能的安装。

2. 程序输入

（1）工程名的建立

双击桌面上的“GX Developer”图标，或单击“开始菜单→所有程序→MELSOFT 应用程序”中的“GX Developer”快捷方式，即可启动 GX Developer。程序的启动界面如图 1—19 所示。

图 1—19 程序启动界面

几秒以后进入程序主界面，如图 1—20 所示，打开工具条。

单击工具条中的图标创建新工程，弹出如图 1—21 所示对话框，点击下拉按钮选择

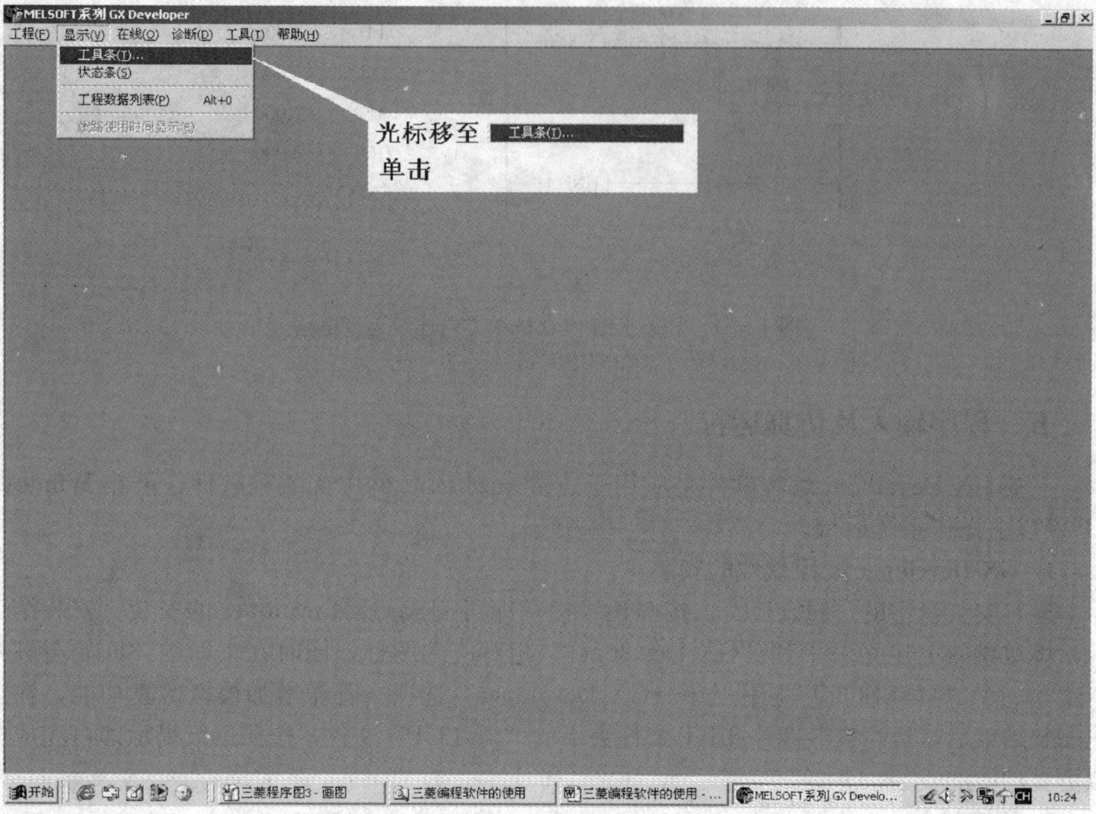

图 1—20　程序主界面

“PLC 系列”和“PLC 类型”。

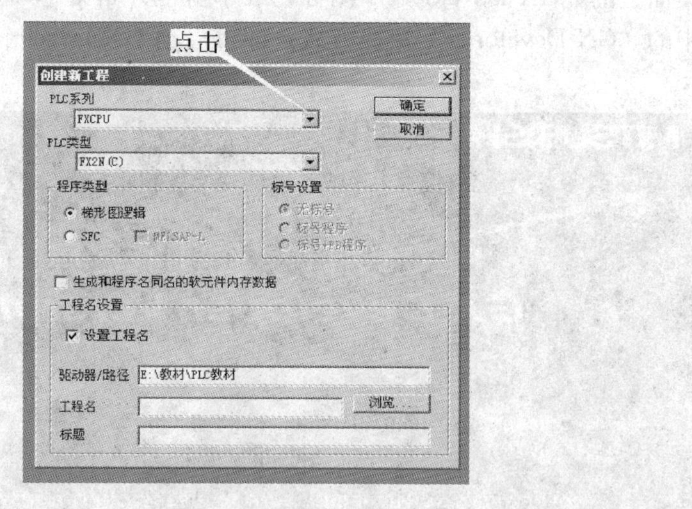

图 1—21　“创建新工程”对话框

(2) 设置工程名称

在“创建新工程”对话框中，勾选“设置工程名”选项，设置工程名称，如图 1—22 所示。

工程名建立完毕后即进入图 1—23 所示画面。

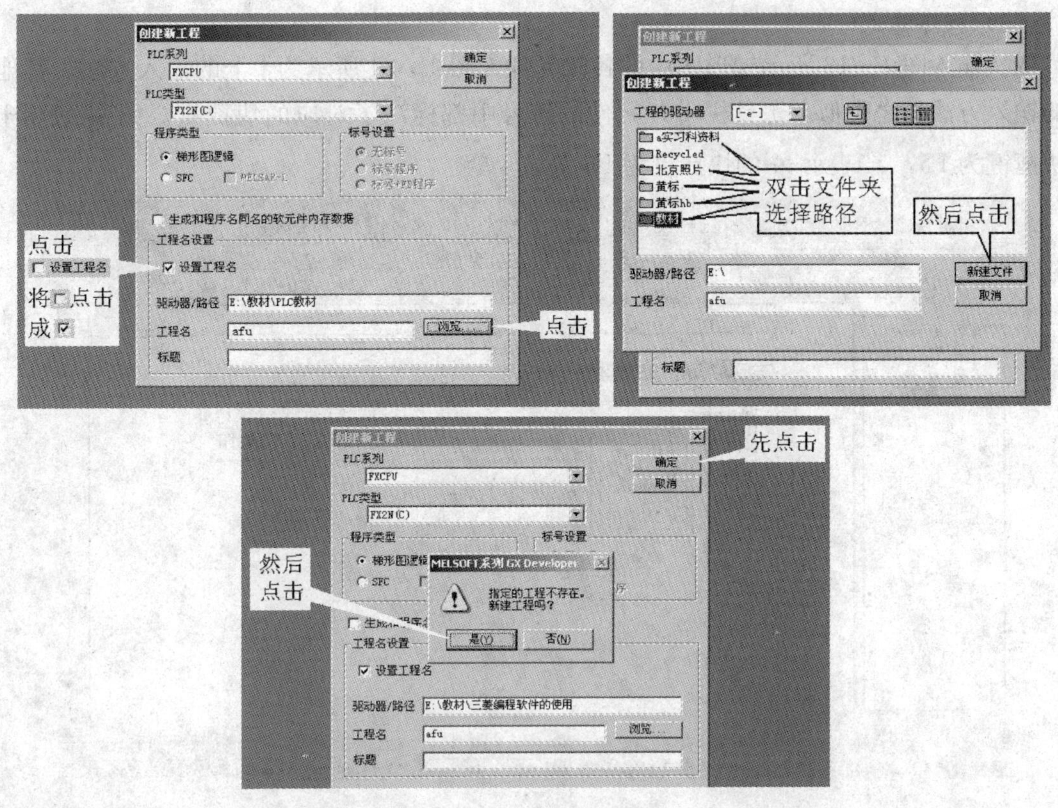

图 1—22　创建新工程

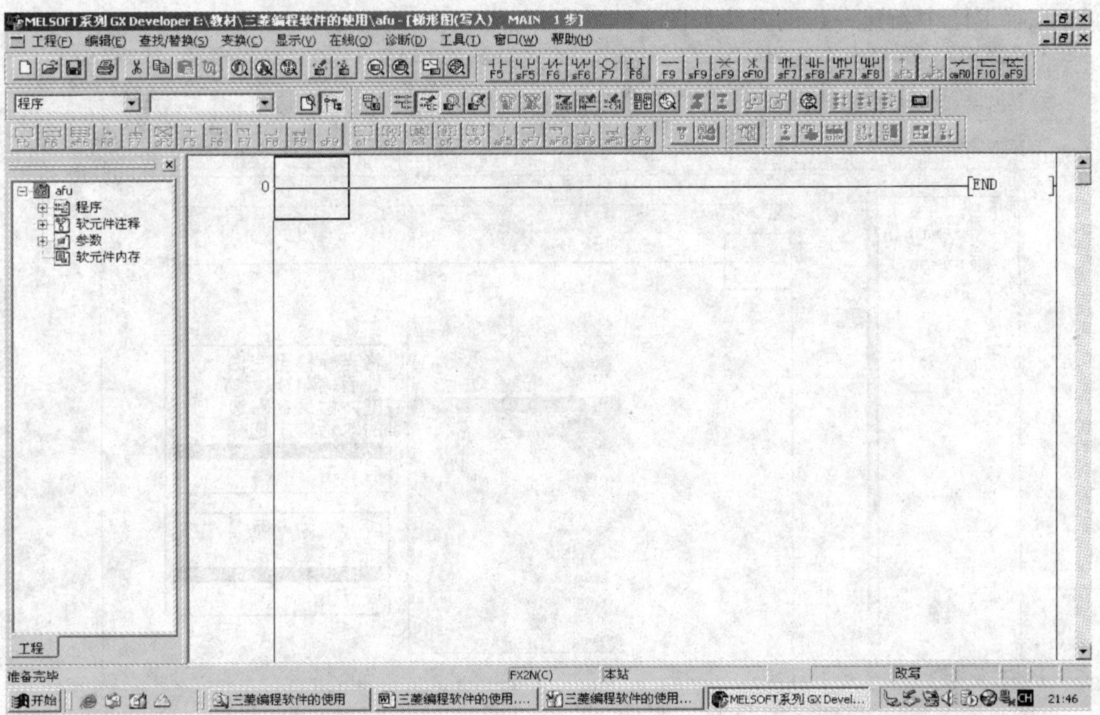

图 1—23　编程界面

（3）程序输入

依次输入图 1—18 所示梯形图中的各软元件，图 1—24 所示为┤├的输入方法。其他元件的输入方法与之类似。工具栏中各元件的符号中都标注了对应的快捷键。如 F5 表示┤├的快捷键为 F5，F6 表示┤/├的快捷键为 F6 等。

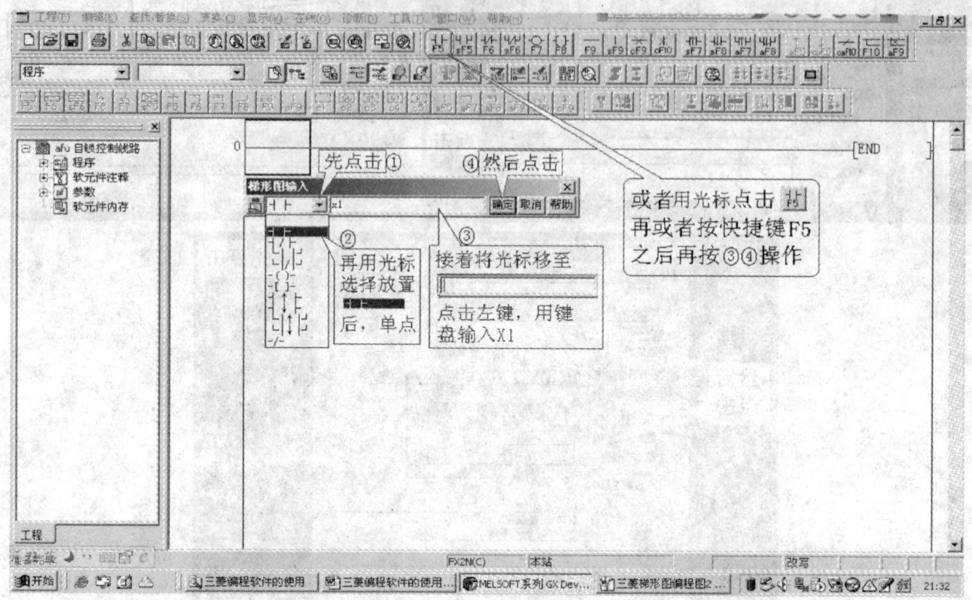

图 1—24　程序输入

在梯形图中新建一行的方法如图 1—25 所示。

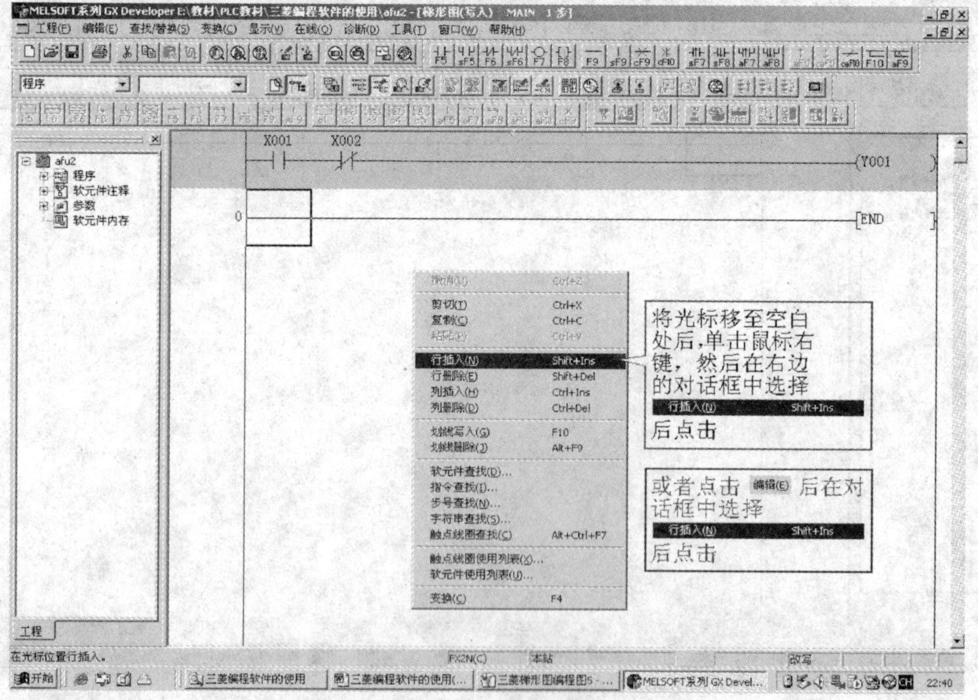

图 1—25　新建一行

（4）程序对错检查

在程序主界面点击“工具”菜单下的“程序检查”即可对程序的对错进行检查，如图1—26、图1—27所示。

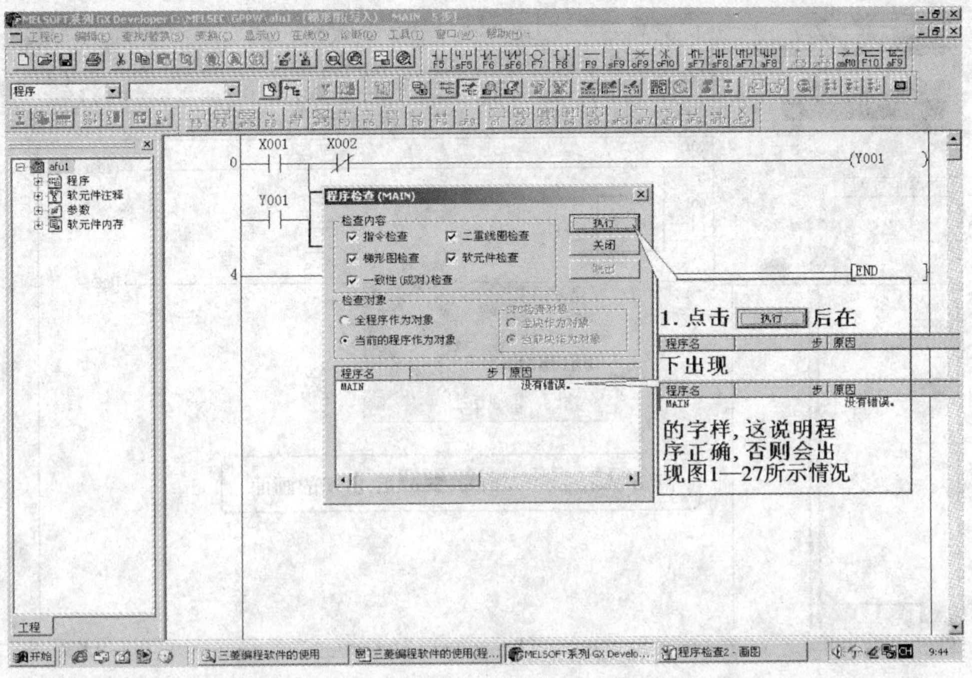

图1—26　程序检查

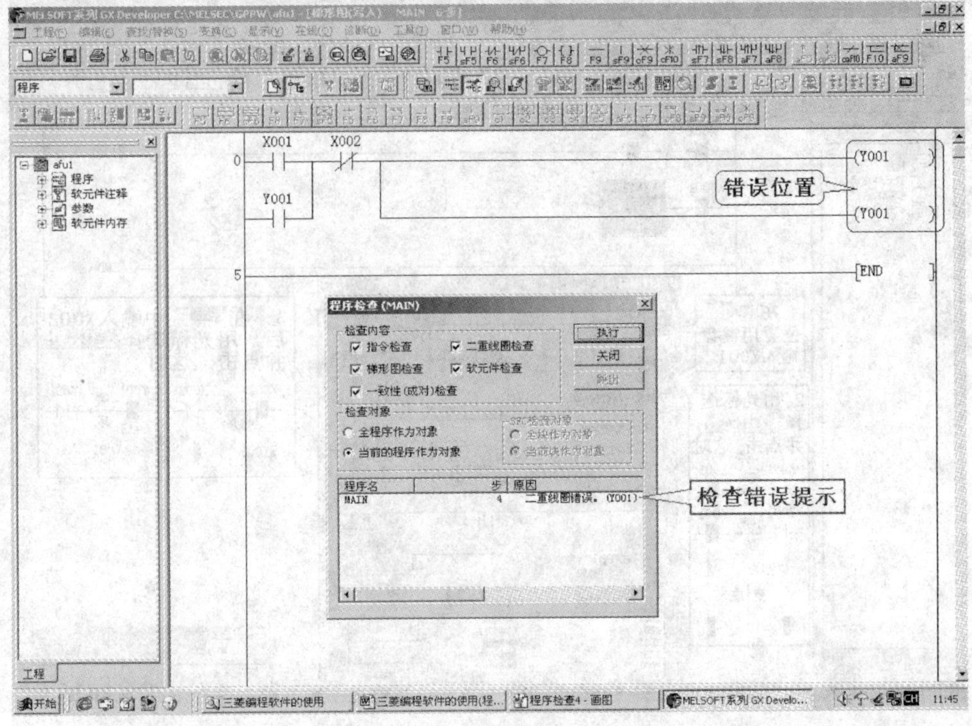

图1—27　程序检查结果

3. 程序模拟仿真运行

单击“工具”菜单下的“梯形图逻辑测试起动”即可开始仿真。运行界面如图 1—28 所示。软元件的测试方法如图 1—29 所示。测试完成后，按图 1—30 所示的方法结束测试。

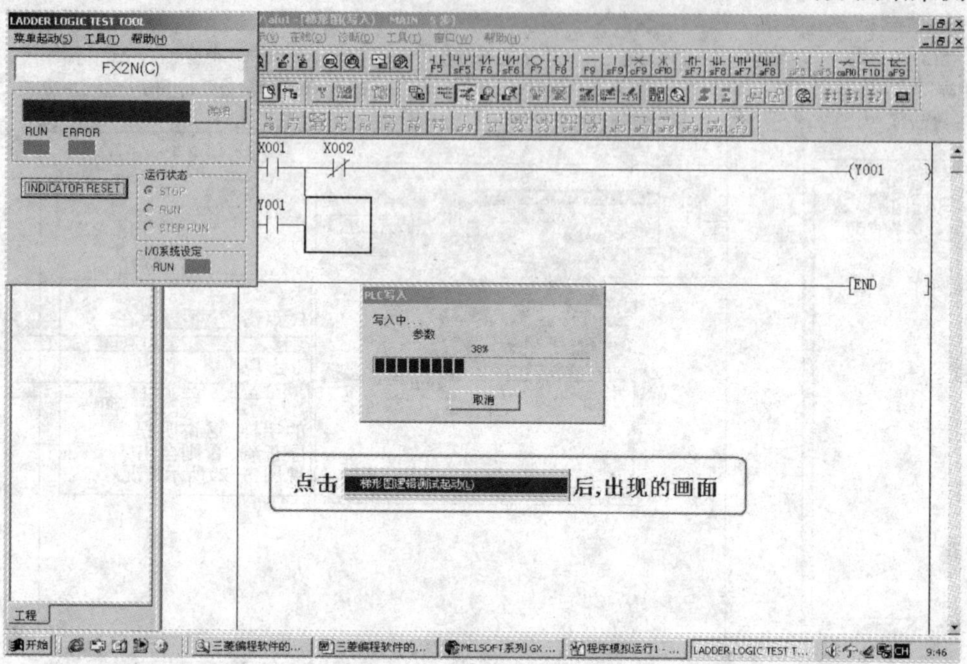

图 1—28 梯形图逻辑测试起动

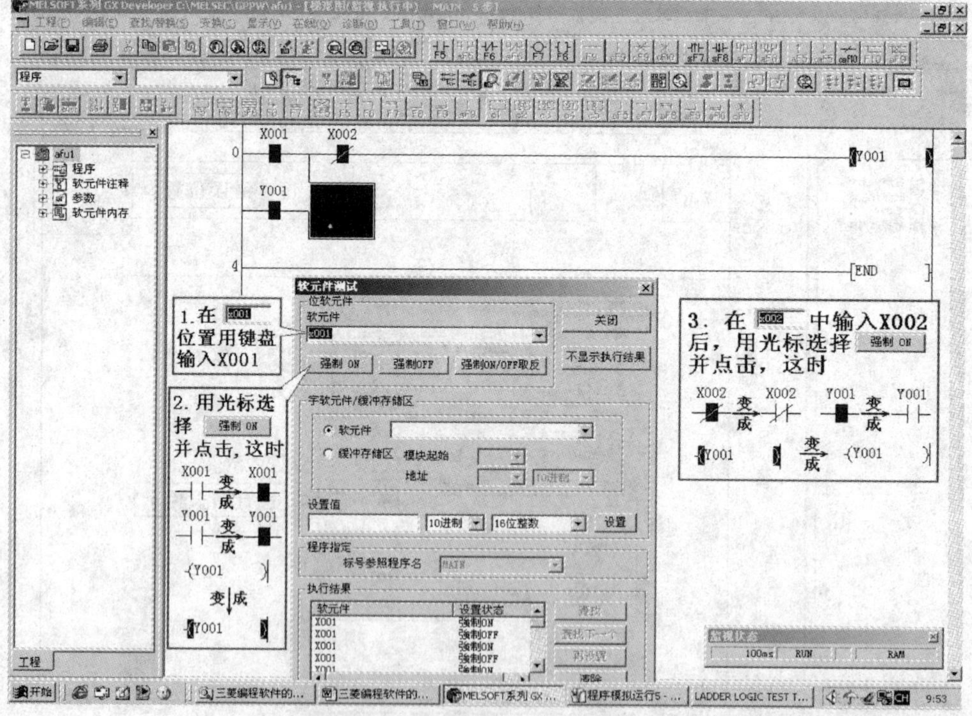

图 1—29 软元件测试

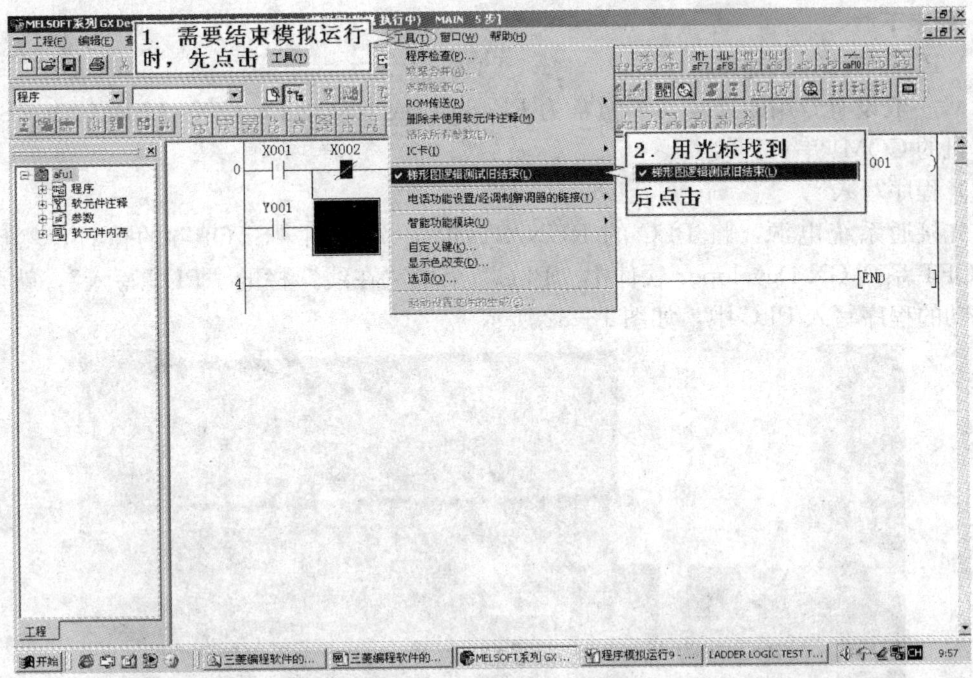

图 1—30 结束测试

4. 程序的保存

按图 1—31 所示选择“变换”，然后单击工具栏中的 图标，或选择“工程”菜单下的“保存工程”，即可完成程序的保存。

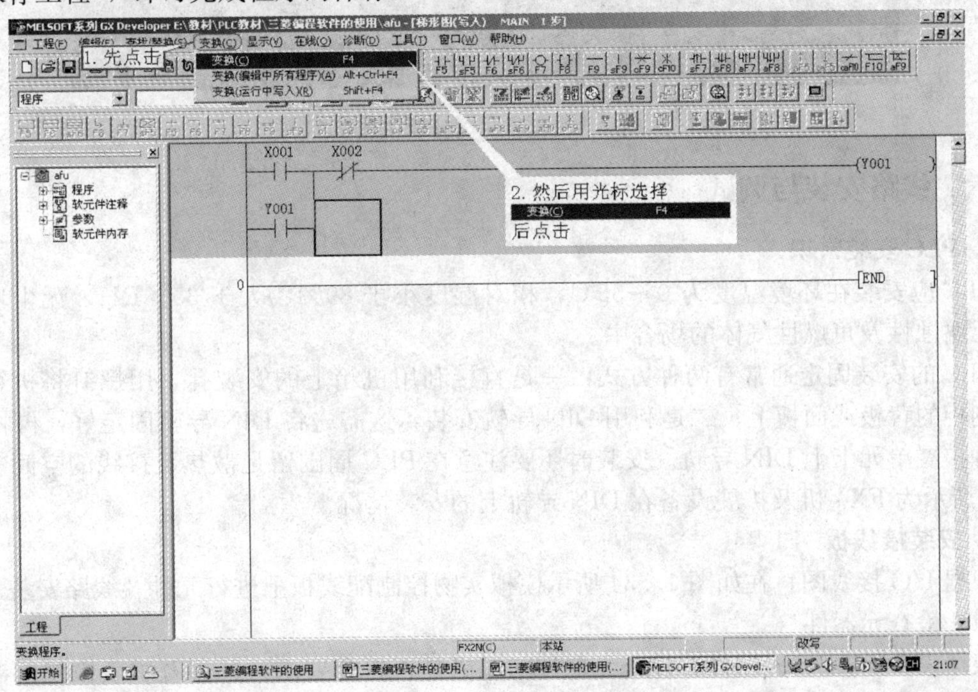

图 1—31 变换

5. 程序下载

（1）PLC 与计算机连接

PLC 一般设有专用的通信口，通常为 RS485 口或 RS422 口，FX_{2N}型 PLC 为 RS422 口与计算机的 COM1 串口连接。

（2）程序写入

首先接通系统电源，将 PLC 的 RUN/STOP 开关拨到“STOP”的位置，然后通过 MELSOFT 系列 GX Developer 软件中“PLC”菜单“在线”栏的“PLC 写入”，就可以把仿真成功的程序写入 PLC 中，如图 1—32 所示。

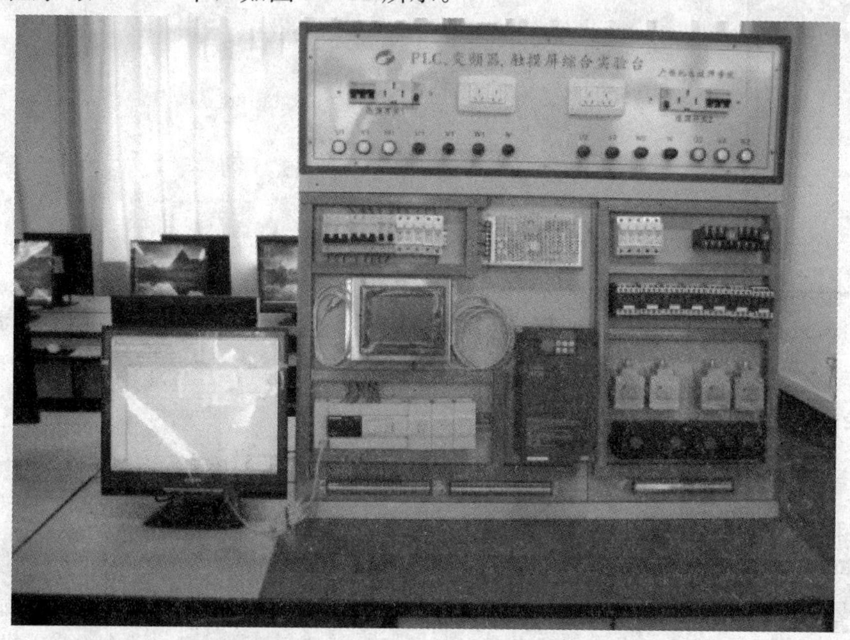

图 1—32　PLC 与计算机联机

六、线路安装与调试

1. PLC 安装常识

PLC 应安装在环境温度为 0～55℃，相对湿度小于 89%、大于 35%RH，无尘埃和油烟，无腐蚀性及可燃性气体的场合中。

PLC 的安装固定通常有两种方式：一是直接利用机箱上的安装孔，用螺钉将机箱固定在控制柜的背板或面板上；二是利用 DIN 导轨安装，这需先将 DIN 导轨固定好，再将 PLC 及各种扩展单元卡上 DIN 导轨。安装时还要注意在 PLC 周围留足散热及接线的空间。如图 1—33 所示为 FX_{2N}机及扩展设备在 DIN 导轨上的安装情况。

2. 安装接线板

根据 I/O 接线图，在如图 1—34 所示模拟实物控制配线板上进行元件及线路安装。

（1）检查元器件

根据表 1—4 配齐元器件，检查元器件的规格是否符合要求，并用万用表检测元器件是否完好。

（2）固定元器件

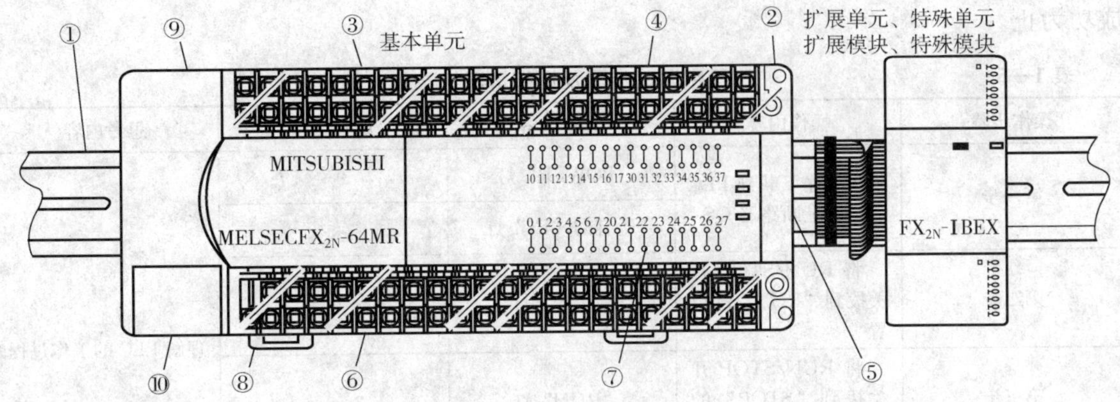

图 1—33　FX_{2N}机及扩展设备在 DIN 导轨上安装

①—35 mm 宽的 DIN 导轨　②—安装孔（32 点以下 2 个，以上 4 个）　③—电源、辅助电源输入信号用装卸式端子台
④—输入口指示灯　⑤—扩展单元、特殊单元、特殊模块接线插座盖板　⑥—输出用装卸式端子台
⑦—输出口指示灯　⑧—DIN 导轨装卸卡子　⑨—面板盖　⑩—外转设备接线插座盖板

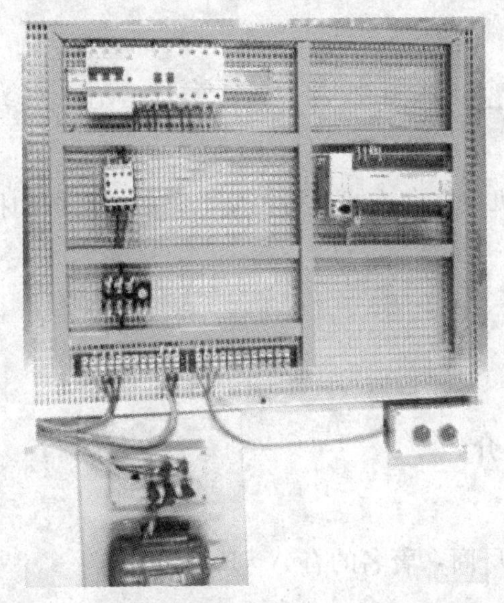

图 1—34　电动机单方向模拟实物控制配线板

固定好本项目所需元器件。

（3）配线安装

根据配线原则和工艺要求，进行配线安装。

（4）自检

对照接线图检查接线是否无误，再使用万用表检测电路的阻值是否与设计相符。

（5）通电调试

1）经自检无误后，在指导教师的指导下，方可通电调试。

2）首先接通系统电源开关 QS，将 PLC 的 RUN/STOP 开关拨到“RUN”的位置，然后通过计算机上的 MELSOFT 系列 GX Developer 软件中的“监控/测试”监视程序的运行情况，再按照表 1—5 进行操作，观察系统运行情况并做好记录。如出现故障，应立即切断电源，分析原因，检查电路或梯形图，排除故障后，方可进行重新调试，直到系统功能调试成功为止。

表 1—5　　程序调试步骤及运行情况记录表

<table>
<tr><th>操作步骤</th><th>操作内容</th><th>观察内容</th><th>观察结果</th><th>思考内容</th></tr>
<tr><td rowspan="2">第一步</td><td rowspan="2">将程序下载到 PLC 后，合上断路器 QS</td><td>“POWER”灯</td><td></td><td rowspan="6">理解 PLC 的工作过程</td></tr>
<tr><td>所有的“IN”灯</td><td></td></tr>
<tr><td>第二步</td><td>将 RUN/STOP 开关拨到“RUN”的位置</td><td>“RUN”灯</td><td></td></tr>
<tr><td>第三步</td><td>将 RUN/STOP 开关拨到“STOP”的位置</td><td>“RUN”灯</td><td></td></tr>
<tr><td>第四步</td><td>按下 SB2</td><td rowspan="2">接触器 KM</td><td></td></tr>
<tr><td>第五步</td><td>按下 SB2</td><td></td></tr>
</table>

试编写两地控制电动机单方向连续运行控制电路的梯形图和指令表。

一、常用的 PLC 简介

1. 美国的 PLC 产品

美国有 100 多家 PLC 厂商，著名的有 A－B 公司。

2. 欧洲的 PLC 产品

德国西门子（SIEMENS）公司的电子产品以性能精良而久负盛名。在大、中型 PLC 产品领域与美国的 A－B 公司齐名。

3. 日本的 PLC 产品

日本的 PLC 产品在小型机领域颇具盛名。日本有许多 PLC 制造商，如三菱、欧姆龙、松下、富士、日立、东芝等，在全世界小型机市场上，日本产品约占 70％的份额。

三菱公司的 PLC 是较早进入中国市场的产品。其小型机 F1/F2 系列是 F 系列的升级产品，早期在我国的销量较大。F1/F2 系列加强了指令系统，增加了特殊功能单元和通信功能，比 F 系列有了更强的控制能力。继 F1/F2 系列之后，20 世纪 80 年代末三菱公司又推出了 FX 系列，在容量、速度、特殊功能、网络功能等方面都有了全面的加强。FX2 系列是在 20 世纪 90 年代推出的高性能整体式小型机，它配有各种通信适配器和特殊功能单元。FX_{2N} 系列是近几年推出的高性能整体式小型机，它是 FX2 系列的换代产品。近年来三菱公司还不断推出了满足不同要求的微型机 PLC，如 FX_{0S}、FX_{1S}、、FX_{0N}、FX_{1N}等系列的产品，本书主要以 FX_{2N}系列机型介绍 PLC 的应用技术。

欧姆龙（OMRON）公司的产品，大、中、小、微型规格齐全。微型机以 SP 系列为代表，小型机有 P 型、H 型、CPM1A、CPM2A 系列及 CPM1C、CQM1 系列等。中型机有 C200H、C200HS、C200HX、C200HG、C200HE 及 CSI 等系列。

松下公司的 PLC 产品中，FP0 为微型机，FP1 为整体式小型机，FP3 为中型机，FP5/FP10、FP10S、FP20 为大型机。

二、PLC 的应用领域

PLC 的应用非常广泛，其应用情况大致可归纳为以下几类。

1. 开关量逻辑控制

这是 PLC 最基本、最广泛的应用领域，取代传统的继电器—接触器控制线路，实现逻辑控制、顺序控制，既可用于单台设备的控制，又可用于多机群控及自动化流水线。如注塑机、印刷机、订书机械、组合机床、磨床、包装生产线、电镀流水线等。

2. 模拟量控制

PLC 利用 PID（Proportional Integral Derivative）算法可实现闭环控制功能，例如对温度、速度、压力及流量等过程量的控制。

3. 运动控制

PLC 可以用于圆周运动或直线运动的定位控制。近年来许多 PLC 厂商在自己的产品中增加了脉冲输出功能，配合原有的高速计数器功能，使 PLC 的定位控制能力大大增强。此外许多 PLC 品牌具有位置控制模块，可驱动步进电动机或伺服电动机的单轴或多轴位置控制模块，使 PLC 广泛地用于机械、机床、机器人、电梯等领域。

4. 数据处理

现代 PLC 具有数学运算、数据传送、数据转换、排序、查表、位操作等功能，可以完成数据采集、分析及处理。这些数据除可以与存储在存储器中的参考值比较，完成一定的控制操作外，也可以利用通信功能传送到别的智能装置，或将它们打印制表。数据处理一般用于大型控制系统，如无人控制的柔性制造系统；也可用于过程控制系统，如造纸、冶金、食品工业中的一些大型控制系统。

5. 通信及联网

PLC 通信包括 PLC 间的通信及 PLC 与其他智能设备之间的通信。随着计算机控制的发展，工厂自动化网络发展得很快，各 PLC 厂商都十分重视 PLC 的通信功能，纷纷推出各自的网络系统。新近生产的 PLC 无论是网络接入能力还是通信技术指标都得到了很大加强，这使 PLC 在远程及大型控制系统中的应用能力大大增强。

三、技能拓展

楼上、楼下各有一只开关（SB1、SB2）共同控制一盏照明灯（1EL）。要求两只开关均可对灯的状态（亮或灭）进行控制。试用 PLC 来实现上述控制要求。

项目二

三相异步电动机正反转控制

学习目标

1. 掌握 PLC 的基本驱动指令。
2. 掌握 PLC 编程的基本方法。
3. 进一步掌握梯形图的基本画法。
4. 掌握三相异步电动机正反转控制电路的编程、安装和调试方法。

项目任务

在实际生产中，很多情况下都要求三相交流异步电动机既能正转又能反转，其方法是通过改变电动机定子绕组的电源相序来实现的，如图 2—1 所示是按钮接触器双重联锁控制三相异步电动机正反转控制电路。启动时，首先合上总电源开关 QS，按下正转启动按钮 SB2，接触器 KM1 线圈得电，其辅助常开触头闭合自锁，辅助常闭触头断开联锁，主触头闭合，电动机正转运行。当需要反转时，只需按下反转启动按钮 SB3，接触器 KM1 线圈断电，KM1 触头复位断开正向电源，接触器 KM2 线圈得电，其辅助常开触头闭合自锁，辅助常闭触头断开联锁，主触头闭合，电动机反转运行。SB1 为总停止按钮。本项目要求用 PLC 来实现如图 2—1 所示的三相交流异步电动机的正反转控制，其控制的时序图如图 2—2 所示。

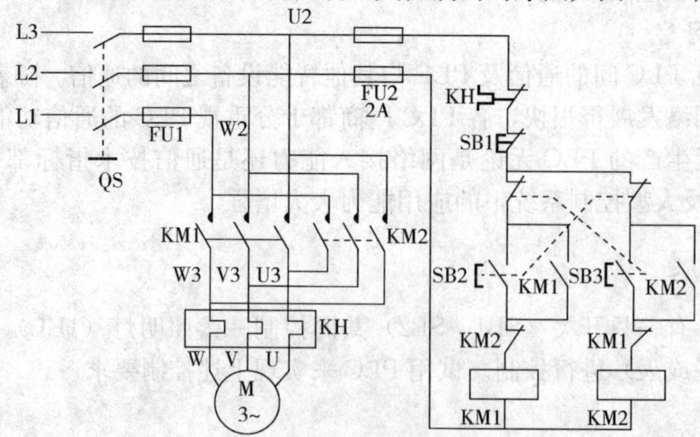

图 2—1　复合联锁接触器正反转控制电路图

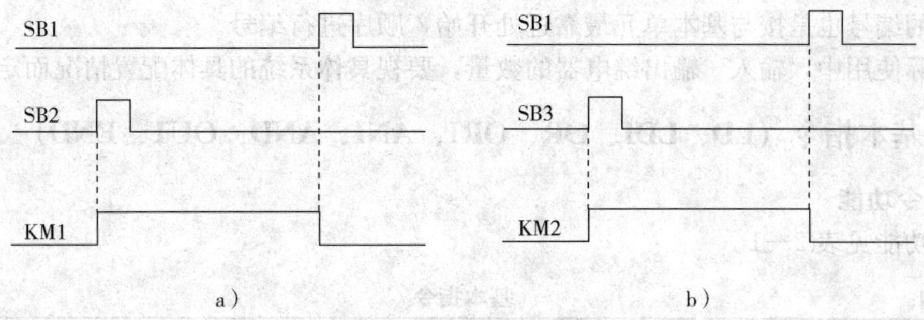

图 2—2　控制时序图
a）正转运行　b）反转运行

项目要求：

（1）能够用按钮控制三相交流异步电动机的正、反转启动和停止。

（2）具有短路保护和过载保护等必要的保护措施。

（3）利用 PLC 基本指令来实现上述控制。

一、编程元件（X、Y）

1. 输入继电器（X）

输入继电器（X）与输入端相连，它是专门用来接收 PLC 外部开关信号的元件。PLC 通过输入接口将外部输入信号状态（接通时为“1”，断开时为“0”）读入并存储在输入映像寄存器中。

输入继电器必须由外部信号驱动，不能用程序驱动，所以在程序中不可能出现其线圈。由于输入继电器反映输入映像寄存器中的状态，所以其触点的使用次数不限。

FX 系列 PLC 的输入继电器采用 X 和八进制共同组成编号，FX_{2N}型 PLC 的输入继电器编号范围为 X000～X267（184 点）。注意：基本单元输入继电器的编号是固定的，扩展单元和扩展模块是按与基本单元最靠近处开始，顺序进行编号。例如，基本单元 FX_{2N}－64M 的输入继电器编号为 X000～X037（32 点），如果接有扩展单元或扩展模块，则扩展的输入继电器从 X040 开始编号。

2. 输出继电器（Y）

输出继电器用来将 PLC 内部信号输出传送给外部负载（用户输出设备）。输出继电器线圈是由 PLC 内部程序的指令驱动，其线圈状态传送给输出单元，再由输出单元对应的硬触点来驱动外部负载。

每个输出继电器在输出单元中都对应有唯一一个常开硬触点，但在程序中供编程的输出继电器，不管是常开还是常闭触点，都是软触点，所以可以使用无数次。

FX 系列 PLC 的输出继电器采用 Y 和八进制共同组成编号，FX_{2N}编号范围为 Y000～Y267（184 点）。与输入继电器一样，基本单元的输出继电器的编号是固定的，扩展单元和扩展模块的编号也是按与基本单元最靠近处开始，顺序进行编号。

在实际使用中，输入、输出继电器的数量，要视具体系统的具体配置情况而定。

二、基本指令（LD、LDI、OR、ORI、ANI、AND、OUT、END）

1. 指令功能

指令功能见表 2—1。

表 2—1　　基本指令

指令	含义	功能
LD（取指令）	逻辑运算开始指令	用于与左母线连接的常开触点
LDI（取反指令）	逻辑运算开始指令	由于与左母线连接的常闭触点
OR（或指令）	常开触点并联指令	把指定操作元件中的内容和原来保存在操作器里的内容进行逻辑“或”，并将这一逻辑运算的结果存入操作器
ORI（或非指令）	常闭触点并联指令	把指定操作元件中的内容取反，然后和原来保存在操作器里的内容进行逻辑“或”，并将逻辑运算的结果存入操作器
AND（与指令）	常开触点串联指令	把指定操作元件中的内容和原来保存在操作器里的内容进行逻辑“与”，并将逻辑运算的结果存入操作器
ANI（与非指令）	常闭触点串联指令	把指定操作元件中的内容取反，然后和原来保存在操作器里的内容进行逻辑“与”，并将逻辑运算的结果存入操作器
OUT（输出指令）	驱动线圈的输出指令	将运算结果输出到指定的继电器
END（结束指令）	程序结束指令	表示程序结束，返回起始地址

2. 编程实例

LD、OR、ANI、OUT、END 指令在编程应用时的梯形图、指令表和时序图见表 2—2。

表 2—2　　梯形图、指令表和时序图

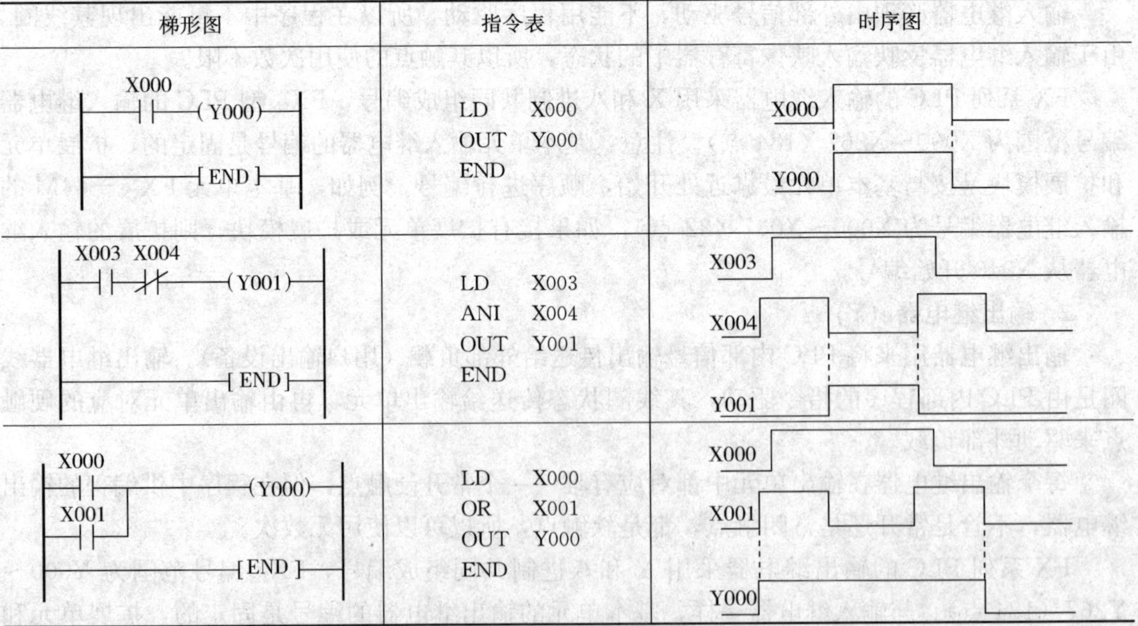

梯形图	指令表	时序图
X000 (Y000) [END]	LD X000 OUT Y000 END	X000 Y000
X003 X004 (Y001) [END]	LD X003 ANI X004 OUT Y001 END	X003 X004 Y001
X000 X001 (Y000) [END]	LD X000 OR X001 OUT Y000 END	X000 X001 Y000

续表

梯形图	指令表	时序图
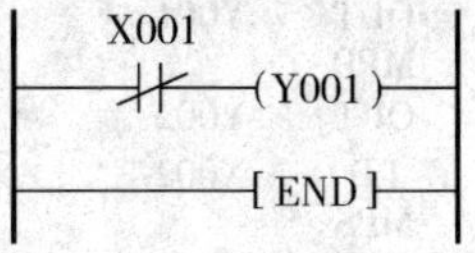 X001 (Y001) [END]	LDI X001 OUT Y001 END	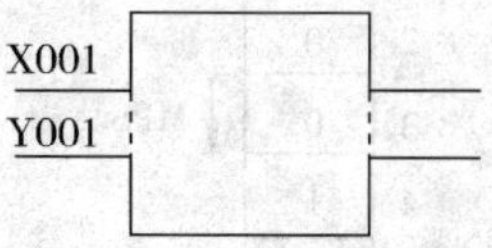 X001 Y001
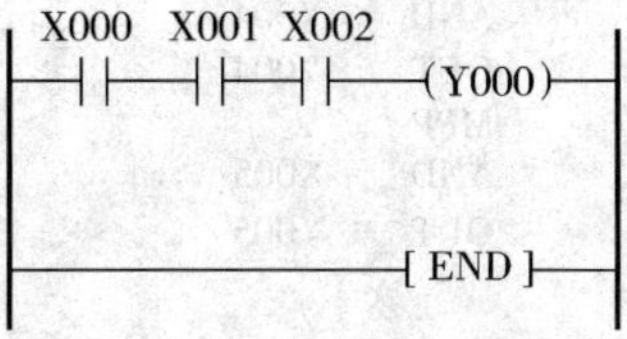 X000 X001 X002 (Y000) [END]	LD X000 AND X001 AND X002 OUT Y000 END	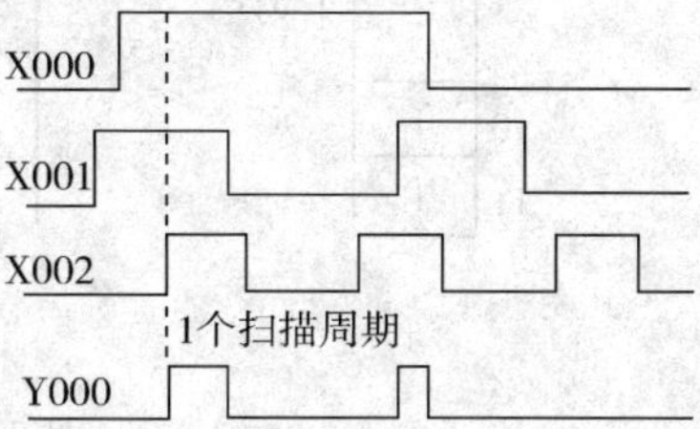 X000 X001 X002 1个扫描周期 Y000

3. 指令说明

（1）LD 指令

将指定操作元件中的内容取出并送入操作器。

（2）ANI 指令

单个触点串联的指令，串联次数没有限制，且可以重复使用。

（3）OR 指令

单个触点并联的指令，并联次数没有限制，且可以重复使用。

（4）ORI 指令

常闭触点并联指令，并联次数没有限制，且可以重复使用。

（5）OUT 指令

在使用时不能直接从左母线输出（应用步进指令控制除外）；不能串联使用，在梯形图中位于逻辑行末尾紧靠右母线，相当于并联输出；如未特别设置（输出线圈使用设置），则 OUT 指令在程序中同名输出继电器的线圈只能使用一次。

（6）END 指令

在程序中写入 END 指令，将强制结束当前的扫描执行过程，即 END 以后的程序步不再扫描，而是直接进行输出处理。调试时，可将程序分段后插入 END 指令，从而依次对各程序段的运算进行检查。

三、多路输出指令 MPS、MRD 和 MPP（入栈、读栈和出栈）

栈操作指令用于多重输出的梯形图中，如图 2—3 所示。在编程时，需要将中间运算结果存储时，就可以通过栈操作指令来实现。如三菱 FX_{2N}的 PLC 就提供了 11 个存储中间运算结果的栈存储器，使用一次 MPS 指令，当时的逻辑运算结果压入栈的第一层，栈中原来的数据依次向下一层推移；当使用 MRD 指令时，栈内的数据不会发生变化，（即不上移或下移），而是将栈的最上层数据读出；当执行 MPP 指令时，将栈的最上层数据读出，同时该数据从栈中消失，而栈中其他层的数据向上移动一层，因此也称为弹栈。

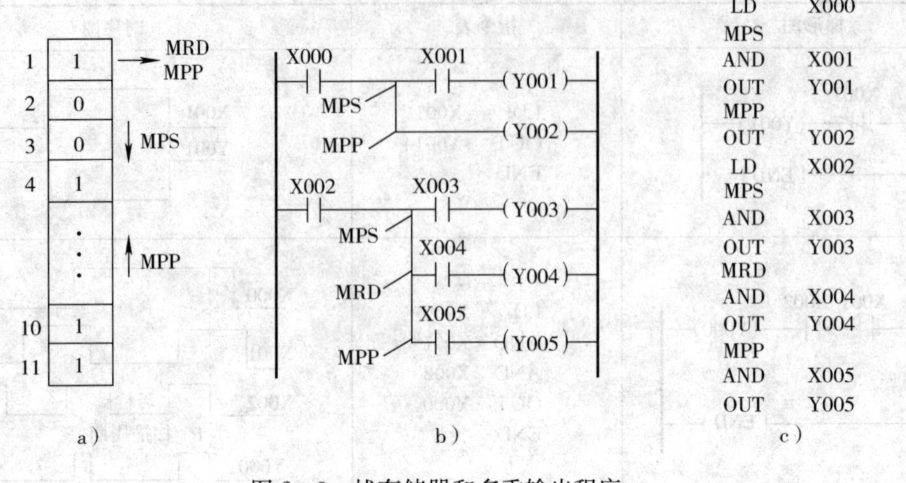

图 2—3　栈存储器和多重输出程序

a）栈存储器　b）梯形图　c）指令表

以下是两个堆栈的实例。

实例一：一层堆栈编程，如图 2—4 所示。

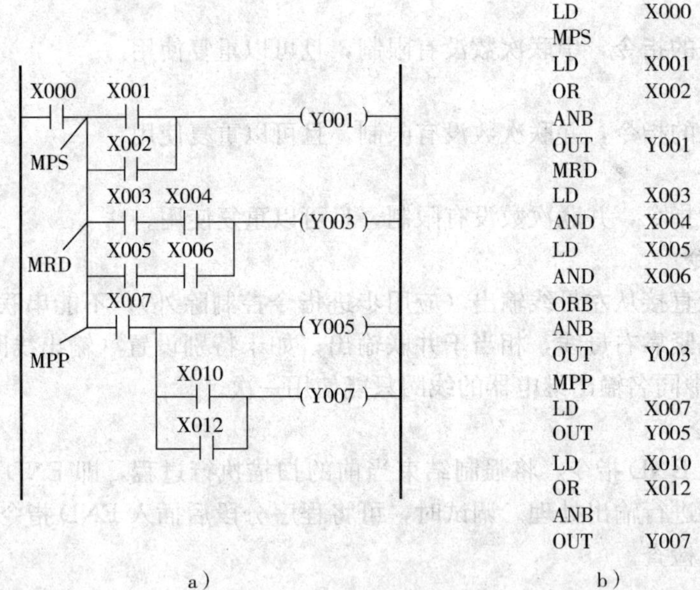

图 2—4　一层堆栈编程

a）梯形图　b）指令表

实例二：二层堆栈编程，如图 2—5 所示。

指令使用说明：

（1）MPS 指令用于分支的开始处，MRD 指令用于分支的中间处，MPP 指令用于分支的结束处。

（2）MPS、MRD 和 MPP 指令均为不带操作元件指令，其中 MPS 和 MPP 指令必须成

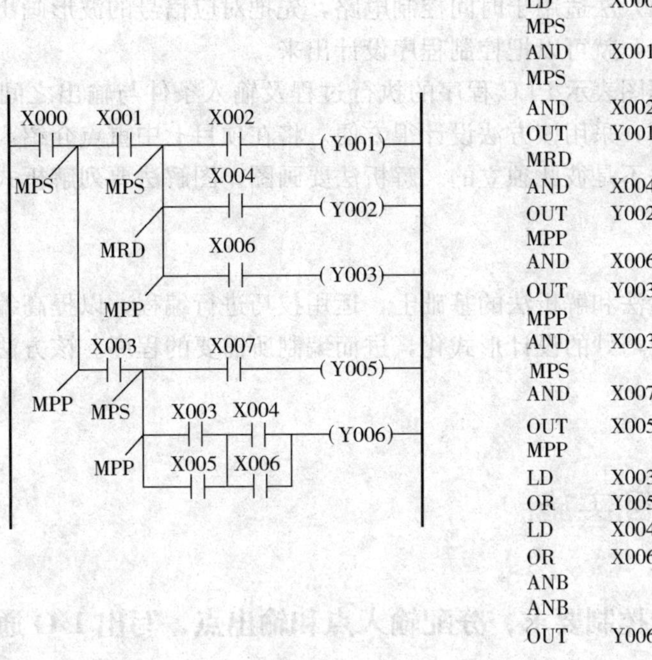

图 2—5　二层堆栈编程

a）梯形图　b）指令表

对使用。

（3）由于三菱 FX_{2N}的 PLC 只提供了 11 个栈存储器，因此 MPS 和 MPP 指令连续使用的次数不得超过 11 次。

四、PLC 的编程方法

在设计 PLC 程序时，可以根据自己的实际情况采用以下不同的方法。

1. 经验法

经验法就是运用自己的或者借鉴他人的已经成熟的实例进行设计。可以对已有相近或者类似的实例按照控制系统的要求进行修改，直到满足控制系统的要求。在工作中应不断积累经验和收集资料，从而丰富设计经验。

2. 解析法

PLC 的逻辑控制实际上就是逻辑问题的综合。可以根据组合逻辑或者时序逻辑的理论，并运用相应的解析方法，对其进行逻辑关系求解，依求解的结果编制梯形图或直接编写指令。解析法比较严谨，可以避免编程的盲目性。

3. 图解法

图解法是依照画图的方法进行 PLC 编程设计，常见的方法有梯形图法、时序图法（波形图）和流程图法。

梯形图法是最基本的方法，无论是经验法还是解析法，在把控制系统的要求等价为梯形图时都要用到梯形图法。

时序图（波形图）法适用于时间控制电路，先把对应信号的波形画出来，再依照时间顺序用逻辑关系去组合，就可以把控制程序设计出来。

流程图法是用框图表示 PLC 程序的执行过程及输入条件与输出之间的关系。在使用步进指令编程的情况下，采用该方法设计很方便。将在项目七中重点介绍。

图解法和解析法不是彼此独立的。解析法要画图，图解法要列解析式，只是两种方法的侧重点不一样。

4. 技巧法

技巧法是在经验法和解析法的基础上，运用技巧进行编程，以提高编程质量。还可以使用流程图做工具，将巧妙的设计形式化，进而编制所需要的程序。该方法是多种编程方法的综合应用。

一、通过分析控制要求，分配输入点和输出点，写出 I/O 通道地址分配表

根据上述控制要求，可确定 PLC 需要 3 个输入点，2 个输出点，其 I/O 通道地址分配表见表 2—3。

表 2—3　　I/O 通道地址分配表

输入			输出		
元件代号	作用	输入继电器	元件代号	作用	输出继电器
SB1	停止按钮	X0	KM1	正转控制	Y0
SB2	正转启动	X1	KM2	反转控制	Y1
SB3	反转启动	X2			

二、画出 PLC 接线图（I/O 接线图）

PLC 接线图如图 2—6 所示。

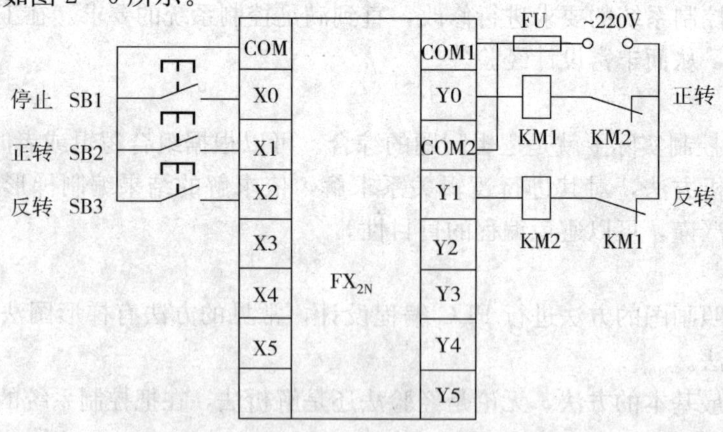

图 2—6　正反转控制 I/O 接线图

在设计正反转控制 I/O 接线图时，要接入外部硬件的联锁，这是由于 PLC 的扫描周期和接触器的动作时间不匹配，如果只在梯形图中加入“软继电器”的互锁，会造成在 Y000 断开时，接触器 KM1 可能还未断开，在没有外部硬件联锁的情况下，接触器 KM2 会得电动作，主触头闭合，会引起主电路电源相间短路；同理，在实际控制过程中，当接触器 KM1 或接触器 KM2 任何一个接触器的主触头熔焊时，由于没有外部硬件的联锁，只在梯形图中加入“软继电器”的互锁会造成主电路电源相间短路。

三、程序设计

根据 I/O 通道地址分配表及图 2—2 控制时序图可知，当按下正转启动按钮 SB2 时，输入继电器 X001 接通，输出继电器 Y000 置 1，接触器 KM1 线圈得电并自保，主触头闭合，电动机正转连续运行。若按下停止按钮 SB1，输入继电器 X000 接通，输出继电器 Y000 置 0，接触器 KM1 线圈断电，主触头断开，电动机停止运行。当按下反转启动按钮 SB3 时，输入继电器 X002 接通，输出继电器 Y001 置 1，接触器 KM2 线圈得电并自保，主触头闭合，电动机反转连续运行。若按下停止按钮 SB1，输入继电器 X000 接通，输出继电器 Y000 置 0，接触器 KM2 线圈断电，主触头断开，电动机停止运行。从图 2—1 的继电器控制电路可知，不但正反转按钮实现了互锁，而且正反转接触器之间也实现了联锁。结合以上的编程分析，可以通过下面两种方法来实现 PLC 控制电动机正反转连续运行电路的要求。

方案一：直接用基本编程环节进行设计

如图 2—7 所示。

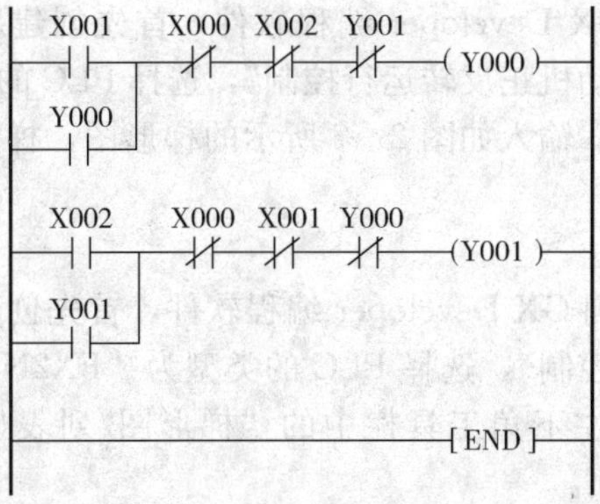

图 2—7　利用基本编程环节设计的电动机正反转运行控制的梯形图

此方案通过在正转运行支路中串入 X002 和 Y001 的常闭触点，在反转运行支路中串入 X001 和 Y000 的常闭触点来实现按钮和接触器的互锁。

方案二：利用栈操作指令进行设计

利用栈操作指令进行设计实现电动机正反转运行控制的梯形图及指令表如图 2—8 所示。

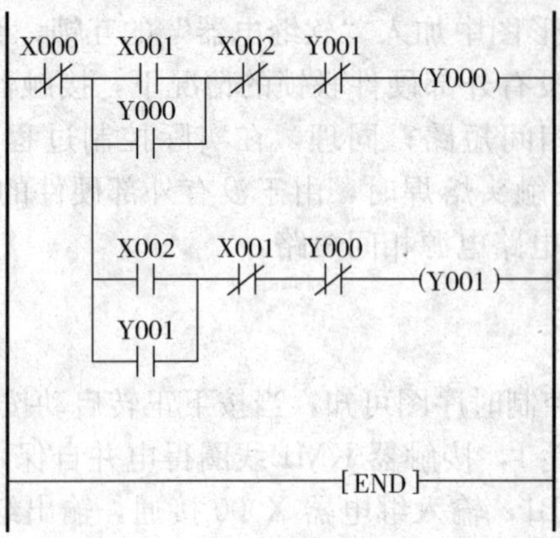

步序	指令	元件
0	LDI	X000
1	MPS	
2	LD	X001
3	OR	Y000
4	ANB	
5	ANI	X002
6	ANI	Y001
7	OUT	Y000
8	MPP	
9	LD	X002
10	OR	Y001
11	ANB	
12	ANI	X001
13	ANI	Y000
14	OUT	Y001
15	END	

a）　　　　b）

图 2—8　栈操作指令实现电动机正反转运行控制

a）梯形图　b）指令表

四、程序输入及仿真运行

1. 程序输入

（1）方法一：梯形图输入法

启动 MELSOFT 系列 GX Developer 编程软件，首先创建新文件名，并命名为“启—保—停基本编程环节实现电动机正反转运行控制”，选择 PLC 的类型为“FX2N”，应用上一个项目所学的梯形图输入法，输入如图 2—7 所示的梯形图，梯形图程序输入过程在此不再赘述。

（2）方法二：指令输入法

1）启动 MELSOFT 系列 GX Developer 编程软件，首先创建新文件名，并命名为“栈指令实现电动机正反转运行控制”，选择 PLC 的类型为“FX2N”；首先进入如图 2—9 所示梯形图编程画面，然后单击左下角工具栏中的“梯形图/列表显示切换”图标，进入如图 2—10 所示的指令表编程画面。

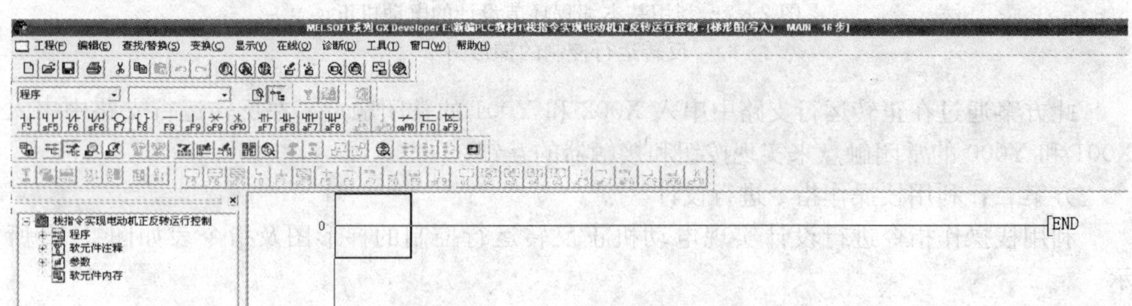

图 2—9　梯形图编程画面

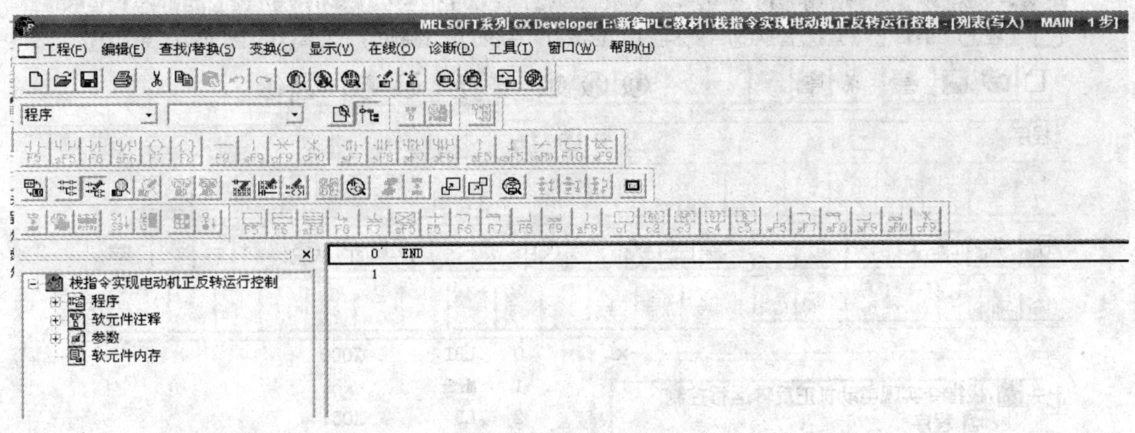

图 2—10　指令表编程画面

2）指令表输入。在编程画面中依次输入如图 2—8 所示指令表，“列表输入”对话框如图 2—11 所示。输入指令后单击对话框中的“确定”按钮，或键入回车键即可完成输入，软件自动跳转到新的一行。

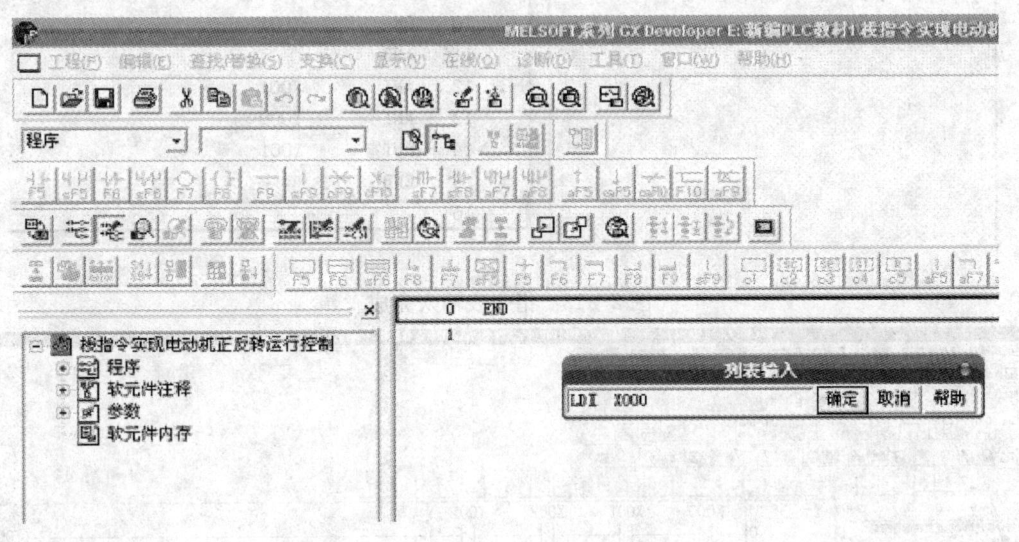

图 2—11　指令表输入

运用上述输入方法将如图 2—8 所示指令表中的指令输入完毕，将得到如图 2—12 所示的画面。

再次单击左下角工具栏中的“梯形图/列表显示切换”图标，进入如图 2—13 所示的梯形图编程画面，画面中会自动出现如图 2—8 所示的梯形图。

2. 程序保存

只需单击工具栏上的工程保存“ ”图标，即可对所编的程序进行保存。

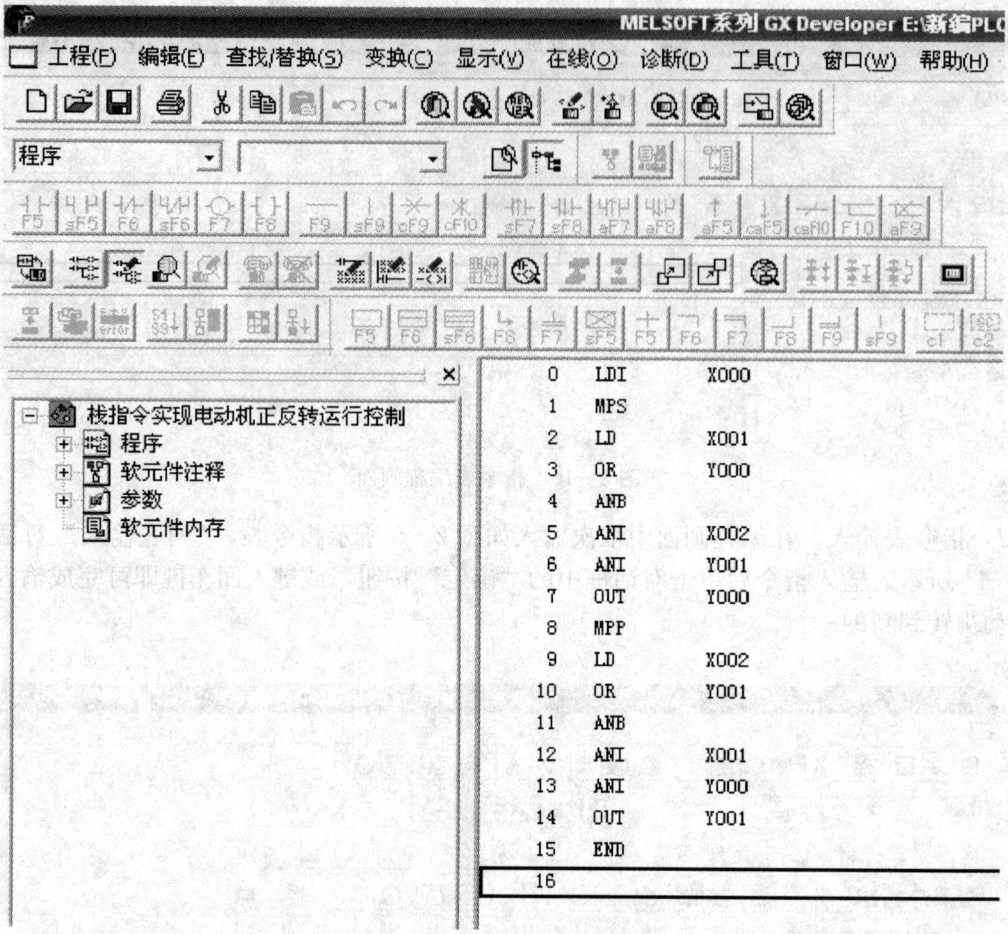

MELSOFT系列 GX Developer E:\新编PLC
工程(F) 编辑(E) 查找/替换(S) 变换(C) 显示(V) 在线(O) 诊断(D) 工具(T) 窗口(W) 帮助(H)
程序
栈指令实现电动机正反转运行控制
程序
软元件注释
参数
软元件内存
0 LDI X000
1 MPS
2 LD X001
3 OR Y000
4 ANB
5 ANI X002
6 ANI Y001
7 OUT Y000
8 MPP
9 LD X002
10 OR Y001
11 ANB
12 ANI X001
13 ANI Y000
14 OUT Y001
15 END
16

图 2—12 指令表输入完成

栈指令实现电动机正反转运行控制
程序
软元件注释
参数
软元件内存
X000
X001
X002
Y001
Y000
Y000
X002
X001
Y000
Y001
Y001
0
15
END

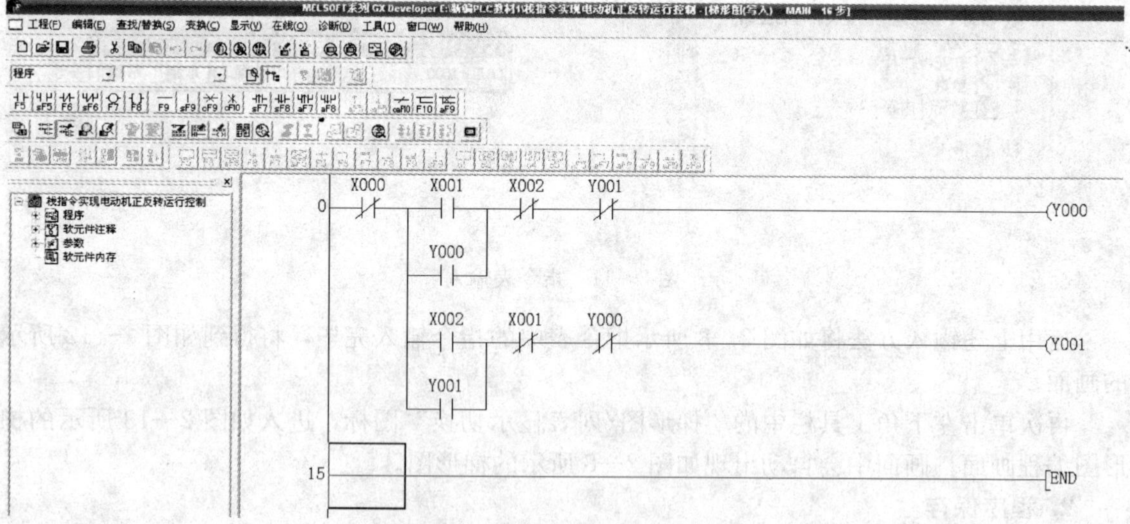

图 2—13 指令表转换为梯形图

3. 仿真运行

（1）测试开始

点击“梯形图逻辑测试启动/结束”图标“ ”，进入程序写入状态，如图 2—14 所示。

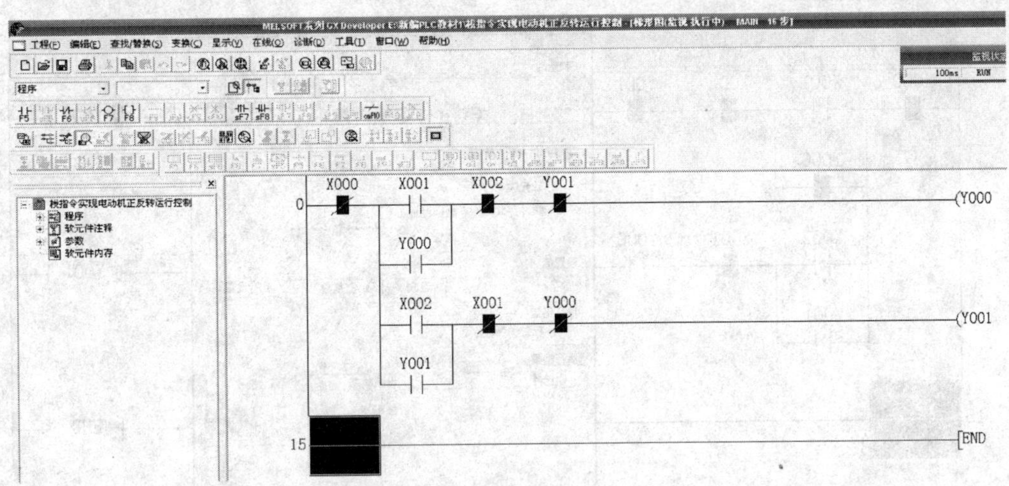

图 2—14　程序写入状态

（2）软元件测试

在梯形图区域空白处单击鼠标右键，在弹出菜单中选择“软元件测试”，打开“软元件测试”对话框，如图 2—15 所示。

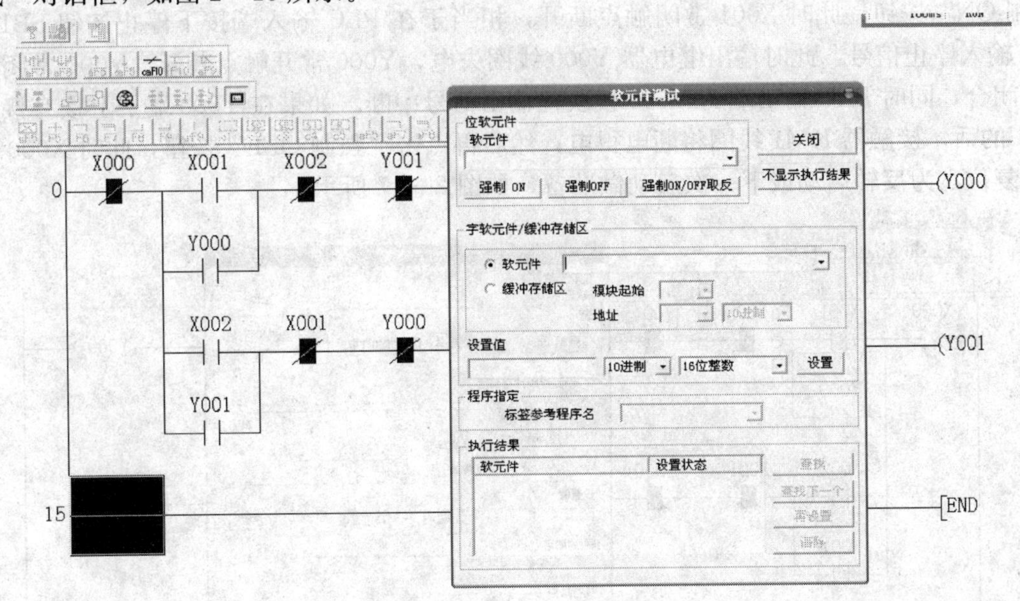

图 2—15　软元件测试

（3）正转控制仿真测试

在“软元件测试”对话框里的“位软元件”栏的“软元件”框中输入 X001 后，点击“强制 ON”按钮，此时 X001 常开触点闭合，X001 常闭触点断开，然后再点击“强制 OFF”按钮，此时 X001 常开触点和常闭触点复位，相当于在 PLC 输入端按下正转启动按钮 SB2，给 PLC 输入正转启动信号，此时输出继电器 Y000 线圈得电，Y000 常开触点接通自保，Y000 常闭触点断开互锁，同时 PLC 输出端的 Y000 接线柱有信号输出，如果在 Y000 端子上接有接触器 KM1 的话，接触器 KM1 线圈将得电，如图 2—16 所示。

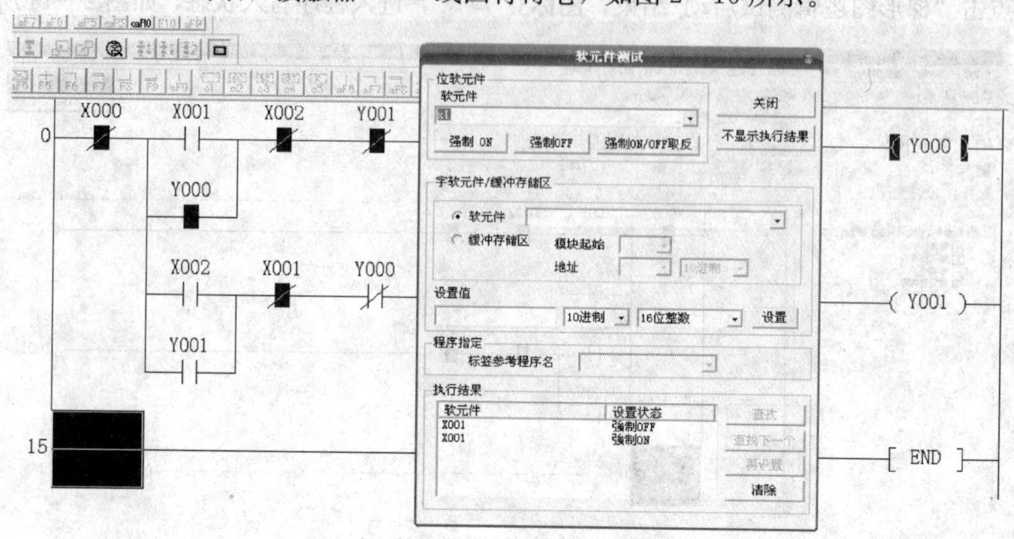

图 2—16　正转控制仿真测试

（4）停止控制仿真测试

在“软元件测试”对话框里的“位软元件”栏的“软元件”框中输入 X000 后，点击“强制 ON”按钮，此时 X001 常闭触点断开，相当于在 PLC 输入端按下停止按钮 SB1，给 PLC 输入停止信号，此时输出继电器 Y000 线圈失电，Y000 常开触点断开，Y000 常闭触点复位闭合，同时 PLC 输出端的 Y000 接线柱输出信号中断。如果在 Y000 端子上接有接触器 KM1 的话，接触器 KM1 线圈将断电得电，然后再点击“强制 OFF”按钮，此时 X000 常闭触点复位，为反转启动或下一次启动做准备，如图 2—17 所示。

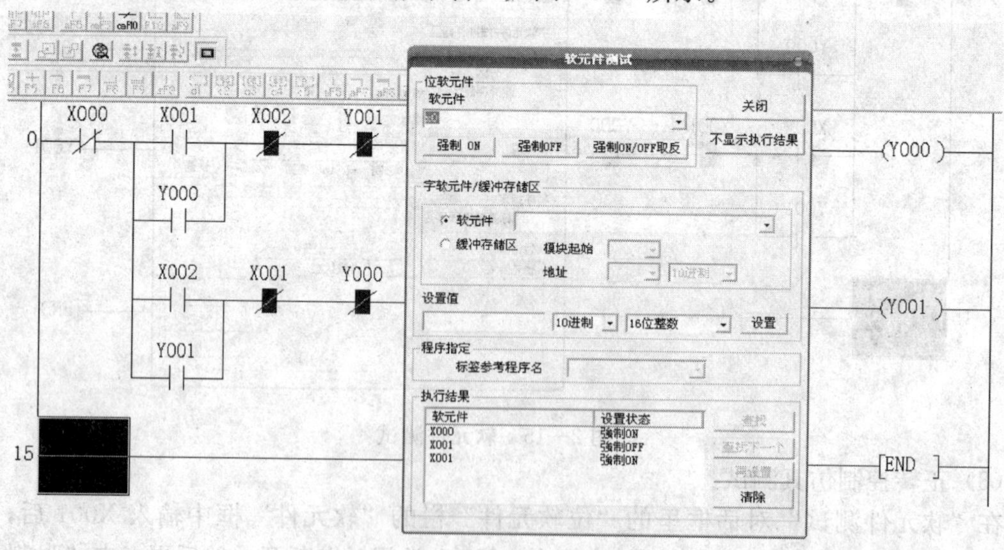

图 2—17　停止控制仿真测试

(5) 反转控制仿真测试

其仿真测试的方法同正转控制仿真测试方法一样，只是在“软元件测试”对话框里的“位软元件”栏的“软元件”框中输入的是 X002。

(6) 结束仿真测试

关闭“软元件测试”对话框，然后再点击“梯形图逻辑测试起动/结束”图标“ ”，会出现“停止梯形图逻辑测试”的对话框，此时只要点击对话框中的“确定”按钮，就可结束梯形图的仿真逻辑测试。

4. 程序下载

(1) PLC 与计算机连接

使用专用通信电缆 RS 232/RS422 转换器将 PLC 的编程接口与计算机的 COM1 串口连接。

(2) 程序写入

首先接通系统电源，将 PLC 的 RUN/STOP 开关拨到“STOP”的位置，然后通过 MELSOFT 系列 GX Developer 软件中的“PLC”菜单的“在线”栏的“PLC 写入”，就可以把仿真成功的程序写入 PLC 中。

5. 线路安装与调试

(1) 绘制接线图

根据 I/O 接线图，绘制元件布置系统接线图，如图 2—18 所示。

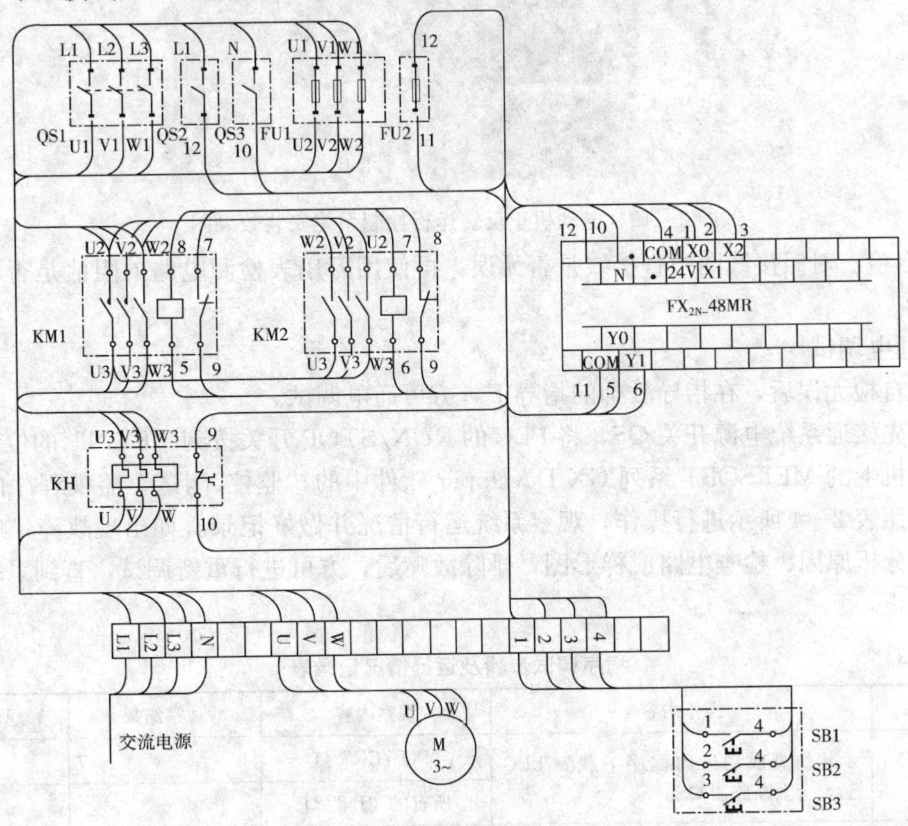

图 2—18　PLC 控制电动机正反转运行控制系统安装接线图

（2）安装电路

1）检查元器件。根据图 2—18 配齐元器件，检查元器件的规格是否符合要求，并用万用表检测元器件是否完好。

2）固定元器件。根据如图 2—18 所示固定好元器件。

3）配线安装。根据配线原则和工艺要求，参考如图 2—19 所示进行配线安装。

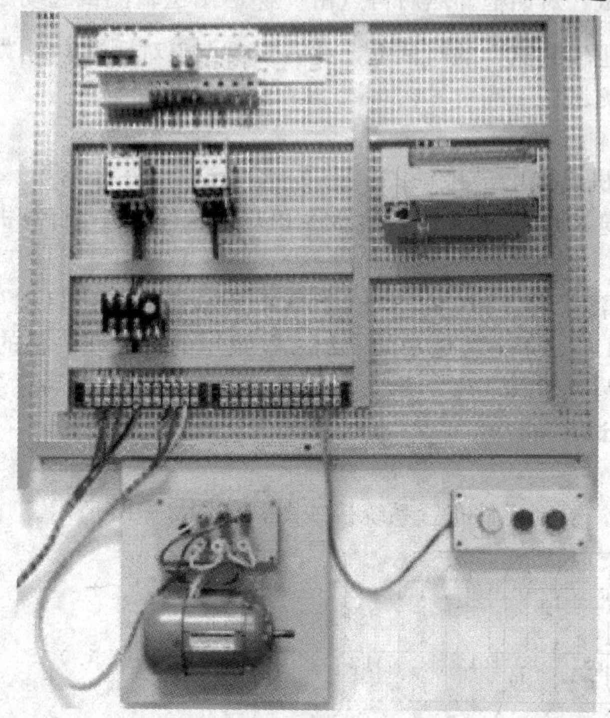

图 2—19 电动机正反转运行控制系统安装效果图

4）自检。对照接线图检查接线是否无误，再使用万用表检测电路的阻值是否与设计相符。

5）通电调试

①经自检无误后，在指导教师的指导下，方可通电调试。

②首先接通系统电源开关 QS，将 PLC 的 RUN/STOP 开关拨到“RUN”的位置，然后通过计算机上的 MELSOFT 系列 GX Developer 软件中的“监控/测试”监视程序的运行情况，再按照表 2—4 所示进行操作，观察系统运行情况并做好记录。如出现故障，应立即切断电源，分析原因、检查电路或梯形图，排除故障后，方可进行重新调试，直到系统功能调试成功为止。

表 2—4　　程序调试步骤及运行情况记录表

操作步骤	操作内容	观察内容	观察结果	思考内容
第一步	将仿真成功后的程序下载到 PLC 后，合上断路器 QS	“POWER”灯		
		所有的“IN”灯		
第二步	将 RUN/STOP 开关拨到“RUN”的位置	“RUN”灯		

续表

操作步骤	操作内容	观察内容	观察结果	思考内容
第三步	将 RUN/STOP 开关拨到“STOP”的位置	“RUN”灯		
第四步	按下 SB2	KM1 和 KM2 的动作		理解 PLC 的工作过程
第五步	按下 SB1			
第六步	按下 SB3			
第七步	按下 SB1			
第八步	按下 SB2			
第九步	按下 SB3			

想一想练一练

1. 如果将热继电器的常闭触点接到 PLC 的输入端将有什么变化？梯形图将如何变换？

2. 参考项目练习：将如图 2—19 所示继电控制原理图转换成 PLC 控制系统。步骤如下：

第一步，列出输入输出表。

第二步，画出 PLC 控制系统接线图（见图 2—20）。

第三步，设计控制程序并调试。

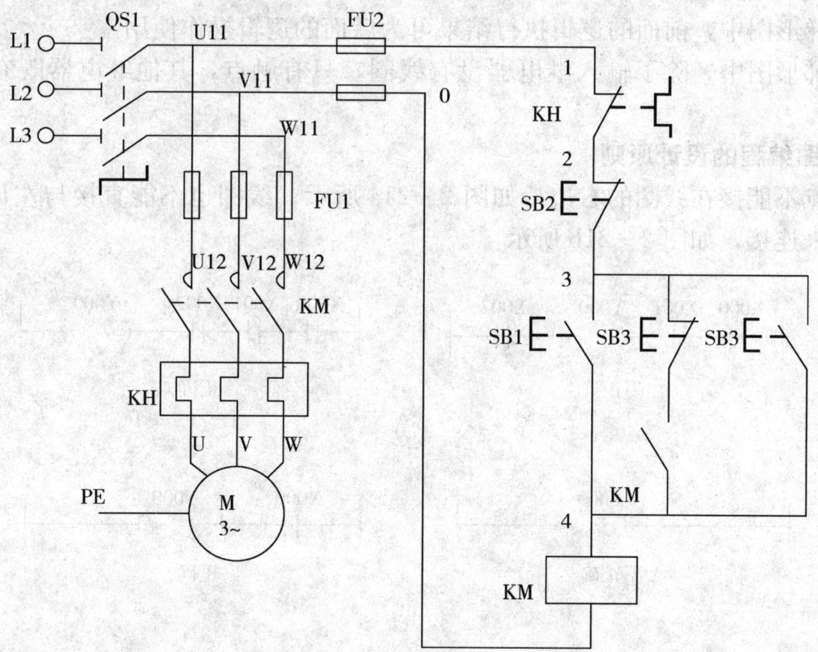

图 2—20　具有点动与连续运行的电动机控制

项目拓展

一、理论知识拓展

梯形图的特点及编程原则：

梯形图与继电器控制电路图，在结构形式、元件符号及逻辑控制功能方面相似，但梯形图具有自己的特点及设计原则。

1. 梯形图的特点

（1）梯形图中，所有触点都应按从上到下、从左到右的顺序排列，并且触点只允许画左水平方向（主控触点除外）。每个继电器线圈为一个逻辑行，即一层阶梯。每个逻辑行开始于左母线，然后是触点的连接，最后终止于继电器线圈。左母线与线圈之间一定要有触点，而线圈与右母线之间不能存在任何触点。

（2）在梯形图中的继电器不是物理继电器，每个继电器各触点均为存储器中的一位，称为“软继电器”。当存储器状态为“1”时，表示该继电器得电，其常开触点闭合或常闭触点断开。

（3）在梯形图中，流过的电流并非实际电源的电流，而是“概念”电流，“概念”电流只能从左到右流动。

（4）在梯形图中，某个继电器编号只能出现一次，而继电器触点可以无限次使用，如果同一继电器线圈重复使用两次，PLC 将视其为语法错误。

（5）在梯形图中，前面的逻辑执行结果可为后面的逻辑操作使用。

（6）在梯形图中，除了输入继电器没有线圈，只有触点，其他继电器既有线圈又有触点。

2. 梯形图编程的设计原则

（1）触点不能接在线圈的右边，如图 2—21a 所示；线圈也不能直接与左母线连接，必须通过触点来连接，如图 2—21b 所示。

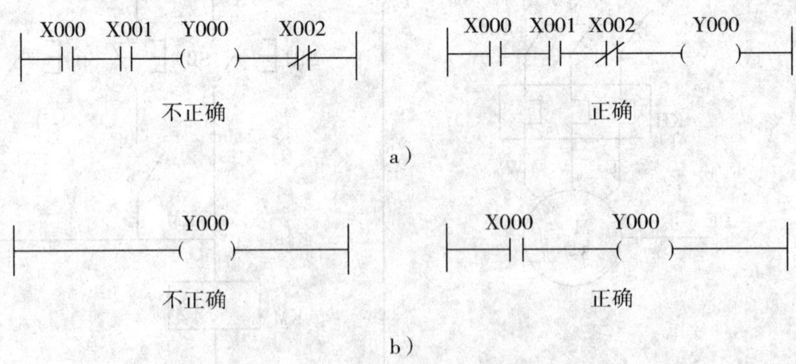

图 2—21　触点不能接在线圈的右边

（2）在每一个逻辑行上，当几条支路并联时，串联触点多的应安排在上，如图 2—22a 所示，几条支路串联时，并联触点多的应安排在左边，如图 2—22b 所示，这样可以减少编程指令。

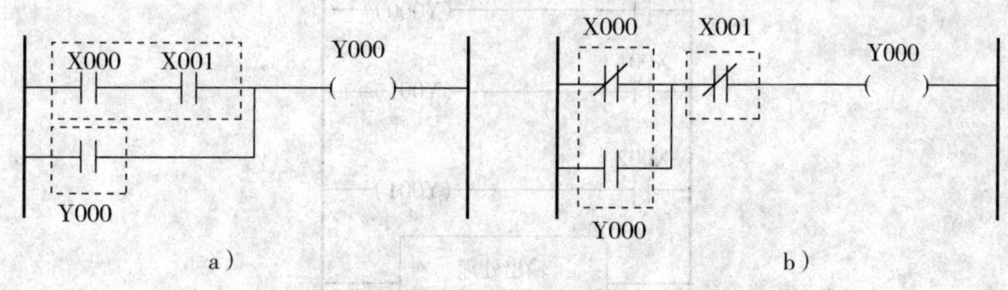

图 2—22　多条支路的位置关系

（3）梯形图的触点应画在水平支路上，而不应画在垂直支路上，如图 2—23 所示。

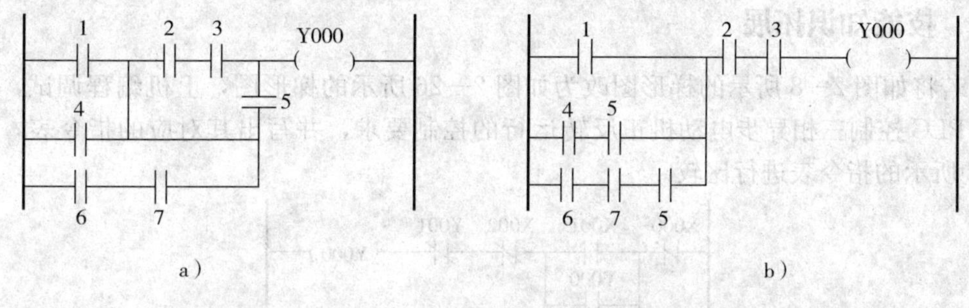

图 2—23　触点应画在水平支路上

a）不合适的画法　b）正确的画法

（4）遇到不可编程的梯形图时，可根据信号单向自左至右、自上而下流动的原则对原梯形图进行重新编排，以便于正确应用 PLC 基本编程指令进行编程，如图 2—24 所示。

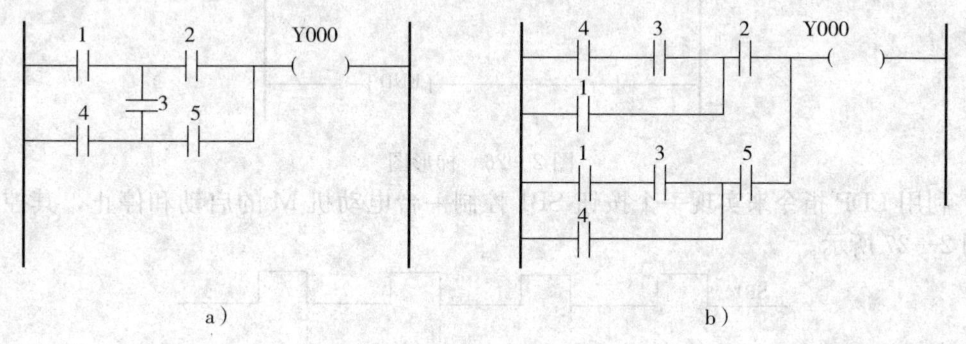

图 2—24　梯形图的重排

a）不可编辑的梯形图　b）变换后的梯形图

（5）双线圈输出不可用。如果在同一程序中同一元件的线圈重复出现两次或两次以上，则称为双线圈输出，这时前面的输出无效，后面的输出有效，如图 2—25 所示。一般不应出现双线圈输出。

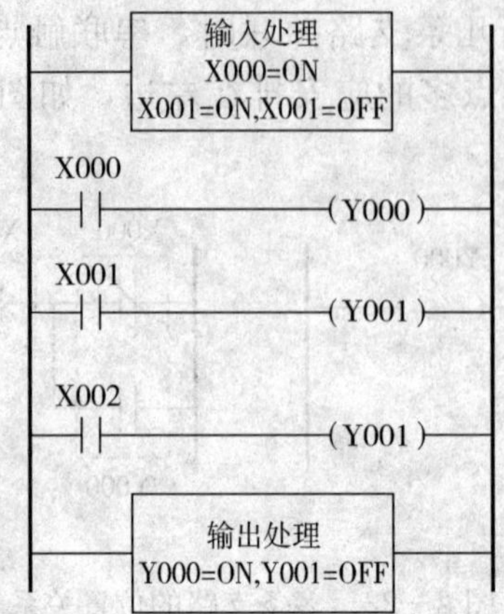

图 2—25　双线圈输出不可用

二、技能知识拓展

1. 若将如图 2—8 所示的梯形图改为如图 2—26 所示的梯形图，上机编程调试，检验能否实现 PLC 控制三相异步电动机正反转运行的控制要求，并写出其对应的指令表，同时与图 2—8 所示的指令表进行比较。

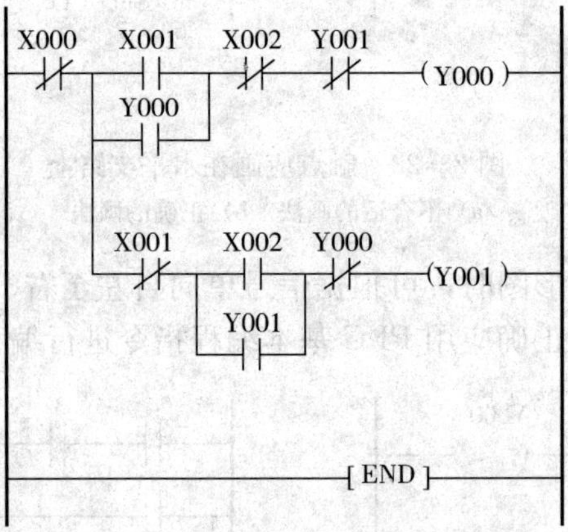

图 2—26　梯形图

2. 利用 LDP 指令来实现一个按钮 SB1 控制一台电动机 M 的启动和停止，其控制时序图如图 2—27 所示。

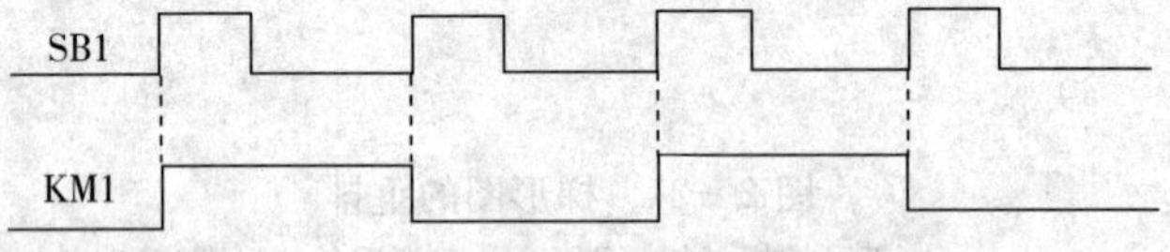

图 2—27　一个按钮 SB1 控制一台电动机的时序图

项目三

自动送料小车控制

学习目标

1. 掌握基本指令的应用。
2. 掌握经验法设计梯形图的步骤和要领。
3. 掌握 PLC 自动送料小车控制电路的编程、安装和调试方法。

项目任务

有一小车自动往返循环控制设备，如图 3—1 所示。其传统的控制是采用继电器控制系统来实现，电气控制原理图如图 3—2 所示。由于采用继电器控制系统来控制，所用的继电器较多，控制线路也较为复杂，加上行业生产环境等方面的因素限制故障率较高，且不便于维修，为此需要设计一种以 PLC 为核心的自动控制系统对其进行改造。

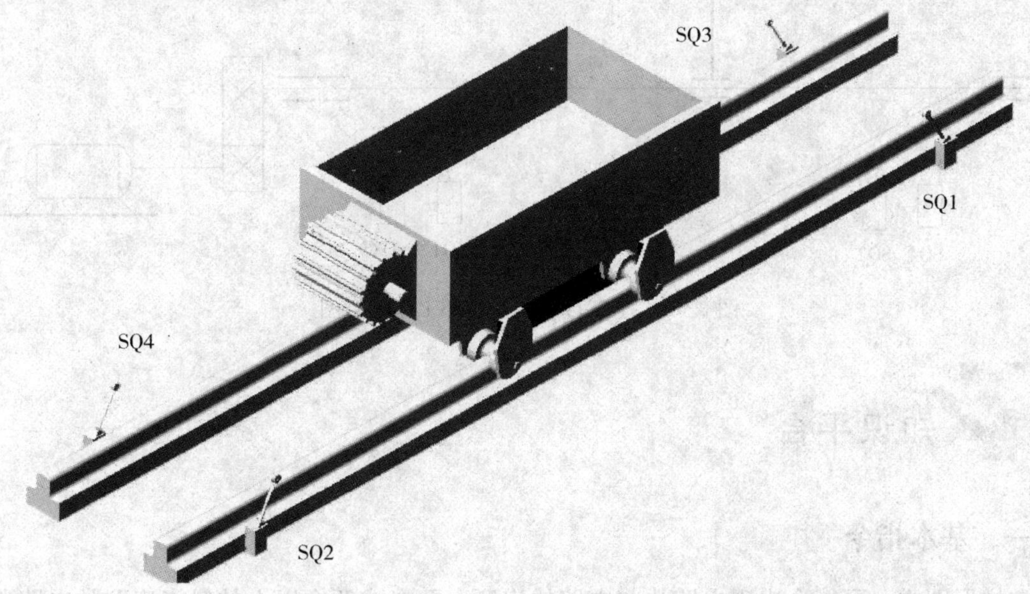

图 3—1　小车在两点之间自动往返运动示意图

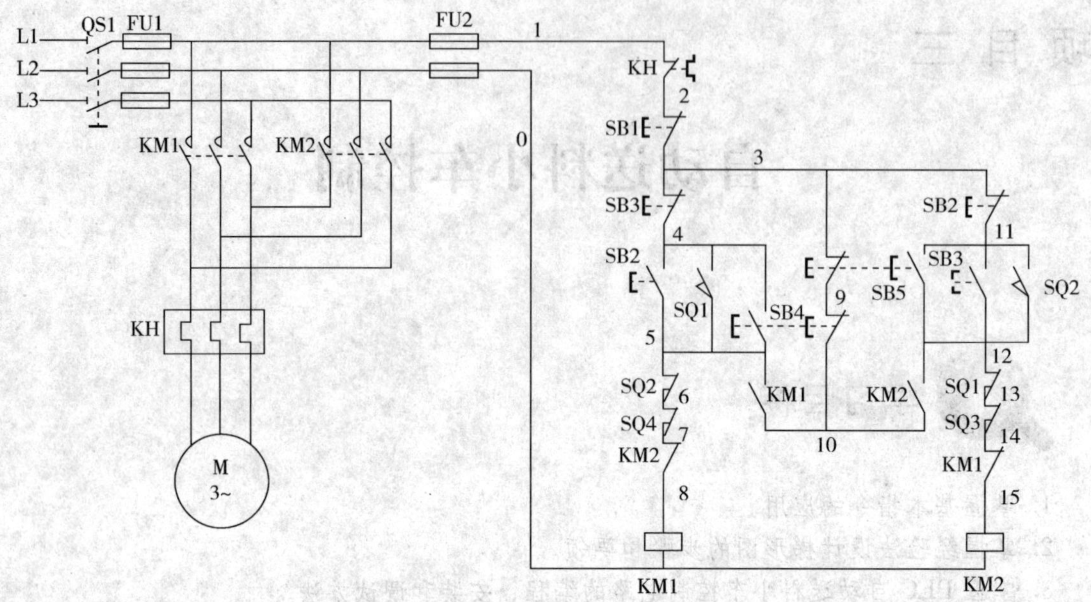

图 3—2　带点动及限位控制的小车自动往返循环继电器控制线路图

小车自动往返循环工作示意图如图 3—3 所示。小车的前进、后退由电动机通过丝杆驱动。控制要求为：

（1）自动循环工作。

（2）点动控制（供调试用）。

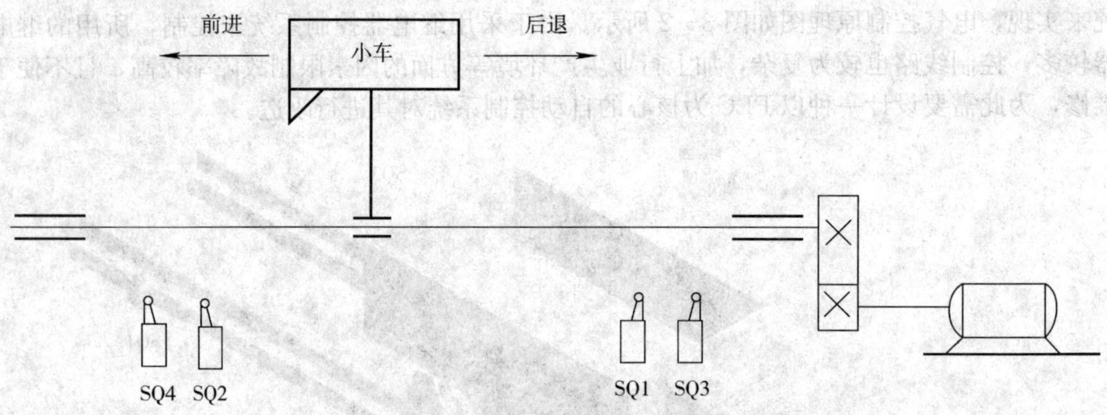

图 3—3　小车自动往返循环工作示意图

一、基本指令

在梯形图中，可能会出现电路块与电路块串联（两个或两个以上的触点串联的电路称为串联电路块），或者电路块与电路块并联的情况（两个或两个以上的触点并联的电路称为并联电路块），这时，就要使用 ANB 指令或 ORB 指令。

1．ANB 指令

也称为“电路块与指令”，简称“块与”，其功能是使电路块与电路块串联。

2．ORB 指令

也称为“电路块或指令”，简称“块或”，其功能是使电路块与电路块并联。

“ANB”是电路块与指令的助记符，“ORB”是电路块或指令的助记符。ANB 指令和 ORB 指令是独立指令，没有操作元件。

值得注意的是，将每个电路块看成一个分支电路，每个分支电路的第一个触点就为分支起点，这时，规定要使用 LD 指令或 LDI 指令。也就是写每个电路块的指令语句表时，如果第一个触点是常开触点，则要用 LD 指令，不管这个触点是否接左母线，如果第一个触点是常闭触点，则要用 LDI 指令。

二、ANB 指令和 ORB 指令的使用

1．ANB 指令的使用

如图 3—4 所示。

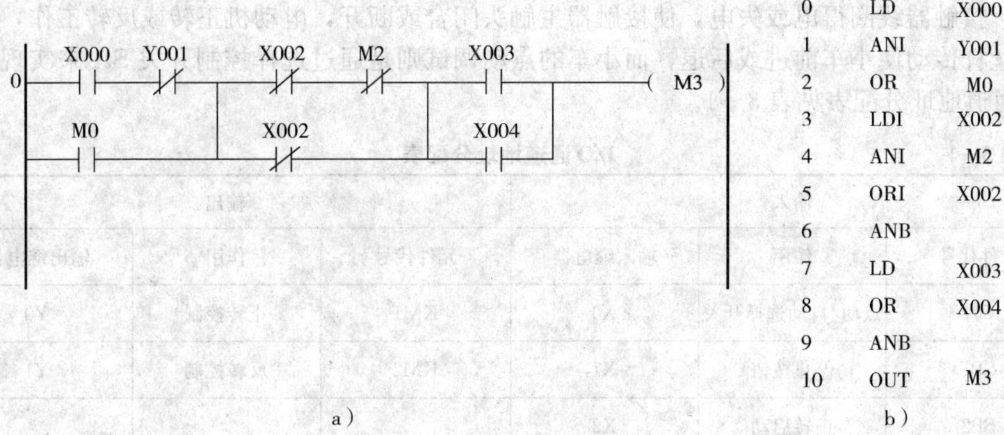

图 3—4　ANB 指令的使用

a）梯形图　b）指令语句表

2．ORB 指令的使用

如图 3—5 所示。

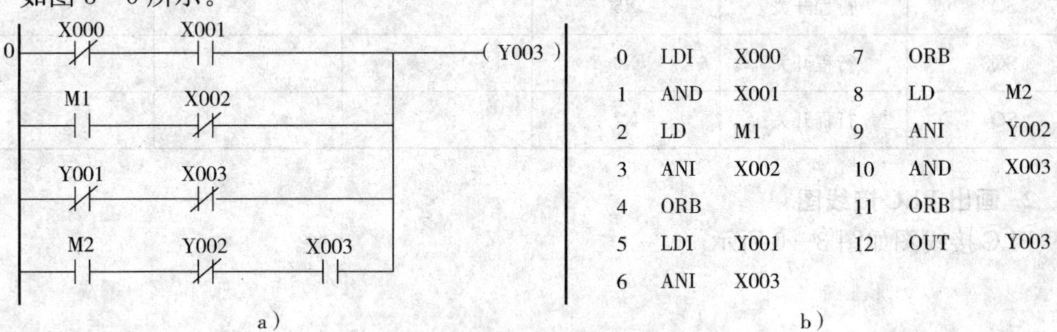

图 3—5　ORB 指令的使用

a）梯形图　b）指令语句表

小车的前进与后退是通过电动机正反转来控制的，所以完成这一动作只要用前一项目所述的电动机正反转控制基本程序即可。

另外，小车的工作方式有点动控制和自动连续控制两种方式，可以采用程序（软件的方法）实现两种运行方式的转换，也可采用控制开关SA（即硬件的方法）来选择。设控制开关SA闭合时，工作台工作在点动控制状态，SA断开时，工作台工作在自动连续控制状态。

一、采用控制开关SA（即硬件的方法）进行PLC控制系统设计

1. 通过分析控制要求，分配输入点和输出点，写出I/O通道地址分配表

控制小车的前进和后退，是由操作人员通过按钮或行程开关，将要求电动机正转或反转的信号送到PLC的输入端子，通过控制程序，由PLC控制接在PLC输出点上的正转（或反转）接触器线圈得电或失电，使接触器主触头闭合或断开，电动机正转或反转工作，然后通过丝杆传动使小车前进或后退，而小车的点动调试则是通过选择控制开关SA来实现。其I/O通道地址分配表见表3—1。

表3—1　　I/O通道地址分配表

输入			输出		
元件代号	作用	输入继电器	元件代号	作用	输出继电器
SA	点动/自动选择开关	X0	KM1	正转控制	Y0
SB1	停止按钮	X1	KM2	反转控制	Y1
SB2	正转启动	X2			
SB3	反转启动	X3			
SQ1	行程开关	X4			
SQ2	行程开关	X5			
SQ3	行程开关	X6			
SQ4	行程开关	X7			

2. 画出PLC接线图

PLC接线图如图3—6所示。

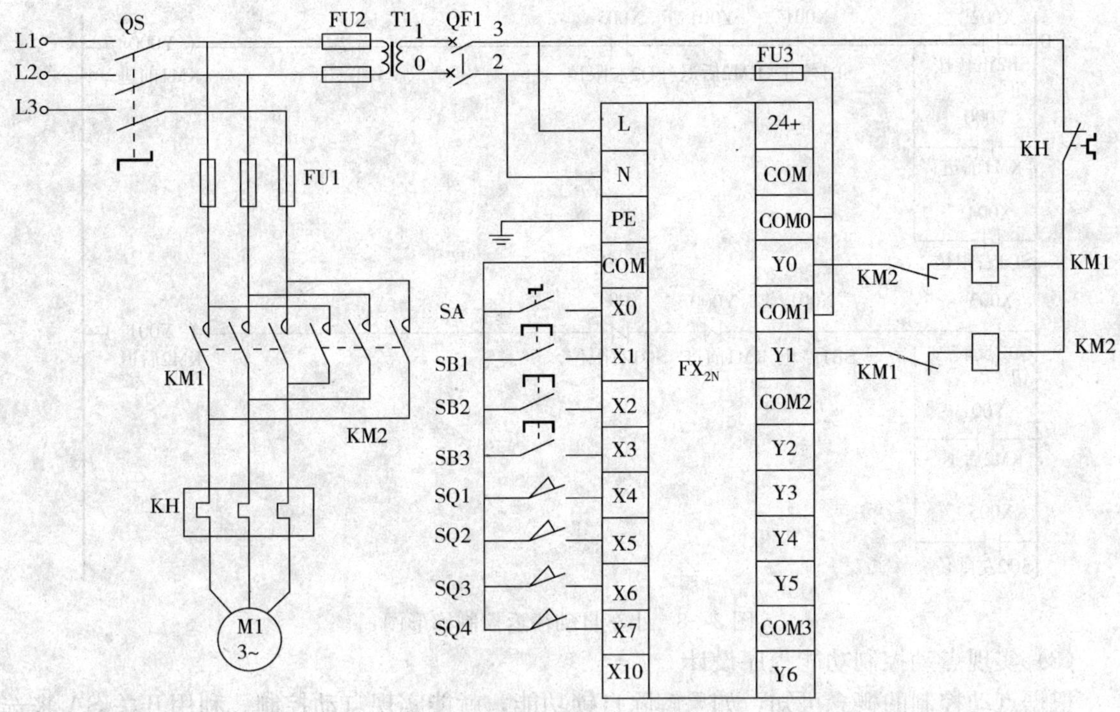

图 3—6　PLC 接线图

3. 设计控制程序

(1) 根据控制对象，采用经验法设计基本控制环节的程序

控制对象是小车，其工作方式有前进和后退，当电动机正转时，通过丝杆使小车前进；电动机反转时，通过丝杆使小车后退。因此，基本控制程序应是正反转控制程序，如图 3—7 所示。

0　X002　X001　Y001　(Y000)
　　Y000
5　X003　X001　Y000　(Y001)
　　Y001

图 3—7　正反转控制梯形图

(2) 实现自动往返功能的程序设计

分析小车自动往返的工作过程可知，小车前进中撞块压合 SQ2 后，SQ2 动作，X5 常闭触点应先断开 Y0 线圈，使小车停止前进，然后 X5 常开触点再接通 Y1 线圈，使小车后退，完成小车由前进转为后退的动作，同理，撞块压合 SQ1 后，小车完成由后退转为前进的动作，梯形图如图 3—8 所示。

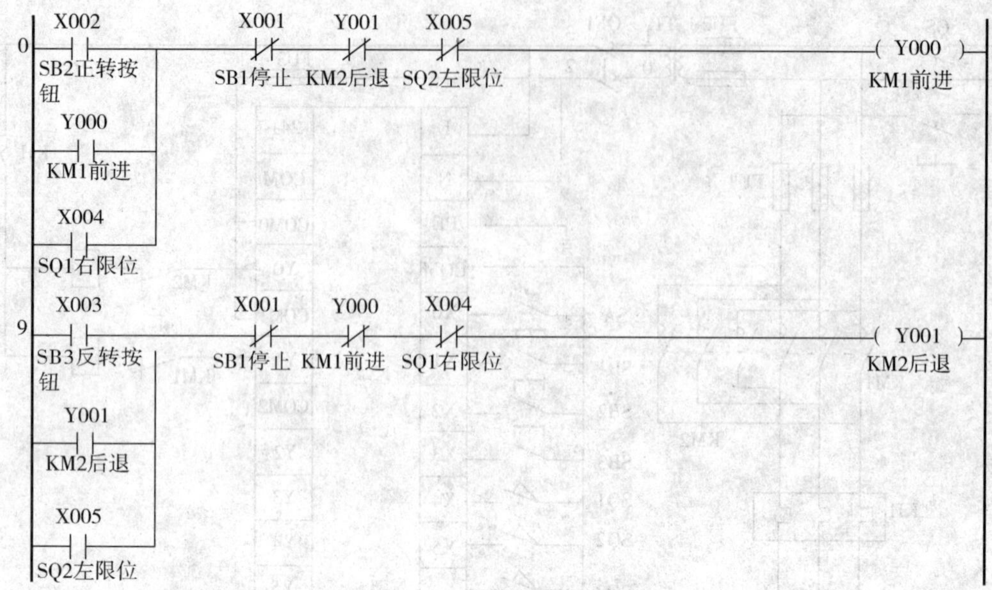

图 3—8　小车自动往返控制梯形图

(3) 实现点动控制功能程序设计

根据点动控制的概念可知，如果解除自锁功能，就能实现点动控制。利用开关 SA 来选择点动控制与自动控制，设 SA 闭合后，实现小车点动控制，梯形图如图 3—9 所示。在梯形图中，利用 X0 分别与实现自锁控制的常开触点 Y0、Y1 串联，实现点动与自动控制的选择。SA 闭合后，输入继电器 X0 线圈得电，则 X0 常闭触点断开，使 Y0、Y1 失去自锁作用，实现了点动控制。

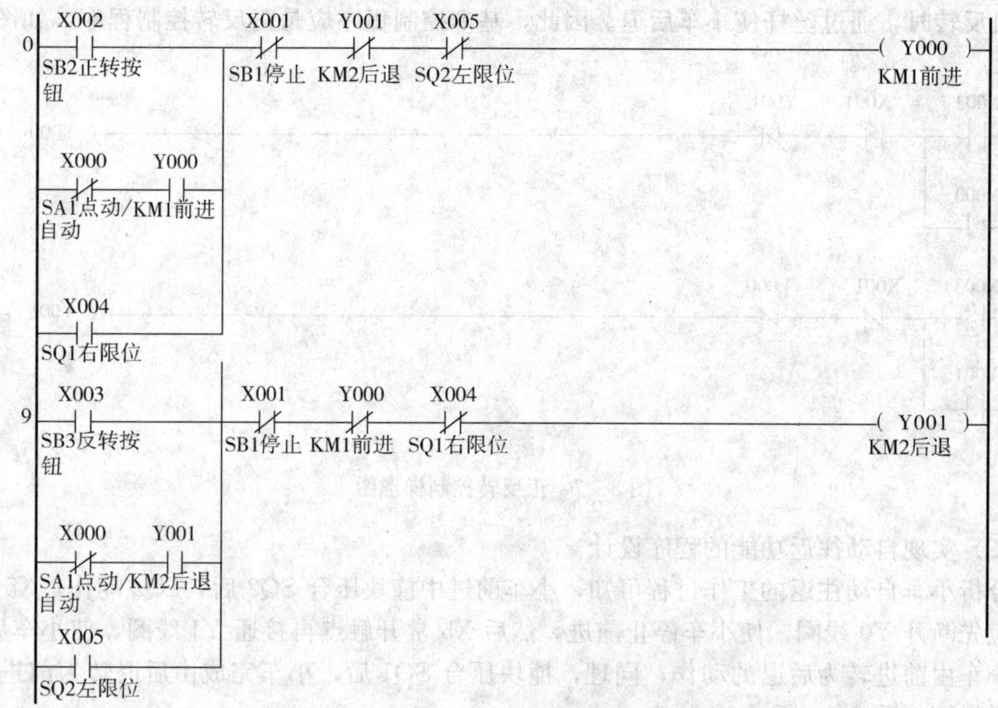

图 3—9　小车点动控制程序梯形图

（4）设置必要的保护环节

小车自动往返控制，必须设置限位保护，SQ3 与 SQ4 分别为后退和前进方向的限位保护极限开关。当 SQ4 被压合后，X7 常闭触点断开，Y0 线圈失电，小车停止前进，实现了限位保护。同理，压合 SQ3 后可实现后退限位保护。梯形图如图 3—10 所示。

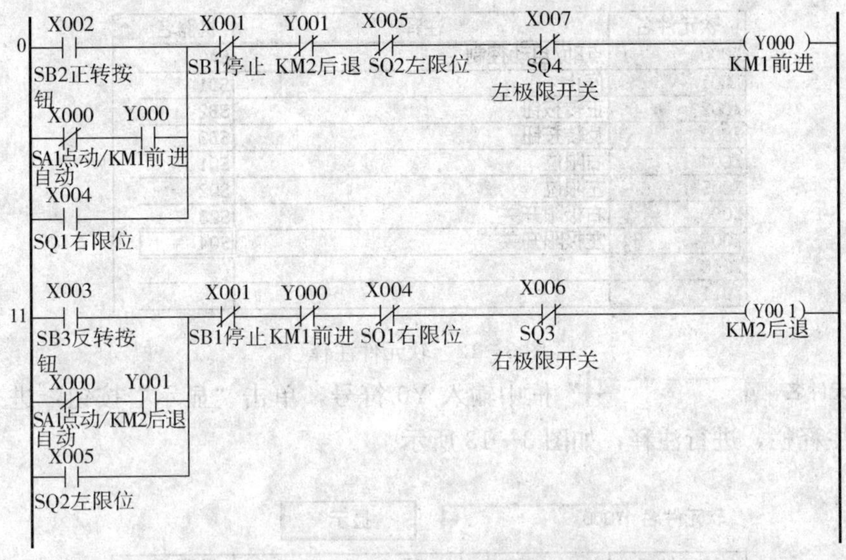

图 3—10　带点动及限位保护的小车自动往返循环控制程序梯形图

4. 根据 I/O 通道地址分配表和梯形图进行编程设计，再按图纸安装和调试电路

（1）程序输入

启动 MELSOFT 系列 GX Developer 编程软件，首先创建新文件名，可命名为“选择开关实现小车自动往返及点动控制”，选择 PLC 的类型为“FX2N”，进入编写梯形图程序界面。

点击左侧工程栏中的“软元件注释”下的“COMMENT”，进入软元件注释画面，如图 3—11 所示。

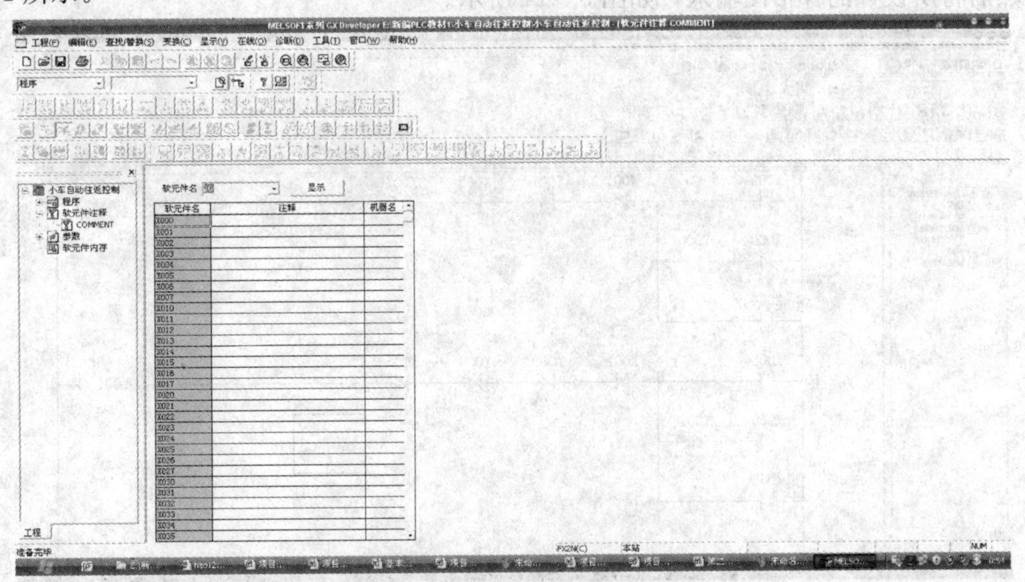

图 3—11　软元件注释界面

然后根据 I/O 通道地址分配表，在“软元件注释栏”中进行软元件注释。如图 3—12 所示。

软元件名 X0 显示

软元件名	注释	机器名
X000	点动/自动控制	SA
X001	停止	SB1
X002	正转按钮	SB2
X003	反转按钮	SB3
X004	右限位	SQ1
X005	左限位	SQ2
X006	右极限开关	S23
X007	左极限开关	SQ4
X010		
X011		

图 3—12　软元件注释

在“软元件名 X0”框中输入 Y0 符号，单击“显示”按钮，进入输出继电器的软元件注释栏，进行注释，如图 3—13 所示。

软元件名 Y000 显示

软元件名	注释	机器名
Y000	前进	KM1
Y001	后退	KM2
Y002		
Y003		
Y004		

图 3—13　输出继电器的软元件注释

软元件注释完毕后，点击“工程栏”中的“程序”下的 MAIN，自动返回图 3—11 的画面。然后将所设计的梯形图输入，如图 3—14 所示。

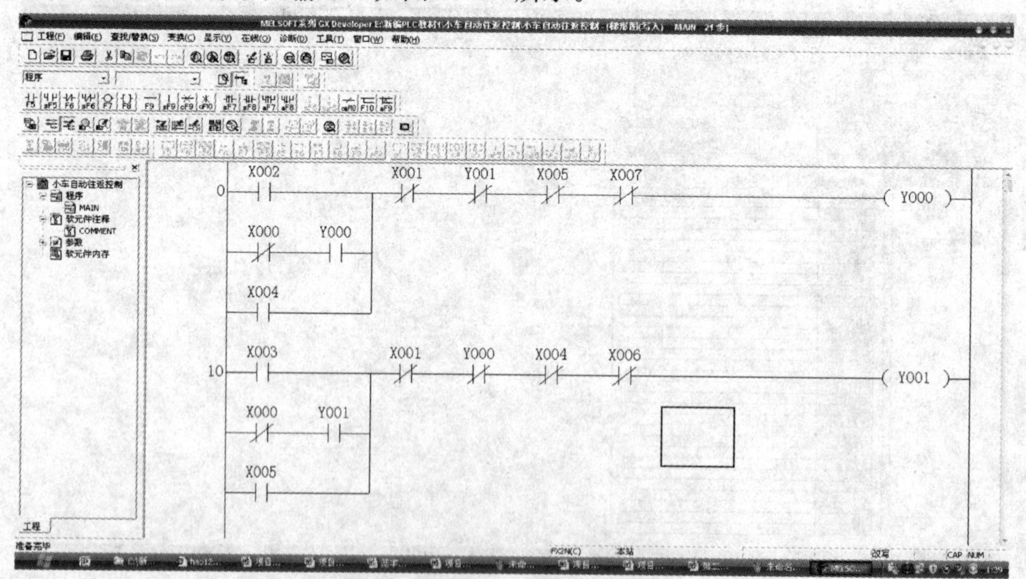

图 3—14　输入完毕的梯形图界面

选择“显示”菜单下的“注释显示”，即可得出注释后的梯形图画面，如图 3—15 所示。

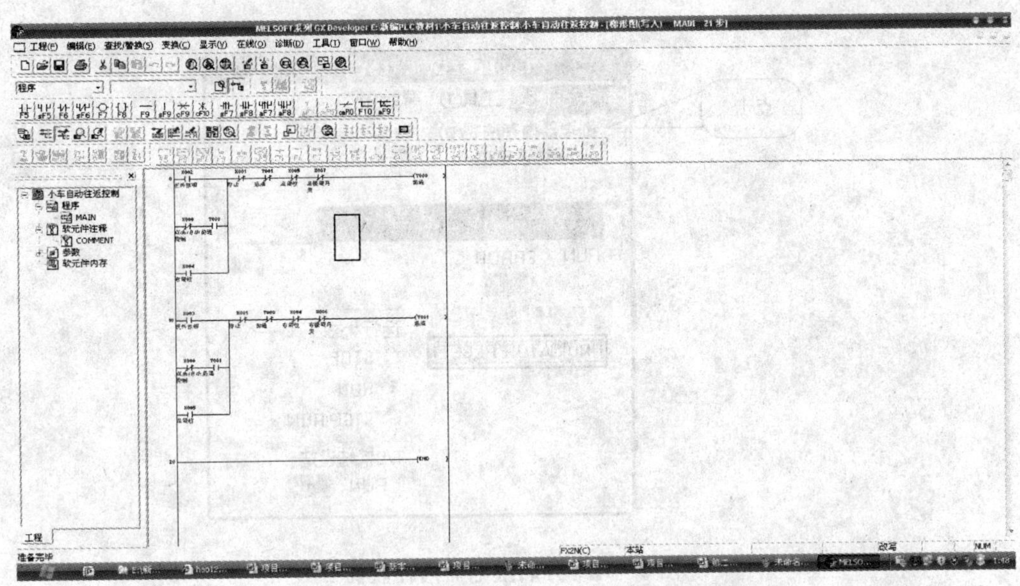

图 3—15　带有软元件注释梯形图界面

（2）仿真运行

点击“梯形图逻辑测试起动/结束”图标“ ”，进入程序写入状态，如图 3—16 所示。

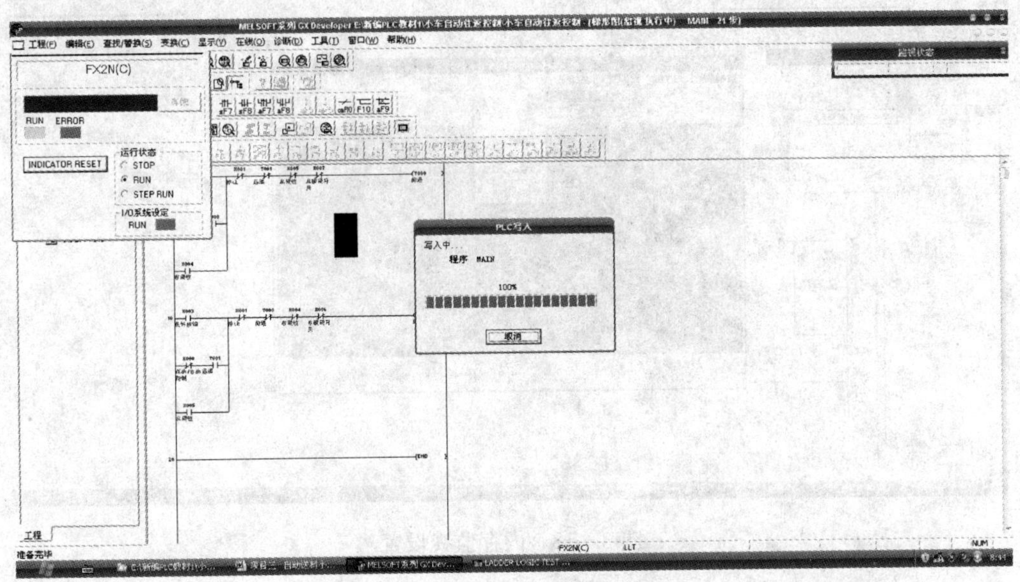

图 3—16　进入程序写入状态

在弹出的“LADDERLOGIC TEST TOOL”对话框中点击“菜单起动”下的“继电器内存监视”，如图 3—17 所示。

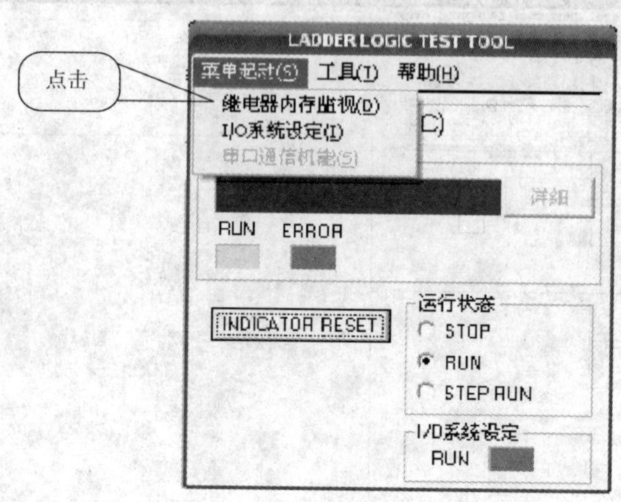

图 3—17　开启继电器内存监视

当出现如图 3—18 所示的画面后，单击“软元件”菜单下的“位软元件窗口”的“X”和“Y”；弹出如图 3—19 所示的窗口。可在“窗口”菜单中选择“并列表示”重排窗口位置以便于观察。

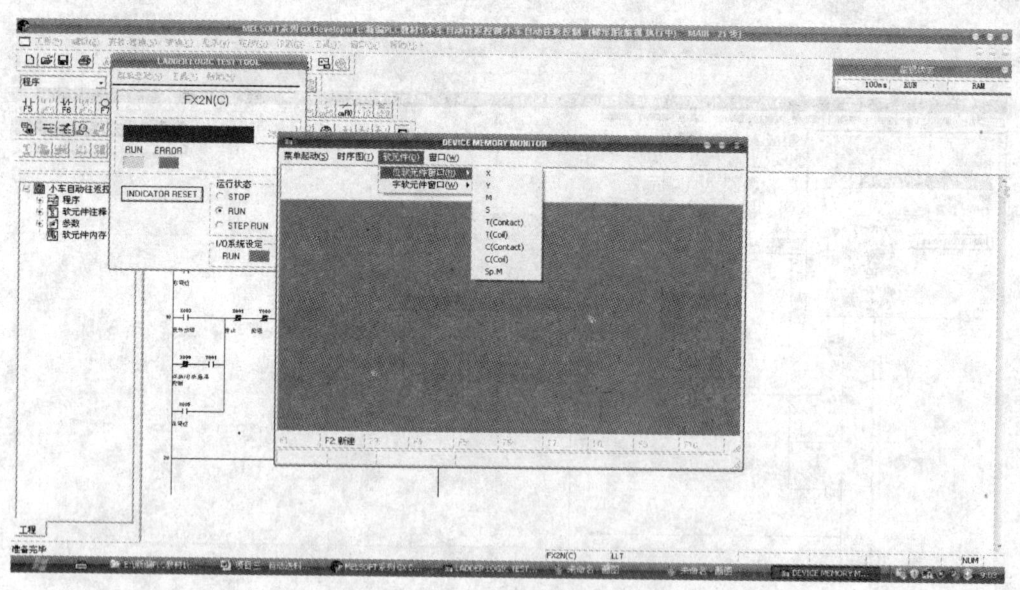

图 3—18　内存监视设置

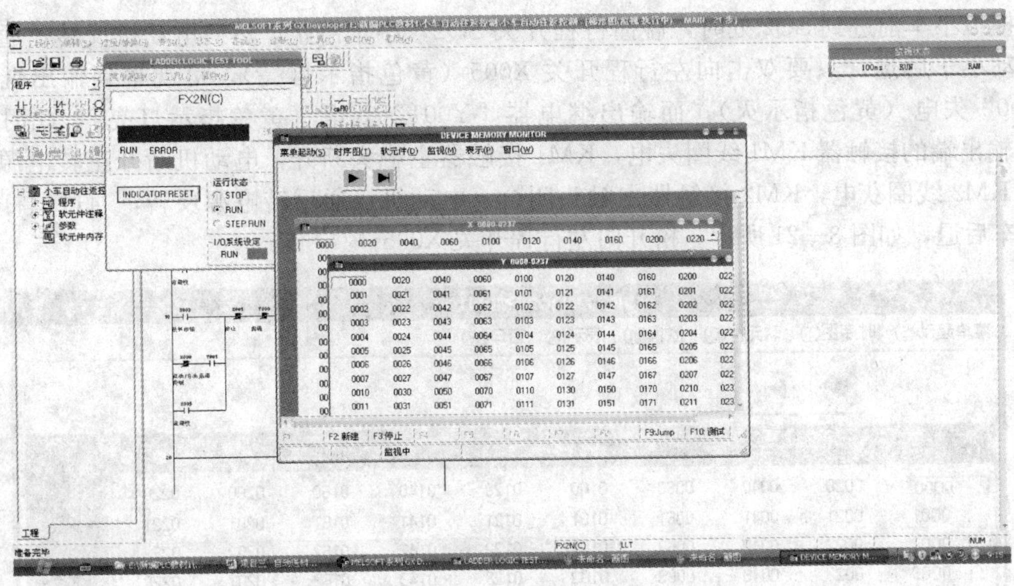

图 3—19　仿真运行界面

双击正转（前进）启动按钮 X002（黄色指示灯亮），可观察到输出继电器“Y000”获电（黄色指示灯亮），此时接在 PLC 输出端的接触器 KM1 线圈获电，接触器主触头闭合，电动机接通电源正转，通过丝杆传动使小车前进，如图 3—20 所示。

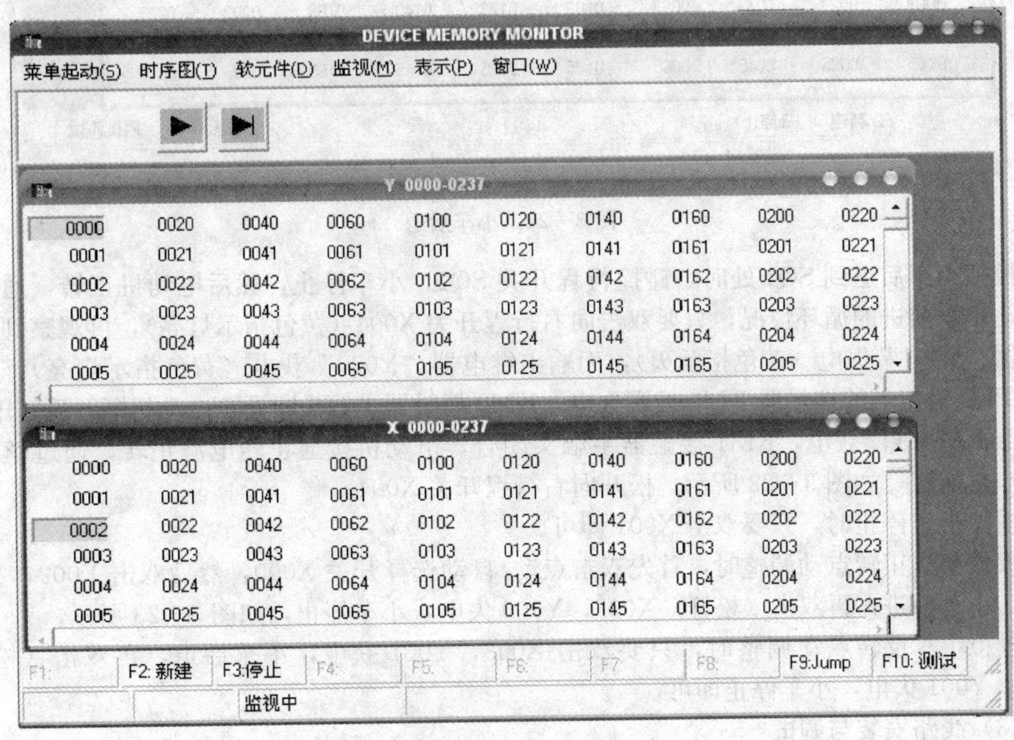

图 3—20　小车前进

模拟小车前进到 SQ2 处时，碰撞行程开关 SQ2，小车停止，然后电动机反转，通过丝杆传动小车后退，只要双击向左行程开关 X005（黄色指示灯亮），可观察到输出继电器“Y000”失电（黄色指示灭），而输出继电器“Y001”获电（黄色指示灯亮），此时接在 PLC 输出端的接触器 KM1 线圈失电，KM1 接触器主触头断开，电动机断开正转电源，接触器 KM2 线圈获电，KM2 接触器主触头闭合，电动机接通反转电源反转，通过丝杆传动使小车后退，如图 3—21 所示。松开向左行程开关 X005。

图 3—21 小车后退

模拟小车后退到 SQ1 处时，碰撞行程开关 SQ1，小车停止，然后电动机正转，通过丝杆传动小车前进的循环情况，只要双击向右行程开关 X004（黄色指示灯亮），可观察到输出继电器“Y001”失电（黄色指示灭），而输出继电器“Y000”获电（黄色指示灯亮），此时接在 PLC 输出端的接触器 KM2 线圈失电，KM2 接触器主触头断开，电动机断开反转电源，接触器 KM1 线圈获电，KM1 接触器主触头闭合，电动机接通正转电源正转，通过丝杆传动使小车前进，如图 3—22 所示。松开向右行程开关 X004。

模拟小车停止时，只要双击 X001 即可。

模拟小车正转点动调整时，首先双击点动/自动选择开关 X000，然后双击 X002，Y000 获电，小车前进，再双击（松开）X002，Y000 失电，小车停止，如图 3—23 所示。

模拟小车反转点动调整时，只要双击 X003，Y001 获电，小车后退，再双击（松开）X003，Y001 失电，小车停止即可。

（3）线路安装与调试

1）线路安装。根据 I/O 接线图，绘制元件布置图，在控制板上安装电气元件，并进行线路安装。

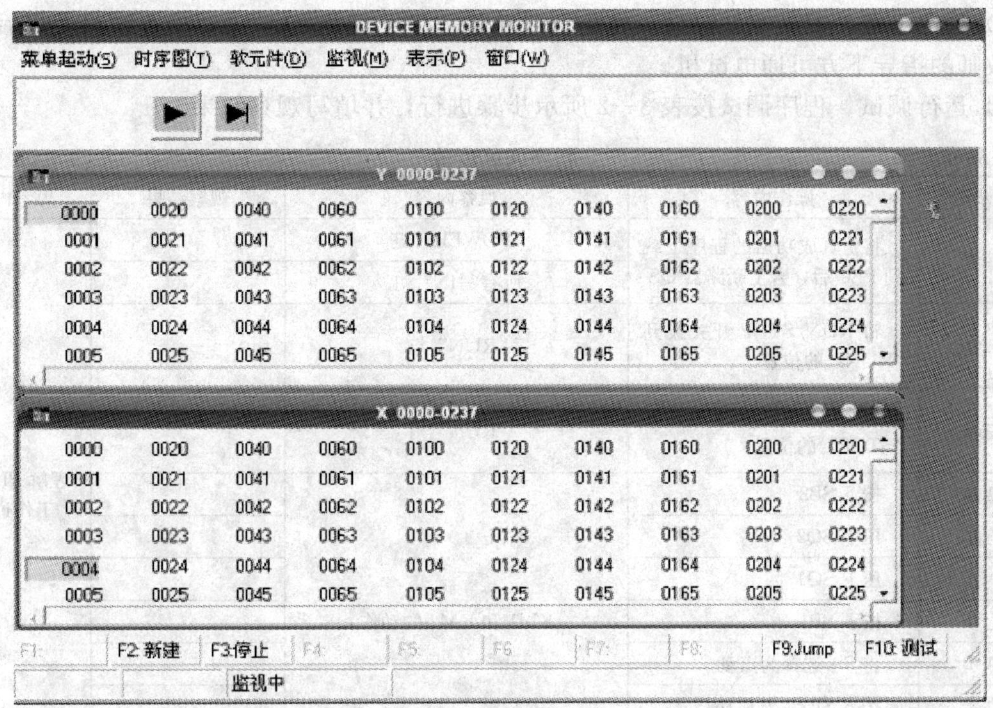

图 3—22 小车前进

图 3—23 小车停止

2）程序下载。安装完线路后，将仿真成功的程序下载到 PLC 中，检查线路无误后，在指导教师的指导下方可通电试机。

3）运行调试。程序调试按表 3—2 所示步骤进行，并填写观察结果。

表 3—2　　程序调试步骤

操作步骤	操作内容	观察内容	观察结果	思考内容
第一步	将仿真成功后的程序下载到 PLC 后，合上断路器 QS	“POWER”灯		理解 PLC 的工作过程
		所有“IN”灯		
第二步	将 RUN/STOP 开关拨到“RUN”的位置	“RUN”灯		
第三步	将 RUN/STOP 开关拨到“STOP”的位置	“RUN”灯		
第四步	按下 SB2	KM1 和 KM2 的动作		
第五步	压下 SQ2			
第六步	压下 SQ1			
第七步	按下 SB1			
第八步	将 SA 选择为点动			
第九步	按下 SB2，然后松开			
第十步	按下 SB3，然后松开			

二、采用程序（软件的方法）进行 PLC 控制系统设计

1. 通过分析控制要求，分配输入点和输出点，写出 I/O 通道地址分配表

通过分析可知，在不用点动/自动循环选择的情况下，可采用软件中的两个内部辅助继电器 M1 和 M2，再增加外部的两个点动按钮 SB4 和 SB5 即可实现。其 I/O 通道地址分配表见表 3—3。

表 3—3　　I/O 通道地址分配表

输入			输出		
元件代号	作用	输入继电器	元件代号	作用	输出继电器
SB1	停止按钮	X0	KM1	正转控制	Y0
SB2	正转启动	X1	KM2	反转控制	Y1
SB3	反转启动	X2			
SQ1	行程开关	X3			
SQ2	行程开关	X4			
SQ3	行程开关	X5			
SQ4	行程开关	X6			
SB4	正转点动	X7			
SB5	反转点动	X10			

2. 画出 PLC 接线图

PLC 接线图如图 3—24 所示。

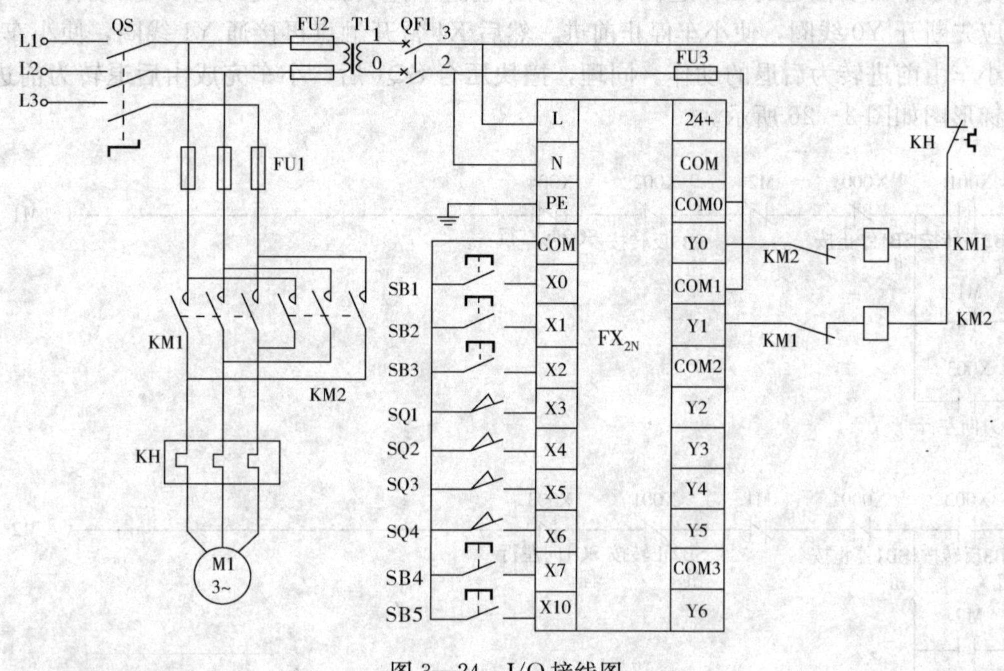

图 3—24　I/O 接线图

3. 设计控制程序

（1）实现正反转控制的程序设计

根据控制对象，采用经验法，利用内部辅助继电器设计正反转基本控制环节的程序。控制程序梯形图如图 3—25 所示。

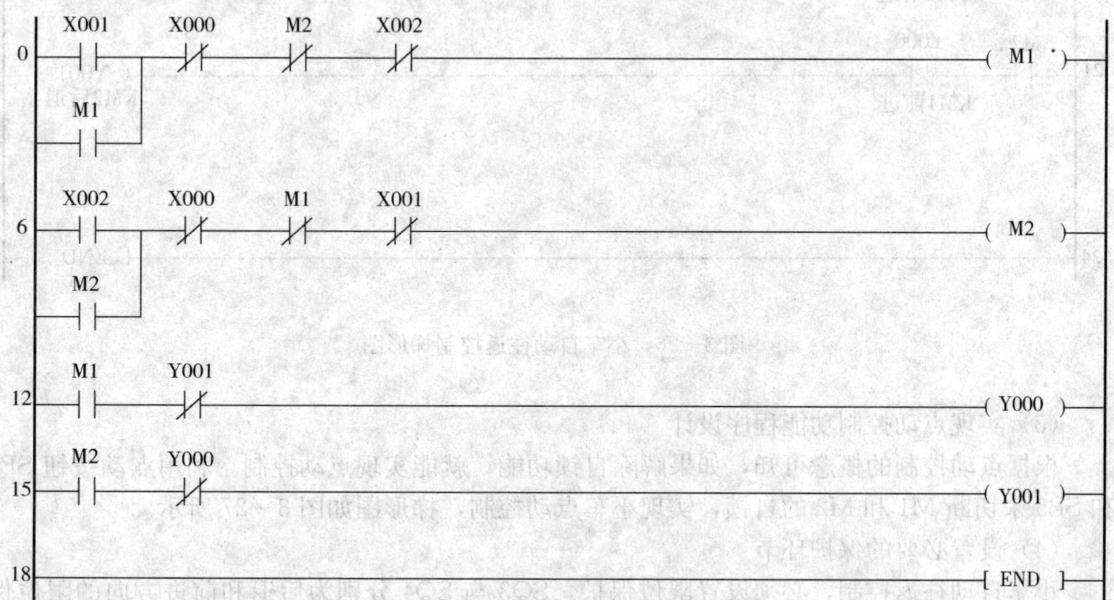

图 3—25　小车正反转控制梯形图

（2）实现自动往返功能的程序设计

分析小车自动往返的工作过程可知，小车前进中撞块压合 SQ2 后，SQ2 动作，X4 常闭触点应先断开 Y0 线圈，使小车停止前进，然后 X4 常开触点再接通 Y1 线圈，使小车后退，完成小车由前进转为后退的动作。同理，撞块压合 SQ1 后，小车完成由后退转为前进的动作，梯形图如图 3—26 所示。

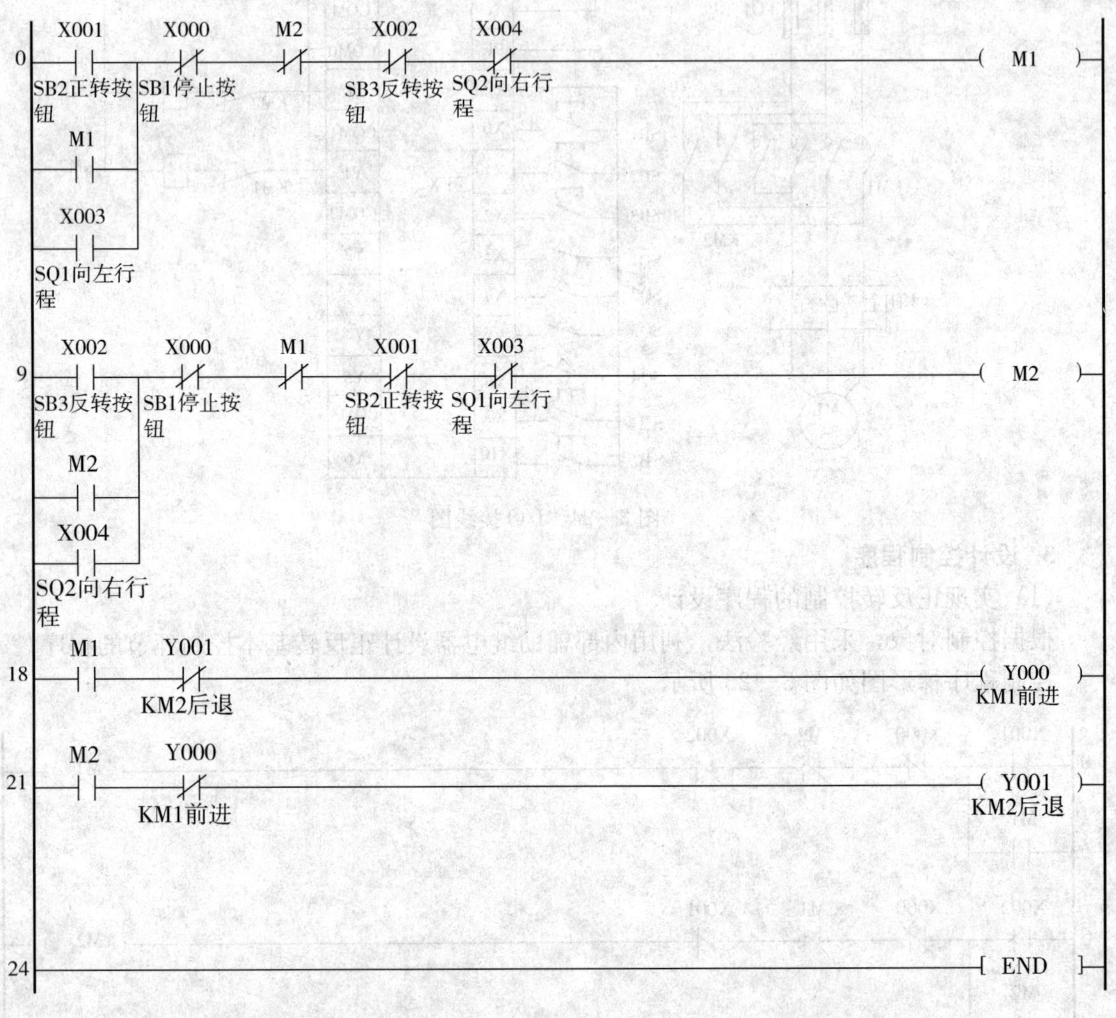

图 3—26　小车自动往返控制梯形图

（3）实现点动控制功能程序设计

根据点动控制的概念可知，如果解除自锁功能，就能实现点动控制。利用点动按钮 SB4 和 SB5 来切断 M1 和 M2 的自锁，实现小车点动控制，梯形图如图 3—27 所示。

（4）设置必要的保护环节

小车自动往返控制，必须设置限位保护，SQ3 与 SQ4 分别为后退和前进方向的限位保护极限开关。当 SQ4 被压合后，X6 常闭触点断开，Y0 线圈失电，小车停止前进，实现了限位保护。同样道理，压合 SQ3 后可实现后退限位保护。梯形图如图 3—28 所示。

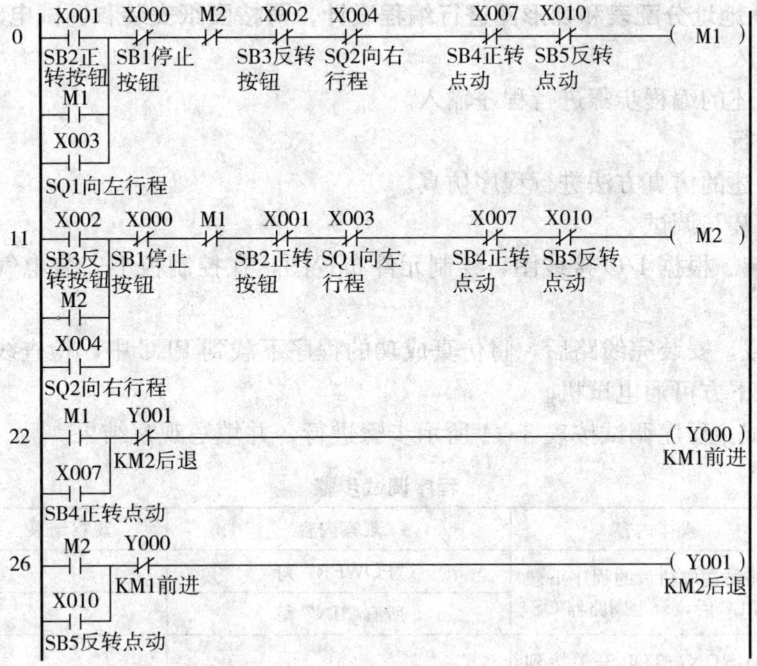

0
X001 X000 M2 X002 X004 X007 X010
M1
SB2正转按钮 SB1停止按钮 SB3反转按钮 SQ2向右行程 SB4正转点动 SB5反转点动
M1
X003
SQ1向左行程
11
X002 X000 M1 X001 X003 X007 X010
M2
SB3反转按钮 SB1停止按钮 SB2正转按钮 SQ1向左行程 SB4正转点动 SB5反转点动
M2
X004
SQ2向右行程
22
M1 Y001
Y000
KM2后退
KM1前进
X007
SB4正转点动
26
M2 Y000
Y001
KM1前进
KM2后退
X010
SB5反转点动

图 3—27　小车点动控制自动循环梯形图

0
X001 X000 M2 X002 X004 X006 X007 X010
M1
SB2正转按钮 SB1停止按钮 SB3反转按钮 SQ2向右行程 SQ4右限位开关 SB4正转点动 SB5反转点动
M1
X003
SQ1向左行程
11
X002 X000 M1 X001 X003 X005 X007 X010
M2
SB3反转按钮 SB1停止按钮 SB2正转按钮 SQ1向左行程 SQ3左限位开关 SB4正转点动 SB5反转点动
M2
X004
SQ2向右行程
22
M1 Y001
Y000
KM2后退
KM1前进
X007
SB4正转点动
26
M2 Y000
Y001
KM1前进
KM2后退
X010
SB5反转点动

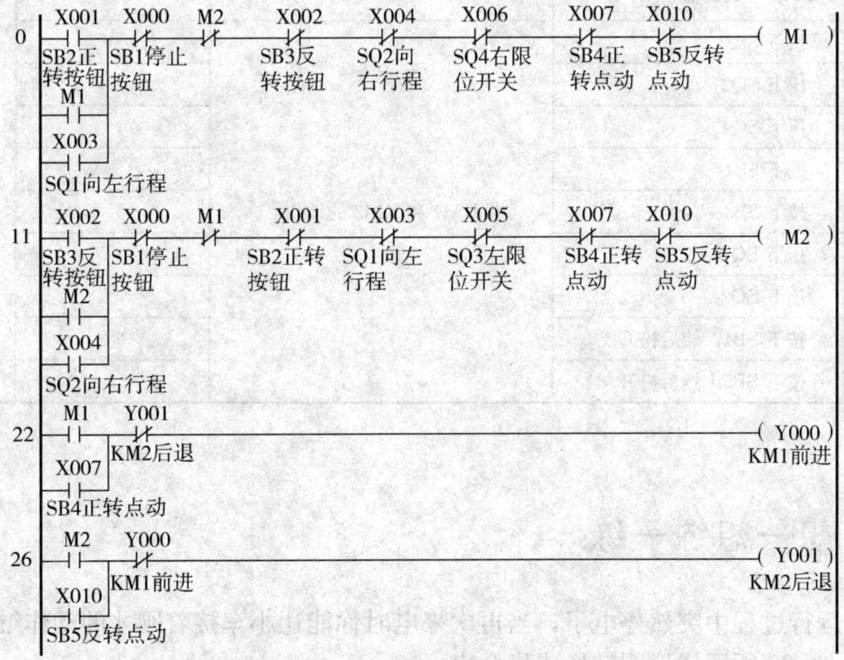

图 3—28　带点动及限位保护的小车自动往返循环控制程序梯形图

4. 根据 I/O 地址分配表和梯形图进行编程设计，再按图纸安装和调试电路

（1）程序输入

按照前面所述的编程步骤进行程序输入。

（2）仿真运行

按照前面所述的仿真方法进行程序仿真。

（3）线路安装与调试

1）线路安装。根据 I/O 接线图，绘制元件布置图，在控制板上安装电气元件，并进行线路安装。

2）程序下载。安装完线路后，将仿真成功的程序下载到 PLC 中，检查线路无误后，在指导教师的指导下方可通电试机。

3）运行调试。程序调试按表 3—4 所示步骤进行，并填写观察结果。

表 3—4　　程序调试步骤

操作步骤	操作内容	观察内容	观察结果	思考内容
第一步	将仿真成功后的程序下载到 PLC 后，合上断路器 QS	“POWER”灯		理解 PLC 的工作过程
		所有“IN”灯		
第二步	将 RUN/STOP 开关拨到“RUN”的位置	“RUN”灯		
第三步	将 RUN/STOP 开关拨到“STOP”的位置	“RUN”灯		
第四步	按下 SB2	KM1 和 KM2 的动作		
第五步	压下 SQ2			
第六步	压下 SQ1			
第七步	按下 SB1			
第八步	按下 SB3			
第九步	压下 SQ1			
第十步	压下 SQ2			
第十一步	按下 SB4，然后松开			
第十二步	按下 SB5，然后松开			

想一想练一练

1. 小车运行过程中突然停电了，当再次来电时你能让小车接着刚才的动作继续运行吗？

2. 将图 3—29 所示梯形图转换成指令表。

3. 参考项目练习：本项目中要求工作台前进、后退一次循环后停在原位，请设计其梯形图。

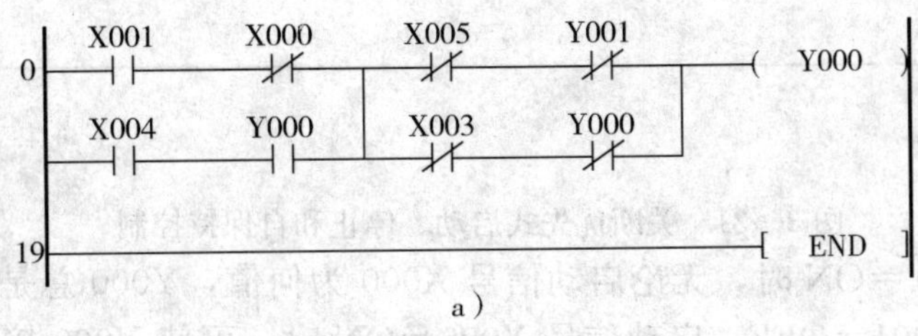

a）

b）

图 3—29　梯形图

启动、停止和自保持控制几乎是每个 PLC 控制系统中必有的程序，它常用于内部继电器、输出继电器的控制回路，其中最基本的有启动优先式和关断优先式两种。下面分别说明这两种形式的启动、停止和自保持控制方式。

1. 启动优先式

其启动、停止和自保持控制方式如图 3—30 所示。

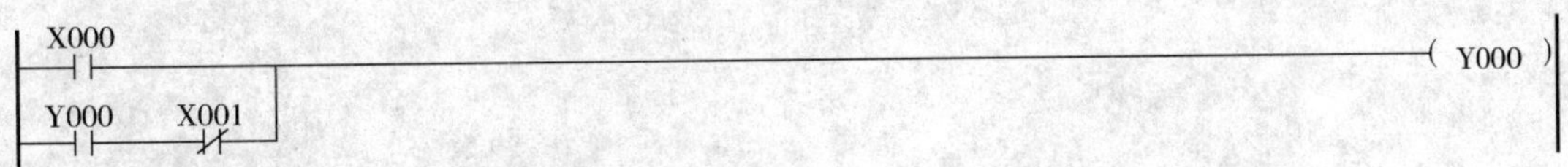

图 3—30　启动优先式启动、停止和自保持控制

当启动信号 X000＝ON 时，无论停止信号 X1 如何，Y000 总是保持接通，即启动优先，同时实现自保持；启动后，当启动信号 X000＝OFF，此时停止信号 X1＝ON，则关断 Y000。

2. 关断优先式

其启动、停止和自保持控制方式如图 3—31 所示。

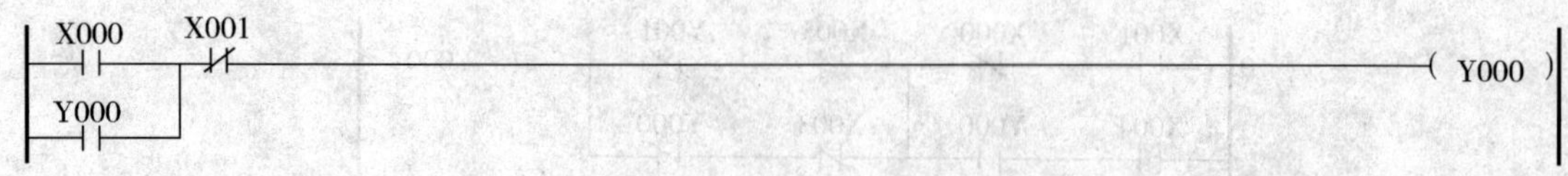

图 3—31　关断优先式启动、停止和自保持控制

当关断信号 X001＝ON 时，无论启动信号 X000 为何值，Y000 总是保持关断，即关断优先；当停止信号 X001＝OFF，启动信号 X000＝ON 时，可使 Y000 接通，同时实现自保持。

项目四

抢答器控制系统

学习目标

1. 掌握三菱 PLC 定时器及置位、复位指令的使用方法。
2. 了解微分指令和主控指令的用法。
3. 掌握抢答器控制系统的设计、安装和调试方法，将 PLC 与实际应用联系起来。

项目任务

抢答器常用于各种知识竞赛，它为各种竞赛增添了刺激性、娱乐性，在一定程度上丰富了人们的业余生活。实现抢答器功能的方式有多种，可以采用早期的模拟电路、数字电路或模数混合电路，也可应用 PLC。应用 PLC 的知识竞赛抢答器，其控制方便、灵活，只要改变 PLC 的控制程序，便可改变竞赛抢答器的抢答方式。如图 4—1 所示为竞赛抢答器的实物图。

抢答器主机

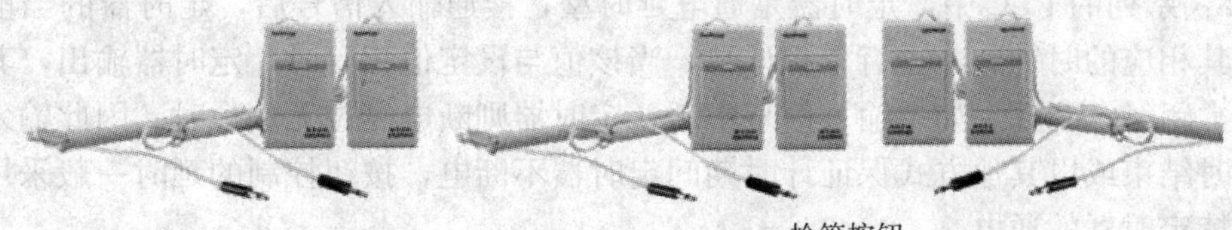

抢答按钮

图 4—1　竞赛抢答器

本项目的主要内容是利用前文中介绍的指令来编写梯形图完成基本逻辑控制功能，通过PLC控制系统，实现对竞赛抢答器系统的控制。

竞赛抢答器系统所用设备及控制要求如下。

(1) 设有1个主持人总台和3个参赛队分台，总台设置有总台电源指示灯、撤销抢答信号指示灯、总台电源转换开关、抢答开始/复位按钮。分台设有1个抢答按钮和1个分台抢答指示灯。

(2) 竞赛开始前，竞赛主持人首先接通“启动/停止”转换开关，电源指示灯亮。

(3) 各队抢答必须在主持人给出题目，说“开始”并按下开始抢答按钮后的10s内进行，如果在10s内有人抢答，则最先按下的抢答按钮信号有效，相应分台上的抢答指示灯亮，其他组再按抢答按钮无效。

(4) 当主持人按下开始抢答按钮后，如果在10s内无人抢答，则撤销抢答信号指示灯亮，表示抢答器自动撤销此次抢答信号。

(5) 主持人没有按下开始抢答按钮前，各分台按下抢答按钮均无反应。

(6) 在一个题目回答终了或10s时间到后无人抢答，只要主持人再次按下抢答开始/复位按钮，所有分台抢答指示灯和撤销抢答信号指示灯熄灭，同时抢答器恢复原始状态，为第二轮抢答做好准备。

从对上述控制要求分析可知，只有当主持人合上总电源开关，抢答器才能工作；当抢答开始后，若10s内某组率先按下抢答按钮，则该组抢答指示灯亮，表示获得抢答权，其他组再按抢答按钮无效。回答完毕后，主持人再次按下复位按钮后，抢答指示灯熄灭，进行下一轮抢答。

上述控制要求可用PLC的定时器及其通电延时控制电路，并应用PLC基本指令中的微分指令和主控触点指令来实现。

一、编程元件

延时控制就是利用PLC的通用定时器和其他元器件构成各种时间控制，这是各类控制系统经常用到的功能。如本项目中的“应答时限”“答题时限”等都是利用PLC的通用定时器和其他元器件构成的时间控制电路。

在FX_{2N}系列的PLC中，定时器是通电延时型，接通输入信号后，定时器的当前值计数器开始对其相应的时钟脉冲进行累积计数，当该值与设定值相等时，定时器输出，其常开触点闭合，常闭触点断开。如果输入信号中断，定时器则断电复位无法计时。因此输入信号应保持到定时结束或以其他方式保证计时期间定时器不断电，按钮控制的延时一般采用辅助继电器来维持定时器的通电。

在FX_{2N}系列的PLC中，定时器的最长延时时间不足一小时（3276.7 s），但实际工程中的延时时间经常会超过这个范围。在所需延时时间比较长，一个定时器延时时间不够时，一般采用多个定时器串级使用。

PLC 中的定时器（T）相当于继电器控制系统中的通电型时间继电器。它是通过对一定周期的时钟脉冲计数实现定时的，时钟脉冲的周期有 1 ms、10 ms、100 ms 三种，当所计脉冲个数达到设定值时触点动作，它可以提供无限对常开、常闭延时触点。设定值用常数 K 来设置。FX_{2N}系列中定时器可分为通用定时器、积算定时器两种。积算定时器与通用定时器的区别是不具备断电保持功能，即当输入电路断开或停电时定时器复位。工程项目中通常采用通用定时器。

1. 通用定时器的分类

100 ms 通用定时器（T0～T199）共 200 点，其中 T192～T199 为子程序和中断服务程序专用定时器。这类定时器是对 100 ms 时钟累积计数，设定值为 1～32 767，所以其定时范围为 0.1～3 276.7 s。

10 ms 通用定时器（T200～T245）共 46 点，这类定时器是对 10 ms 时钟累积计数，设定值为 1～32 767，所以其定时范围为 0.01～327.67 s。

2. 通用定时器工作原理

定时器中有一个设定值寄存器（一个字长），一个当前值寄存器（一个字长）和一个用来存储其输出触点的映像寄存器（一个二进制位），这三个量使用同一地址编号，通用定时器的特点是不具备断电保持功能，即当输入电路断开或停电时定时器复位。通用定时器的内部结构示意图如图 4—2 所示。

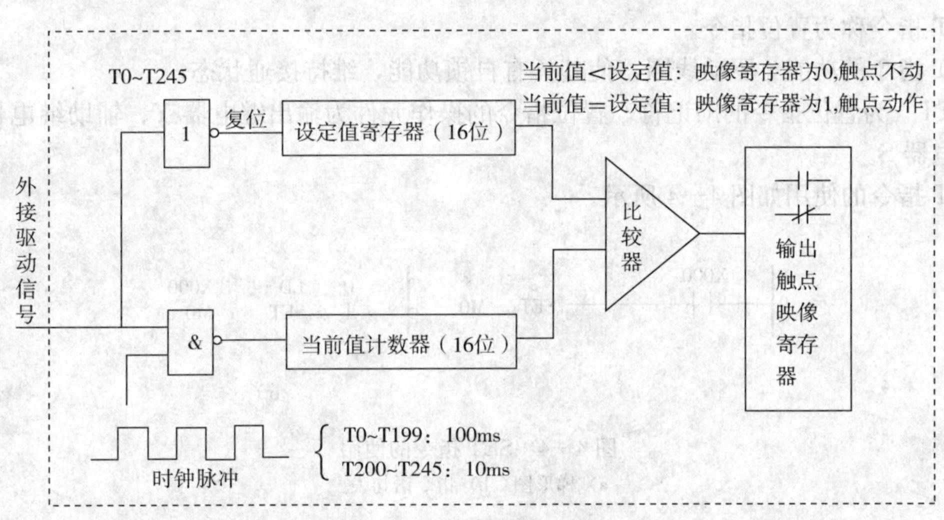

图 4—2　通用定时器内部结构示意图

通用定时器的应用如图 4—3 所示，当输入 X000 接通时，定时器 T0 从 0 开始对 100 ms 时钟脉冲进行累积计数，当 T0 当前值与设定值 K1000 相等时，定时器 T0 的常开触点接通，Y000 接通，经过的时间为 1 000×0.1 s=100 s。当 X000 断开时定时器 T0 复位，当前值变为 0，其常开触点断开，Y000 也随之断开。若外部电源断电或输入电路断开，定时器也复位。

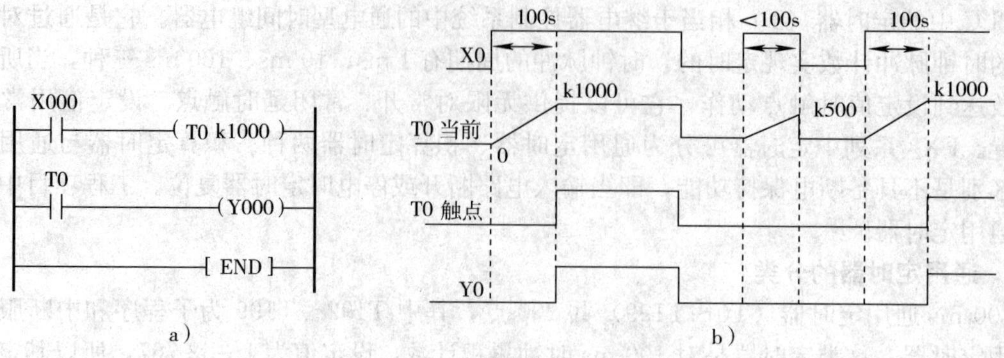

图 4—3 通用定时器的应用
a）梯形图 b）时序图

二、基本指令

1. 置位与复位指令

生产应用中，许多情况下需要进行自锁控制。例如：维持电动机连续的运转，在本项目中选手回答问题等。应用传统控制系统时可以并联一个输出继电器的常开触点来解决。但是在 PLC 控制系统中，还有一种实现自锁的简便方法即用置位指令来实现自锁。

（1）置位指令

SET 指令称为置位指令。

SET 指令的功能：驱动线圈，使其具有自锁功能，维持接通状态。

“SET”为置位指令的助记符。置位指令的操作元件为输出继电器 Y、辅助继电器 M 和状态继电器 S。

SET 指令的使用如图 4—4 所示。

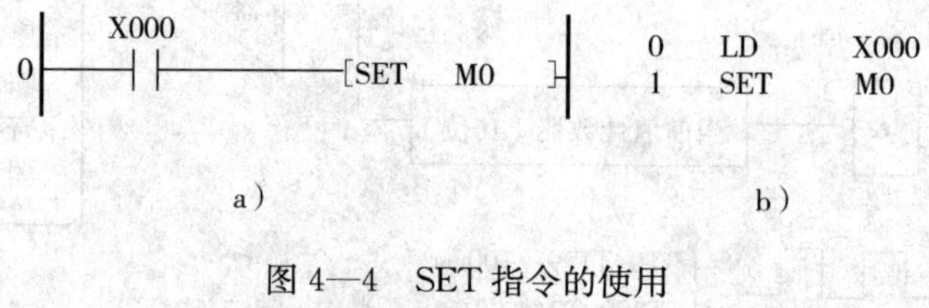

图 4—4 SET 指令的使用
a）梯形图 b）指令语句表

在图 3—4 中，当常开触点 X0 闭合时，执行 SET 指令，使 M0 线圈接通。在 X0 断开后，M0 线圈继续保持接通状态。要使 M0 线圈失电，则必须要用复位指令。

（2）复位指令

在传统控制系统中，如停止电动机连续运转，参加竞猜的选手回答问题后指示熄灭灯等控制动作通常由按钮完成。而在 PLC 控制系统中，这些动作可以用复位指令来实现。在 PLC 控制系统中，复位指令一般和置位指令同时出现。

RST 指令称为复位指令。

RST 指令的功能是使线圈复位。

“RST”为复位指令的助记符。复位指令的操作元件为输出继电器 Y、辅助继电器 M、状态继电器 S、积算定时器 T 和计数器 C。

RST 指令的使用如图 4—5 所示。

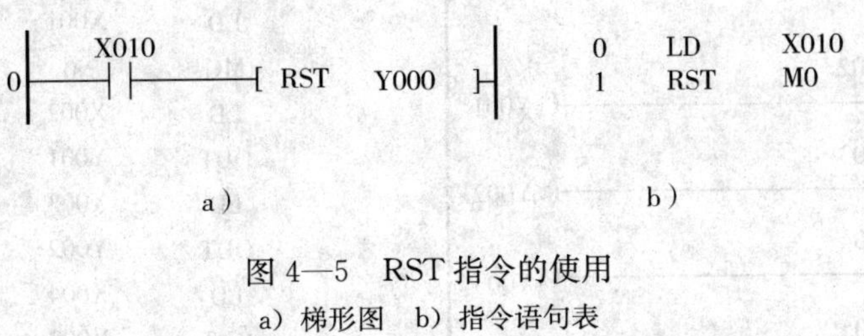

图 4—5　RST 指令的使用

a）梯形图　b）指令语句表

2. MC、MCR 指令

（1）指令功能

1）MC（主控指令）：用于公共串联触点的连接。执行 MC 后，左母线移到 MC 触点的后面。其操作元件是 Y、M。

2）MCR（主控复位指令）：它是 MC 指令的复位指令，即利用 MCR 指令恢复原左母线的位置。

（2）编程实例

在编程时，经常会遇到多个线圈同时受一个或一组触点控制的情况，如果在每个线圈的控制电路中都串入同样的触点，将占用很多存储单元（见图 4—6），而 MC 和 MCR 指令可以解决这一问题。应用主控指令的触点称为主控触点，它在梯形图中一般垂直使用，主控触点是控制某一段程序的总开关。对图 4—6 中的控制程序采用主控指令编程时的梯形图和指令表，如图 4—7 所示。

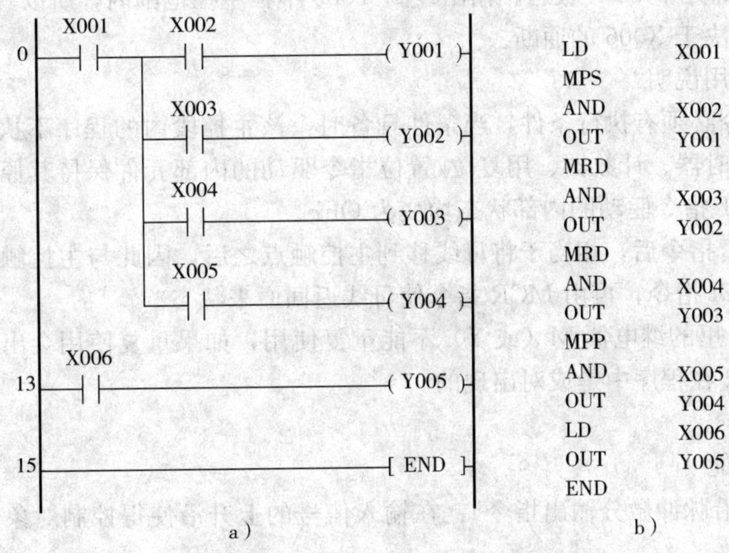

图 4—6　多个线圈受一个触点控制的普通编程方法

a）梯形图　b）指令表

在图 4—7 中，常开触点 X001 接通时，主控触点 M0 闭合，执行 MC 到 MCR 的指令，输出线圈 Y001、Y002、Y003、Y004 分别由 X002、X003、X004、X005 的通断来决定各自

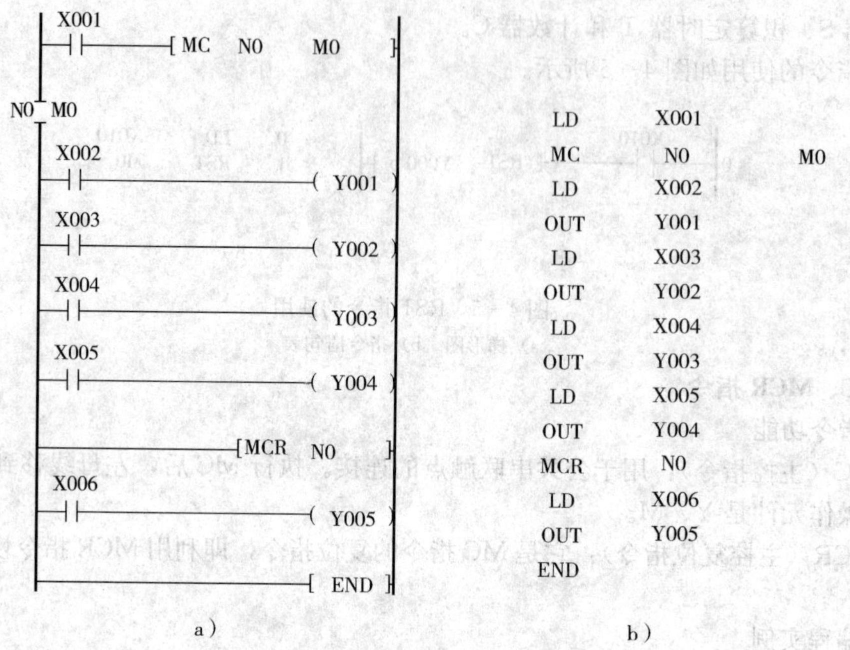

图 4—7 MC、MCR 指令编程

a）梯形图 b）指令表

的输出状态。而当常开触点 X001 断开时，主控触点 M0 断开，MC 到 MCR 的指令之间的程序不执行，此时无论 X002、X003、X004、X005 是否通断，输出线圈 Y001、Y002、Y003、Y004 全部处于 OFF 状态。输出线圈 Y005 不在主控范围内，所以其状态不受主控触点的限制，仅取决于 X006 的通断。

（3）指令使用说明

1）主控指令必须有执行条件，当条件具备时，该主控段内的程序不执行。此时，该主控段内的积算定时器、计数器、用复位/置位指令驱动的内部元件保持其原来的状态，常规定时器和用 OUT 指令驱动的内部状态均变为 OFF。

2）使用 MC 指令后，相当于将母线移到主控触点之后，因此与主控触点相连的触点必须使用 LD 或 LDI 指令，再由 MCR 指令使母线返回原来状态。

3）MC 指令里的继电器 M（或 Y）不能重复使用，如果重复使用会出现双重线圈的输出。MC 和 MCR 在程序中是成对出现的。

3. PLS 指令

（1）指令功能

PLS（上升沿脉冲微分输出指令）：在输入信号的上升沿使得控制对象输出一个扫描周期的信号。

（2）编程实例

PLS 指令的编程实例如图 4—8 所示。图中 X001 接通（由 OFF→ON）时，M0 接通（ON）一个扫描周期，同时使得输出线圈 Y001 接通（ON）并保持；当 X002 接通（由 OFF→ON）时，使得输出线圈 Y001 断开（OFF）即复位。

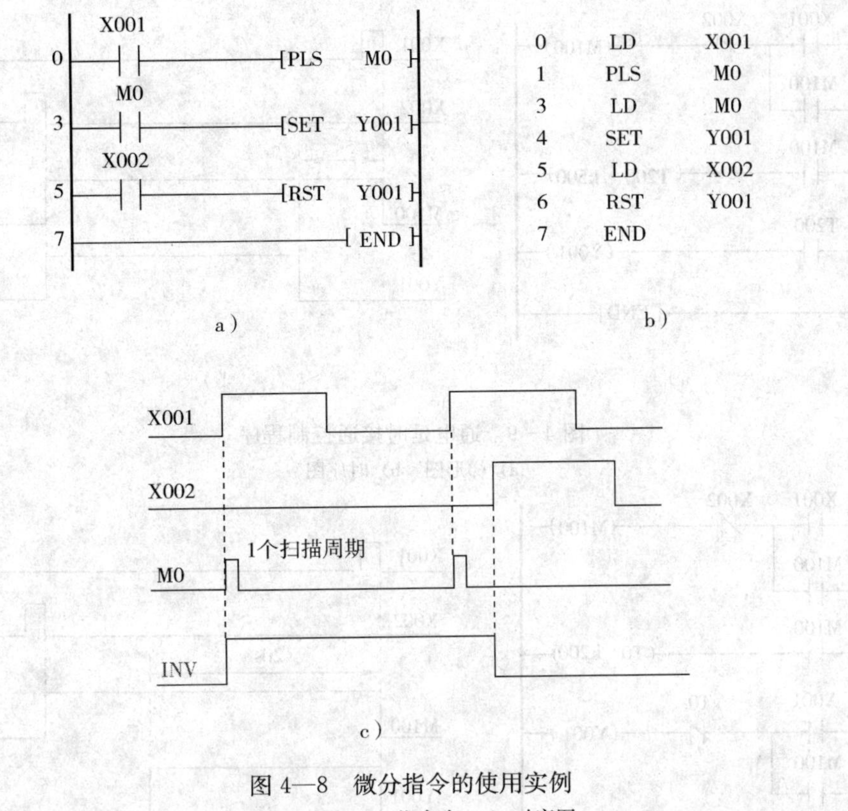

图 4—8　微分指令的使用实例

a）梯形图　b）指令表　c）时序图

三、典型定时器应用电路

1. 通电延时接通控制

在图 4—9 中，当输入信号 X001 接通时，内部辅助继电器 M100 接通并自锁，同时接通定时器 T200。T200 的当前值计数器开始对 10 ms 的时钟脉冲进行累积计数。当该计数器累积到设定值 500 时（从 X001 接通到此刻延时 5s），定时器 T200 的常开触点闭合，输出继电器 Y001 接通。当输入信号 X002 接通时，内部继电器 M100 断电，其常开触点断开，定时器 T200 复位，定时器 T200 的常开触点断开，输出继电器 Y001 断电。

2. 通电延时断开控制

在图 4—10 中，当输入信号 X001 接通时，内部辅助继电器 M100 和输出继电器 Y001 同时接通并均实现自锁，内部辅助继电器 M100 的常开触点接通定时器 T0，T0 的当前值计数器开始对 100 ms 的时钟脉冲进行累积计数。当该计数器累积到设定值 200 时（从 X001 接通到此刻延时 20s），定时器 T0 的常闭触点断开，输出继电器 Y001 断电。输入信号 X002 可以在任意时刻接通，内部辅助继电器 M100 断电，其常开触点断开，定时器 T0 被复位。

3. 多个定时器组合实现的长延时

如图 4—11 所示。当 X001 接通，T1 线圈得电并开始延时（2 400 s），延时到 T1 常开触点闭合，又使 T2 线圈得电，并开始延时（2 400 s），当定时器 T2 延时到，其常开触点闭合，再使 T3 线圈得电，并开始延时（2 400 s），当定时器 T3 延时到，其常开触点闭合，才使 Y001 接通。

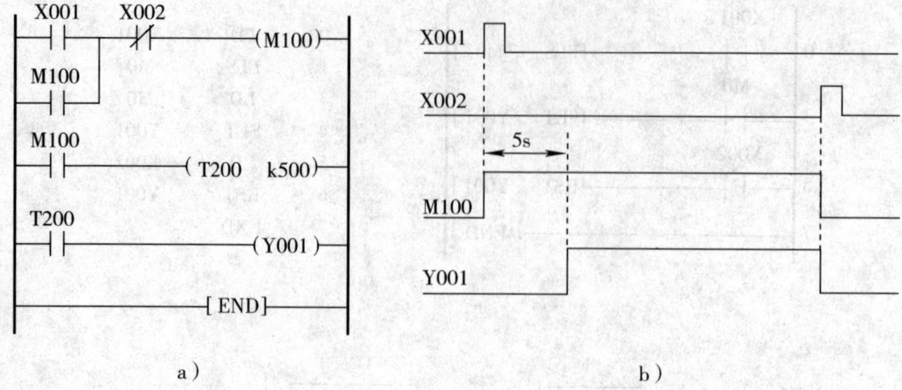

图 4—9 通电延时接通控制程序

a）梯形图 b）时序图

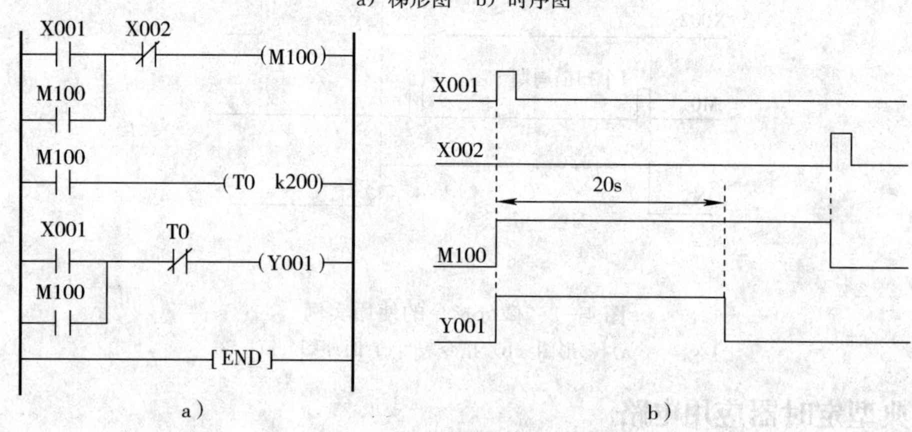

图 4—10 通电延时断开控制程序

a）梯形图 b）时序图

因此，从 X001 接通到 Y001 接通共延时 2 h。

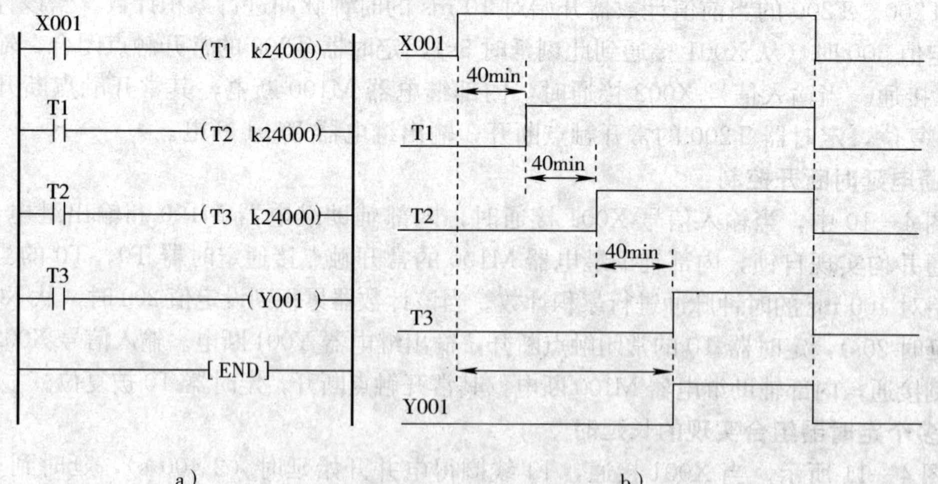

图 4—11 多个定时器组合长时间延时控制程序

a）梯形图 b）时序图

一、写出 I/O 地址分配表

通过对本项目控制要求分析，分配输入点和输出点，写出 I/O 通道地址分配表。

根据上述控制要求，可确定 PLC 需要 5 个输入点，5 个输出点，其 I/O 通道分配表见表 4—1。

表 4—1　　I/O 通道地址分配表

输入			输出		
元件代号	作用	输入继电器	元件代号	作用	输出继电器
SA	总电源开关	X000	HL1	电源指示灯	Y000
SB1	第 1 分台按钮	X001	HL2	第 1 分台台灯	Y001
SB2	第 2 分台按钮	X002	HL3	第 2 分台台灯	Y002
SB3	第 3 分台按钮	X003	HL4	第 3 分台台灯	Y003
SB4	抢答开始/复位按钮	X004	HL5	撤销抢答指示灯	Y004

二、画出 PLC I/O 接线图

如图 4—12 所示。

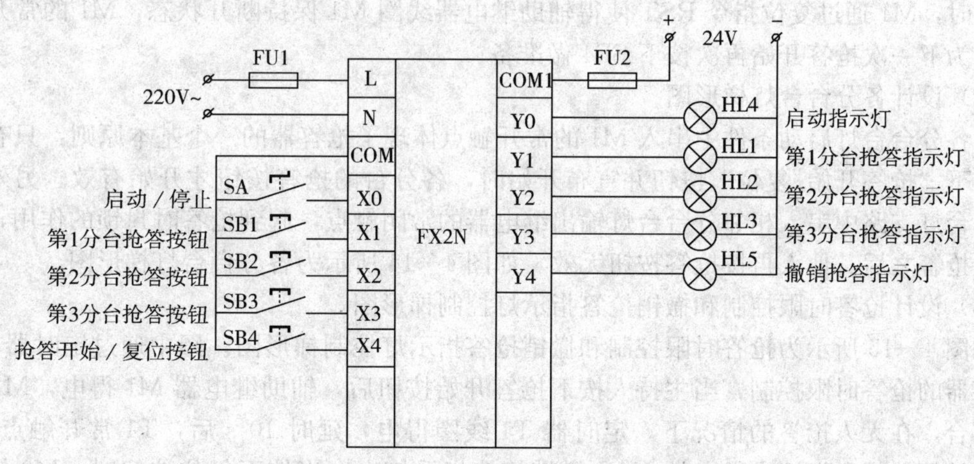

图 4—12　三路抢答器 I/O 接线图

三、程序设计

1. 本项目的编程思路

(1) 先设计抢答开始/复位支路的梯形图

在设计抢答器“抢答开始/复位”的梯形图时，可以用微分指令中的 PLS（上升沿脉冲微分输出指令）和复位/置位指令进行编程，如图 4—13 所示。

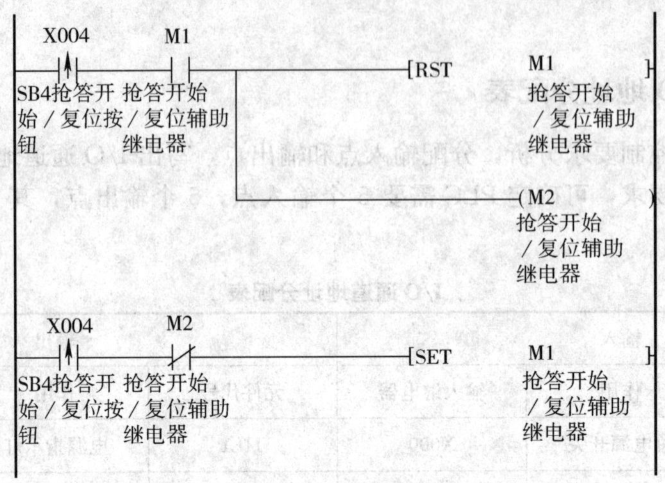

图 4—13　抢答器“抢答开始/复位”的梯形图

从图 4—13 中可以看出，当首次按下抢答器“抢答开始/复位”按钮 SB4 时，即上升沿脉冲微分输出指令 X004 接通（由 OFF→ON）时，M1 接通（ON）一个扫描周期；当松开 SB4 时，即 X004 断开（由 ON→OFF）时，通过置位指令 SET 使得辅助继电器线圈 M1 保持接通（ON），M1 的常开触点闭合；当再次按下按钮 SB4 时，X004 接通（由 OFF→ON），M2 接通（ON）一个扫描周期，辅助继电器 M2 线圈接通，其常闭触点断开，切断 M1 的置位支路，同时通过复位指令 RST 使 M1 复位；当松开 SB4 时，即 X004 断开（由 ON→OFF）时，M1 通过复位指令 RST 使得辅助继电器线圈 M1 保持断开状态，M1 的常开触点断开，为下一次抢答开始再次按下 SB4 做准备。

（2）设计各分台台灯梯形图

在各分台台灯启动条件中串入 M1 的常开触点体现了抢答器的一个基本原则：只有在主持人按下“抢答开始/复位”按钮并宣布开始时，各分台的抢答按钮才开始有效。另外，在各分台台灯支路中串入相邻分台台灯输出继电器的常闭触点，起到抢答时封锁的作用，即在已有人抢答之后其他人再按抢答按钮无效。如图 4—14 所示为各分台台灯梯形图。

（3）设计抢答时限控制和撤销抢答指示灯控制梯形图

如图 4—15 所示为抢答时限控制和撤销抢答指示灯控制梯形图。图中通过定时器 T1 实现抢答器的抢答时限控制，当主持人按下抢答开始按钮后，辅助继电器 M1 得电，M1 常开触点闭合，在无人抢答的情况下，定时器 T1 线圈得电，延时 10 s 后，T1 常开触点闭合，接通撤销抢答指示灯输出继电器 Y4，撤销抢答指示灯亮；当按下复位按钮时，M2 接通一个扫描周期，M2 常闭触点断开，输出继电器 Y4 线圈断电，撤销抢答指示灯熄灭。若在抢答时限内有人抢答，则与定时器 T1 线圈串联的各分台台灯输出继电器的常闭触点 Y001、Y002 和 Y003 当中的任何一个触点都会断开，定时器 T1 线圈将断开，限时自动失效。

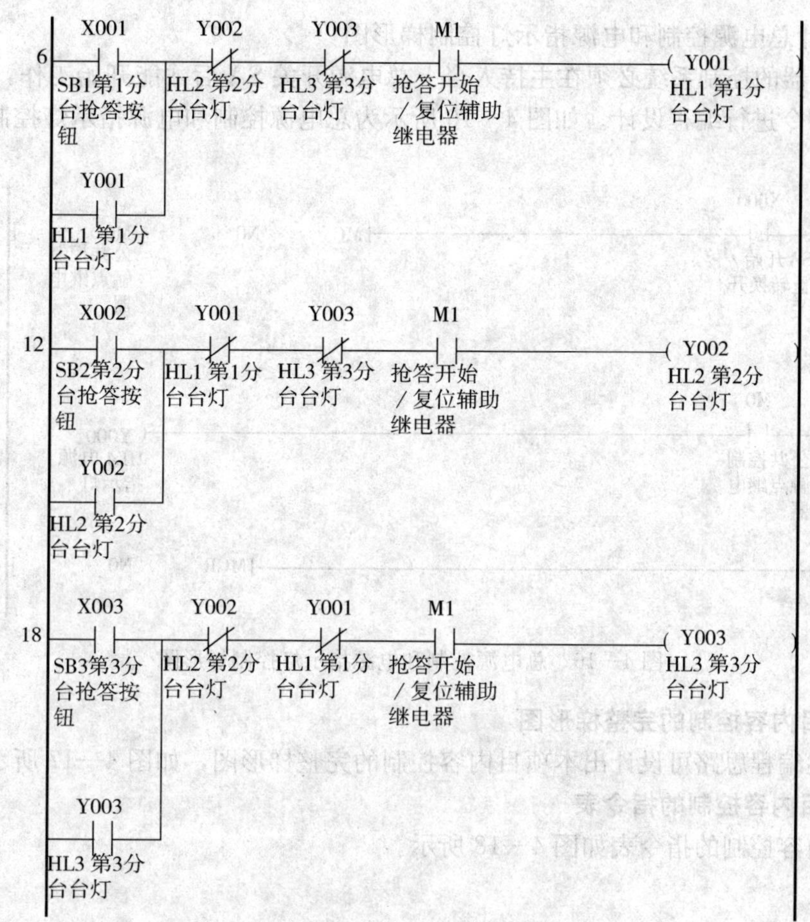

图 4—14　各分台台灯梯形图

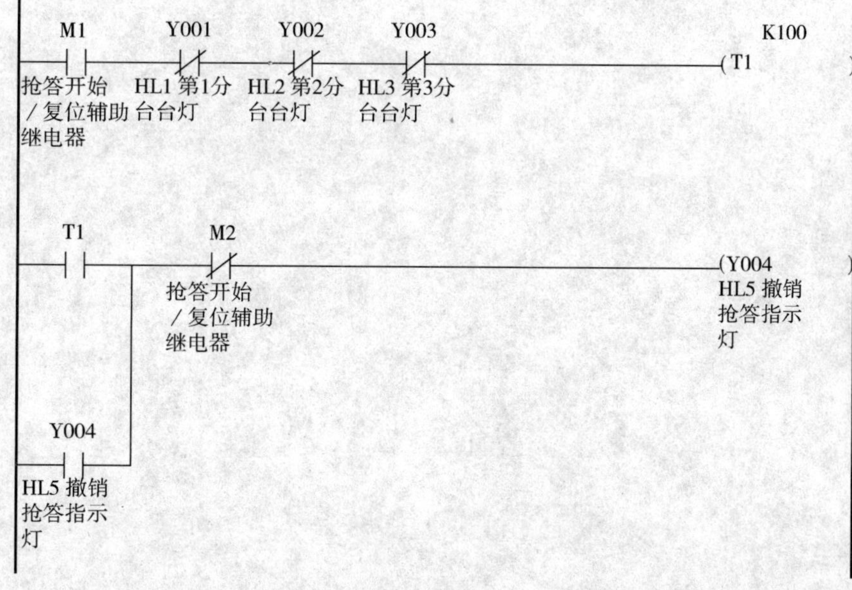

图 4—15　抢答时限控制和撤销抢答指示灯控制梯形图

（4）设计总电源控制和电源指示灯控制梯形图

由于抢答器的控制系统必须在主持人合上总电源开关 SA 后才能开始工作，在此可运用 MC、MCR 指令进行编程设计。如图 4—16 所示为总电源控制和电源指示灯控制梯形图。

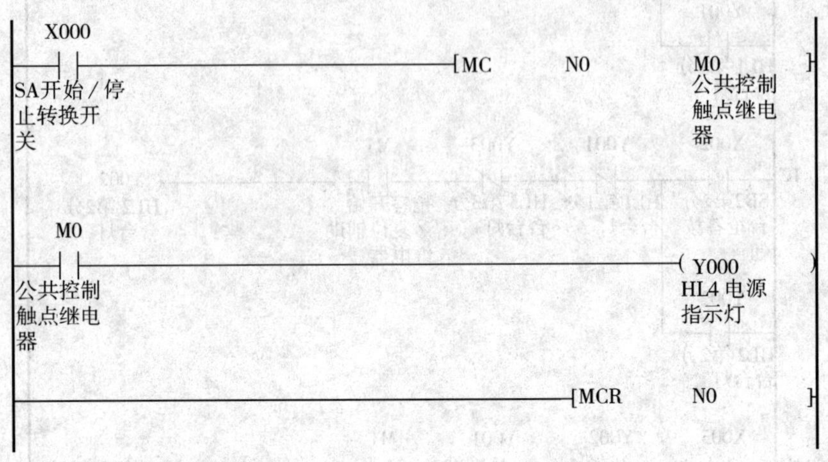

图 4—16　总电源控制和电源指示灯控制梯形图

2. 本项目内容控制的完整梯形图

通过上述编程思路可设计出本项目内容控制的完整梯形图，如图 4—17 所示。

3. 本项目内容控制的指令表

本项目内容控制的指令表如图 4—18 所示。

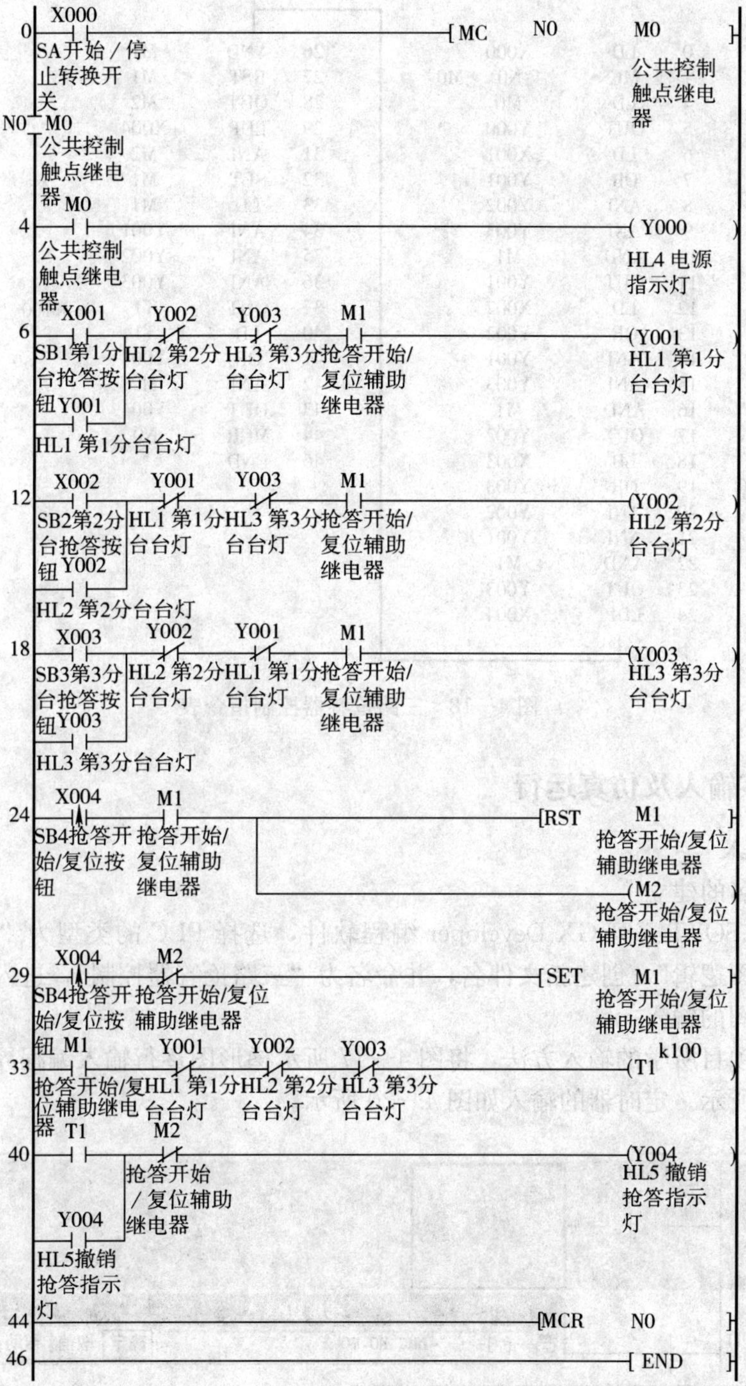

0 X000 SA开始/停止转换开关 —[MC N0 M0] 公共控制触点继电器

N0 M0 公共控制触点继电器

4 M0 公共控制触点继电器 —(Y000) HL4 电源指示灯

6 X001 SB1第1分台抢答按钮；Y001 HL1 第1分台台灯；Y002 HL2 第2分台台灯；Y003 HL3 第3分台台灯；M1 抢答开始/复位辅助继电器 —(Y001) HL1 第1分台台灯

12 X002 SB2第2分台抢答按钮；Y002 HL2 第2分台台灯；Y001 HL1 第1分台台灯；Y003 HL3 第3分台台灯；M1 抢答开始/复位辅助继电器 —(Y002) HL2 第2分台台灯

18 X003 SB3第3分台抢答按钮；Y003 HL3 第3分台台灯；Y002 HL2 第2分台台灯；Y001 HL1 第1分台台灯；M1 抢答开始/复位辅助继电器 —(Y003) HL3 第3分台台灯

24 X004 SB4抢答开始/复位按钮；M1 抢答开始/复位辅助继电器 —[RST M1] 抢答开始/复位辅助继电器；—(M2) 抢答开始/复位辅助继电器

29 X004 SB4抢答开始/复位按钮；M2 抢答开始/复位辅助继电器 —[SET M1] 抢答开始/复位辅助继电器

33 M1 抢答开始/复位辅助继电器；Y001 HL1 第1分台台灯；Y002 HL2 第2分台台灯；Y003 HL3 第3分台台灯 —(T1 k100)

40 T1；Y004 HL5撤销抢答指示灯；M2 抢答开始/复位辅助继电器 —(Y004) HL5 撤销抢答指示灯

44 —[MCR N0]

46 —[END]

图 4—17　三路抢答器控制梯形图

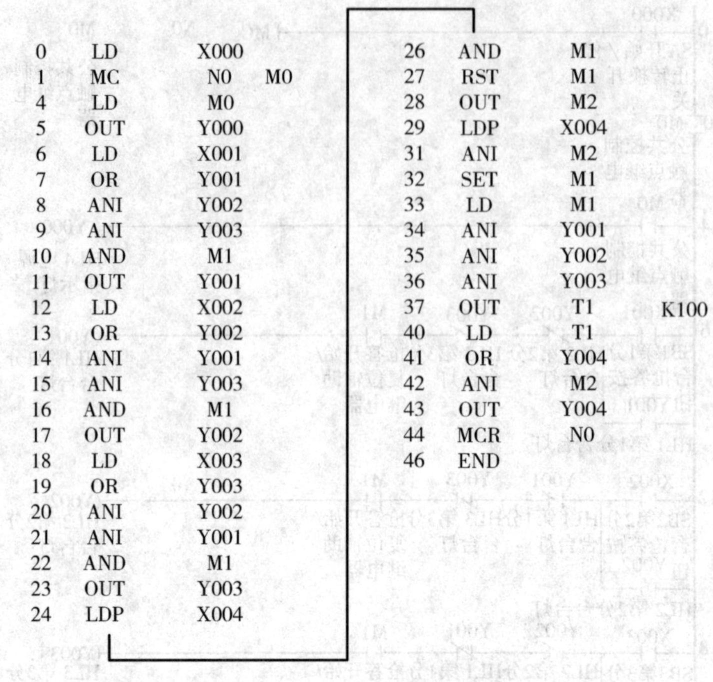

步序	指令	操作数	
0	LD	X000	
1	MC	N0	M0
4	LD	M0	
5	OUT	Y000	
6	LD	X001	
7	OR	Y001	
8	ANI	Y002	
9	ANI	Y003	
10	AND	M1	
11	OUT	Y001	
12	LD	X002	
13	OR	Y002	
14	ANI	Y001	
15	ANI	Y003	
16	AND	M1	
17	OUT	Y002	
18	LD	X003	
19	OR	Y003	
20	ANI	Y002	
21	ANI	Y001	
22	AND	M1	
23	OUT	Y003	
24	LDP	X004	
26	AND	M1	
27	RST	M1	
28	OUT	M2	
29	LDP	X004	
31	ANI	M2	
32	SET	M1	
33	LD	M1	
34	ANI	Y001	
35	ANI	Y002	
36	ANI	Y003	
37	OUT	T1	K100
40	LD	T1	
41	OR	Y004	
42	ANI	M2	
43	OUT	Y004	
44	MCR	N0	
46	END		

图 4—18　三路抢答器控制指令表

四、程序输入及仿真运行

1. 程序输入

（1）工程名的建立

启动 MELSOFT 系列 GX Developer 编程软件，选择 PLC 的类型为“FX2N”，程序类型选择“梯形图逻辑”，创建新文件名，并命名为“三路抢答器控制”，进入编程界面。

（2）梯形图的输入

利用前面项目所学的输入方法，将图 4—17 所示梯形图逐行输入编程界面。主控指令输入如图 4—19 所示。定时器的输入如图 4—20 所示。

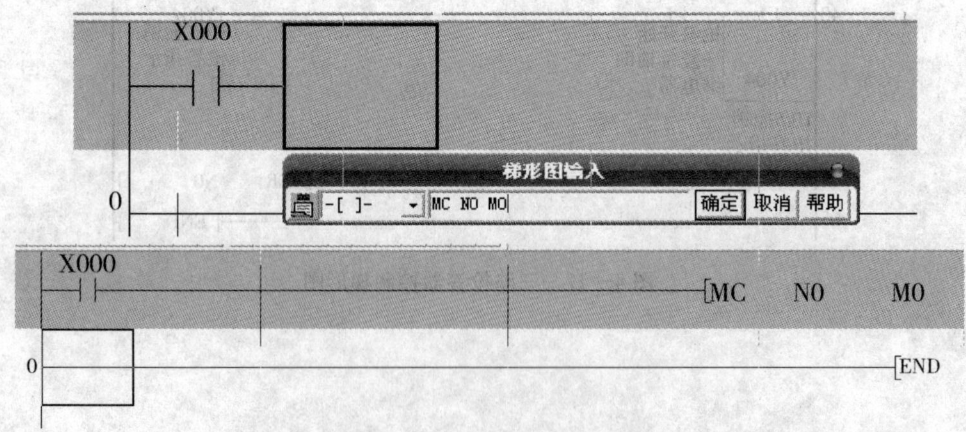

图 4—19　主控指令输入画面一

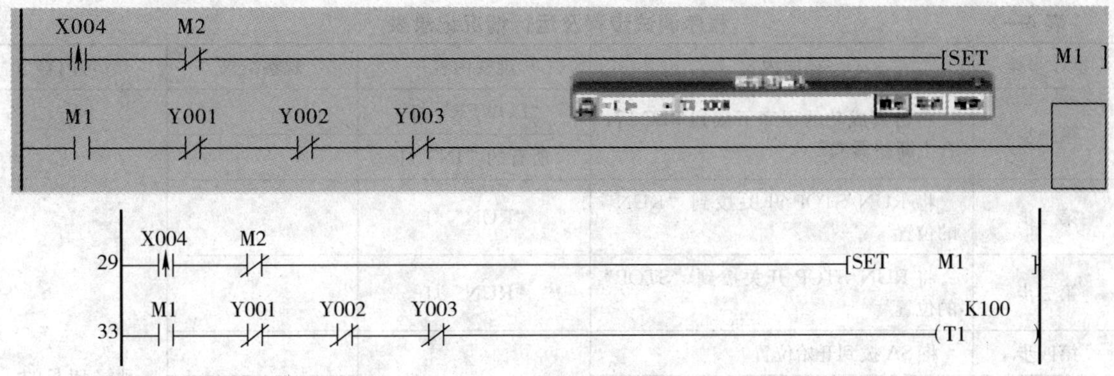

图 4—20　定时器的输入画面

2. 仿真运行

运用前面项目介绍的仿真方法进行上机模拟仿真。

五、线路安装与调试

(1) 识读接线图

根据 I/O 接线图，在模拟实物控制配线板上进行元件及线路安装。

(2) 安装电路

1) 检查元器件。根据表 3—1 配齐元器件，检查元器件的规格是否符合要求，并用万用表检测元器件是否完好。

2) 固定元器件。固定好本项目所需元器件。

3) 配线安装。根据配线原则和工艺要求，进行配线安装。

4) 自检。对照接线图检查接线是否无误，再使用万用表检测电路的阻值是否与设计相符。

(3) 程序下载

当安装完线路后，将仿真成功后的程序下载到 PLC 中。

(4) 运行调试

1) 经自检无误后，在指导教师的指导下，方可通电调试。

2) 首先接通系统电源开关 QS，将 PLC 的 RUN/STOP 开关拨到“RUN”的位置，然后通过计算机上的 MELSOFT 系列 GX Developer 软件中的“监控/测试”监视程序的运行情况，再按照表 4—2 进行操作，观察系统运行情况并做好记录。如出现故障，应立即切断电源，分析原因、检查电路或梯形图，排除故障后，方可进行重新调试，直到系统功能调试成功为止。

表 4—2　　程序调试步骤及运行情况记录表

操作步骤	操作内容	观察内容	观察结果	思考内容
第一步	将仿真成功的程序下载到 PLC 后，合上断路器 QS	“POWER”灯		理解 PLC 的工作过程
		所有的“IN”灯		
第二步	将 RUN/STOP 开关拨到“RUN”的位置	“RUN”灯		
第三步	将 RUN/STOP 开关拨到“STOP”的位置	“RUN”灯		
第四步	将 SA 拨到开始位置	指示灯 HL1、HL2、HL3、HL4 和 HL5		
第五步	按下 SB4			
第六步	按下 SB1			
第七步	按下 SB2			
第八步	按下 SB3			
第九步	再次按下 SB4			
第十步	第三次按下 SB4			
第十一步	5s 后再次按下 SB4			

1. 在如图 4—14 所示的梯形图中，三个分台台灯的输出继电器支路中都串入了 M1 的常开触点，使用主控指令 MC 和主控复位指令 MCR 重新进行设计。

2. 用 PLC 来实现三台电动机的循环启停运转控制。其控制要求如下：三台电动机接于 Y001、Y002、Y003。要求它们相隔 5 s 启动，各运行 10 s 停止。上机编程并调试。

一、理论知识的拓展

1. 基本指令——PLF 指令

（1）指令功能

PLF（下降沿脉冲微分输出指令）：在输入信号的下降沿使得控制对象输出一个扫描周期的信号。

（2）编程实例

PLF 指令的编程实例如图 4—21 所示。图中 X001 接通（由 OFF→ON）时，M0 接通（ON）一个扫描周期，同时使得输出线圈 Y001 接通（ON）并保持；当 X002 断开（由 ON→OFF）时，M1 接通（ON）一个扫描周期，同时使得输出线圈 Y001 断开（OFF），即复位。

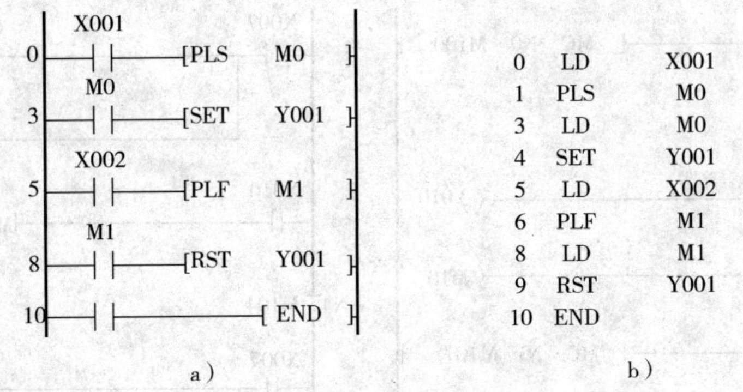

图 4—21 PLF 指令的编程实例

a）梯形图 b）指令表

2. 嵌套编程实例

在同一主控程序中再次使用主控指令时称为嵌套，如图 4—22 所示为二级嵌套的主控程序梯形图和指令表，多级嵌套的梯形图也可画成如图 4—23 所示。

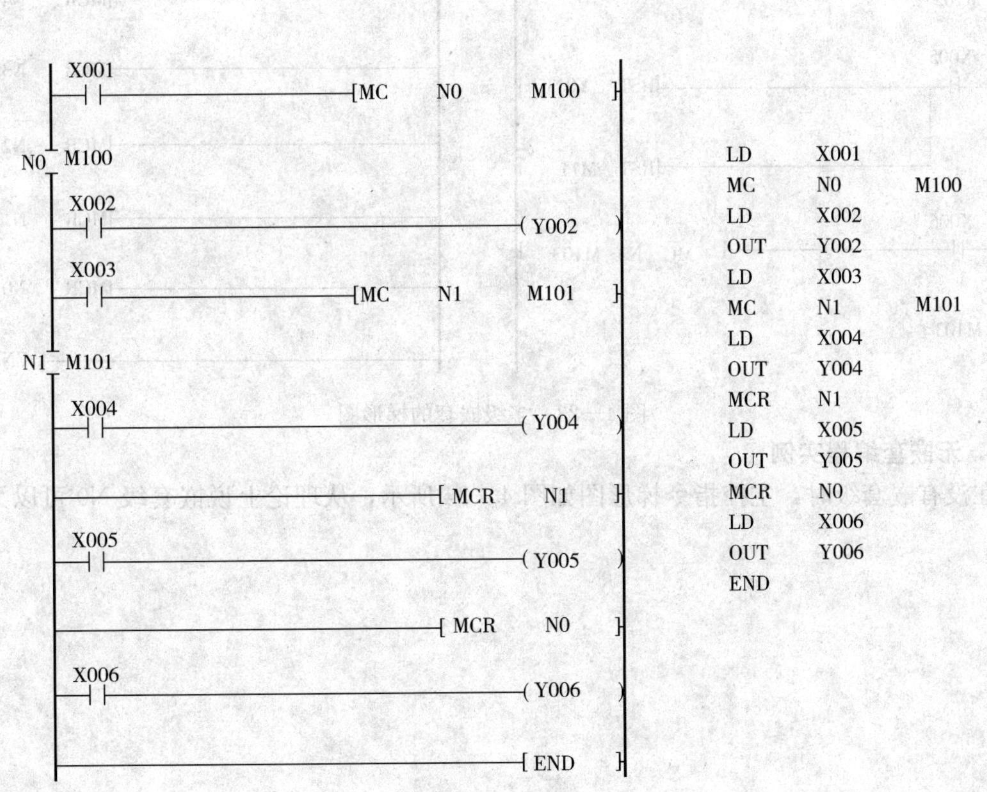

图 4—22 二级嵌套的主控程序梯形图和指令表

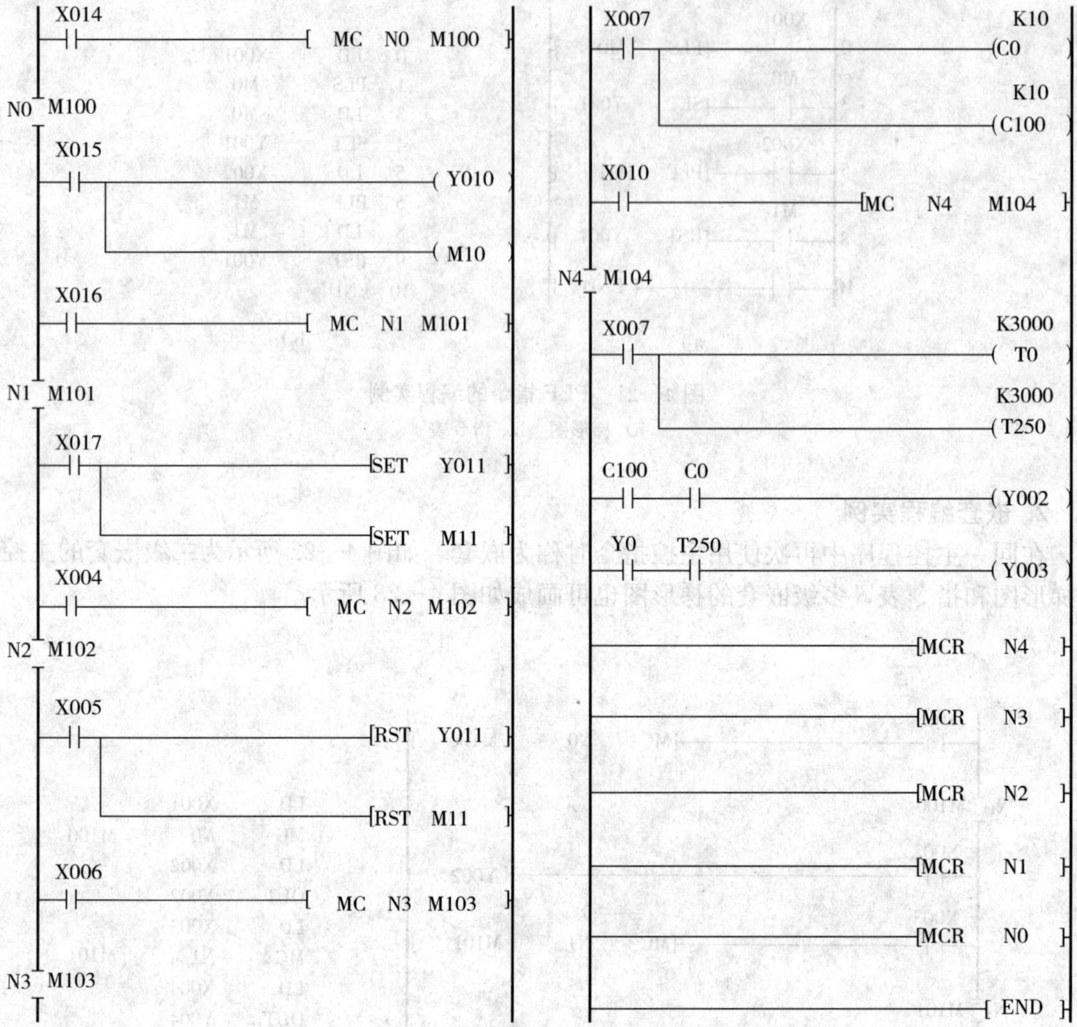

X014 [MC N0 M100]
N0 M100
X015 (Y010)
(M10)
X016 [MC N1 M101]
N1 M101
X017 [SET Y011]
[SET M11]
X004 [MC N2 M102]
N2 M102
X005 [RST Y011]
[RST M11]
X006 [MC N3 M103]
N3 M103

X007 K10 (C0)
K10 (C100)
X010 [MC N4 M104]
N4 M104
X007 K3000 (T0)
K3000 (T250)
C100 C0 (Y002)
Y0 T250 (Y003)
[MCR N4]
[MCR N3]
[MCR N2]
[MCR N1]
[MCR N0]
[END]

图 4—23 多级嵌套的梯形图

3. 无嵌套编程实例

在没有嵌套级时，主控指令梯形图如图 4—24 所示，从理论上说嵌套级 N0 可以无数次使用。

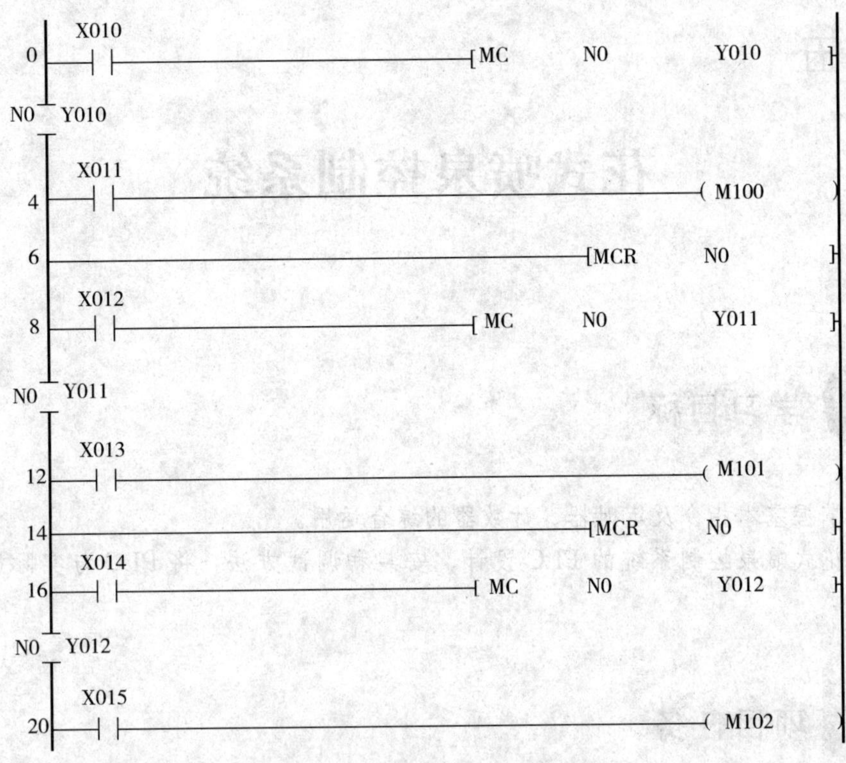

图 4—24　无嵌套指令控制梯形图

二、技能拓展

1. 用 PLC 实现 Y－△降压启动的可逆运行电动机控制电路，其控制要求如下：

（1）按下正转按钮 SB1，电动机以 Y－△方式正向启动，Y 形启动 15 s 后转换为△形运行。按下停止按钮 SB3，电动机停止运行。

（2）按下反转按钮 SB2，电动机以 Y－△方式正向启动，Y 形启动 15 s 后转换为△形运行。按下停止按钮 SB3，电动机停止运行。

2. 试用 PLS 指令及启－保－停基本电路来实现两台电动机顺序启动、同时停止控制电路。

项目五

花式喷泉控制系统

学习目标

1. 熟练掌握基本指令及定时器、计数器的综合运用。

2. 掌握花式喷泉控制系统的 PLC 设计、安装和调试方法，将 PLC 与实际应用联系起来。

项目任务

音乐喷水池常见于休闲广场、景区和游乐场所，传统的喷泉控制一旦设计好控制电路，就不能随意改变喷水花样及喷水时间。若采用 PLC 控制，利用 PLC 体积小、功能强、可靠性高，且具有较大的灵活性和可扩展性的特点，通过改变喷泉的控制程序或改变方式选择开关，就可以改变花式喷泉的喷水规律，从而变换出各式花样，以适应不同季节、不同场合的喷水要求。如图 5—1 所示是一休闲广场的花式喷泉控制效果画面。

图 5—1　花式喷泉

设花式喷泉分别由 A、B、C 三组喷头组成，其示意图如图 5—2a 所示，要求按下列控制要求进行控制：

（1）按下启动按钮后，A、B、C 三组喷头按图 5—2b 所示的时序图循环工作。

（2）花式喷泉的工作时间是从早八时启动至晚十一时停止。

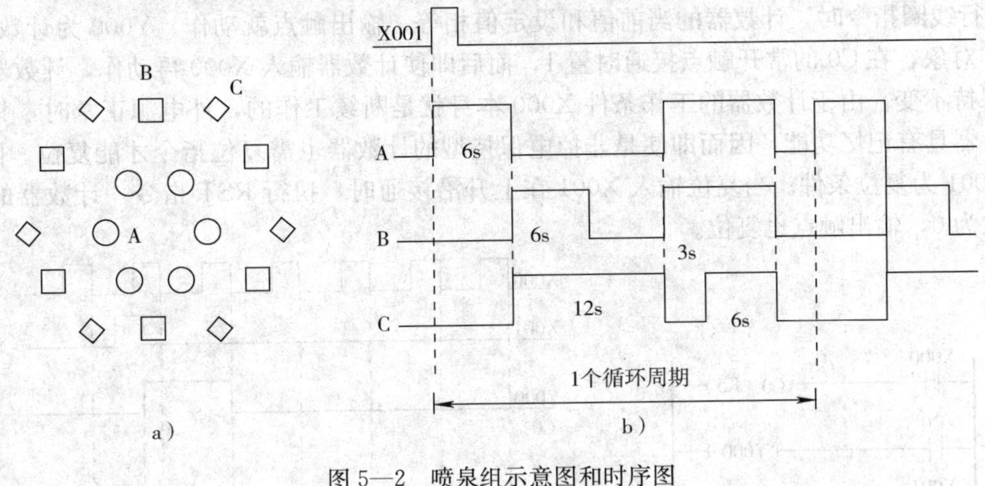

图 5—2　喷泉组示意图和时序图

a）喷泉组示意图　b）时序图

从上述控制要求分析可知，本项目是一个长时限（工作时间为从早八时至晚十一时）的带延时的顺序控制（三组喷头按一定的顺序延时工作）。

在前面的项目四中介绍了 100 ms 和 10 ms 两种通用定时器的应用，FX_{2N}系列 PLC 的最长定时时间为 3 276.7 s，它们对长时限的控制具有局限性，不能有效地实现对本项目的控制，如果需要更长时间的定时时间，可以采用计数器、多个定时器的组合或者定时器与计数器的组合来获得较长的延时时间。本项目主要是通过计数器来获得较长的延时时间来实现长时限的控制。

一、编程元件

计数器（C）：

FX_{2N}系列 PLC 提供了两类计数器，一类为内部计数器，它是 PLC 在执行扫描操作时对内部信号等进行计数的计数器，要求输入信号的接通或断开时间应大于 PLC 的扫描周期；另一类是高速计数器，其响应速度快，因此对于频率较高的计数就必须采用高速计数器。内部计数器分为 16 位加计数器和 32 位加/减计数器两类，计数器采用 C 和十进制数共同组成编号。在此仅介绍 16 位加计数器。

C0～C199 共 200 点是 16 位加计数器，其中 C0～C99 共 100 点为通用型，C100～C199 共 100 点为断电保持型（断电保持型即断电后能保持当前值通电后继续计数）。这类计数为递加计数，应用前先对其设置某一设定值，当输入信号（上升沿）个数累加到设定值时，计数器动作，其常开触点闭合、常闭触点断开。16 位加计数器的设定值为 1～32767，设定值可以用常数 K 或者通过数据寄存器 D 来设定。

16 位加计数器的工作原理如图 5—3 所示。图中计数输入 X000 是计数器的工作条件，X000 每次驱动计数器 C0 的线圈时，计数器的当前值加 1。“K5” 为计数器的设定值。当第 5 次执行线圈指令时，计数器的当前值和设定值相等，输出触点就动作。Y000 为计数器 C0 的工作对象，在 C0 的常开触点接通时置 1，而后即使计数器输入 X000 再动作，计数器的当前值保持不变。由于计数器的工作条件 X000 本身就是断续工作的，外电源正常时，其当前值寄存器具有记忆功能，因而即使是非掉电保持型的计数器也需复位指令才能复位。图 5—3 中 X001 为复位条件。当复位输入 X001 在上升沿接通时，执行 RST 指令，计数器的当前值复位为 0，输出触点也复位。

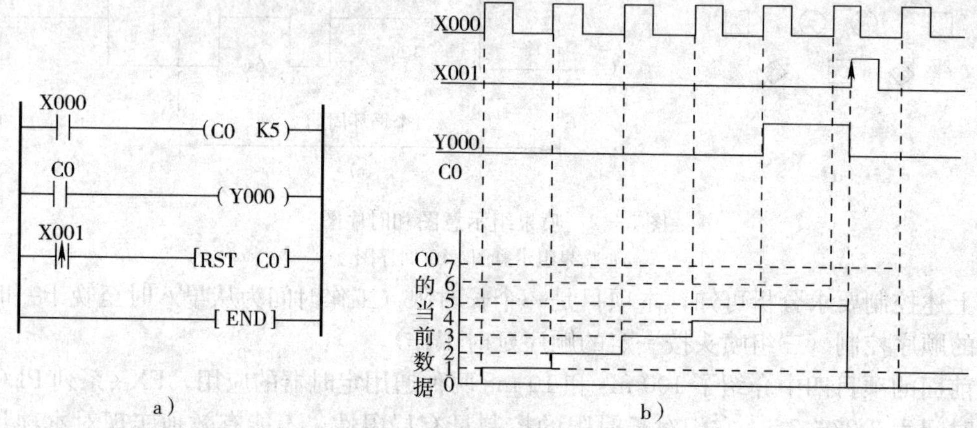

图 5—3　计数器的工作过程

a）梯形图　b）控制时序图

二、典型的计数器长延时控制电路

（1）单独计数器实现的长延时

在图 5—4 中，以特殊辅助继电器 M8014（1 min 时钟）作为计数器 C1 的输入脉冲信号，这样延时时间就是若干分钟（图中为 1 440 个脉冲，即 1 440 min）。如果一个计数器不能满足要求，可以将多个计数器串级使用，即用前一个计数器的输出作为后一个计数器的输入脉冲。

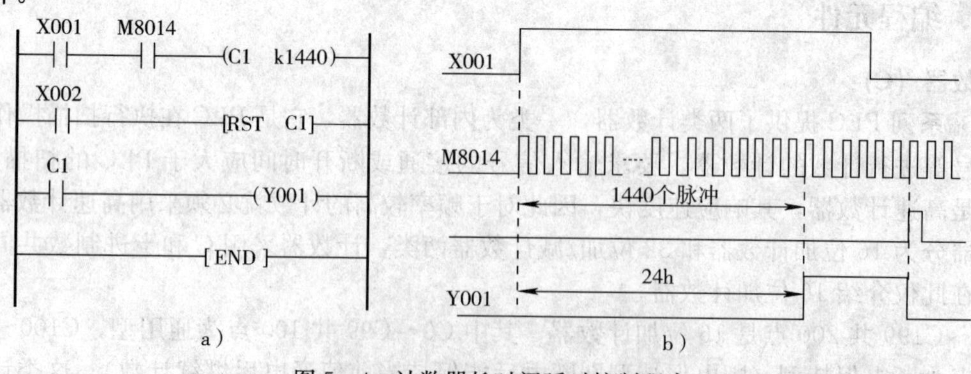

图 5—4　计数器长时间延时控制程序

a）梯形图　b）时序图

编程实例：

1）用计数器实现 1 h 定时程序。定时控制程序梯形图，如图 5—5 所示，其中 X001 为启动按钮，X003 为停止按钮。

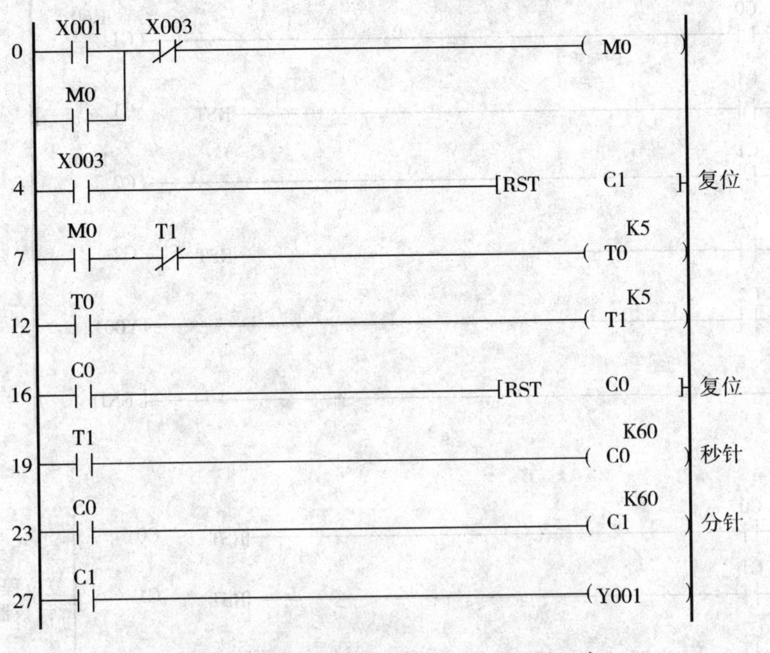

图 5—5　用计数器实现 1 h 定时控制程序

2）用 M8014 和计数器配合实现 1 h 定时程序。以 M8014 作为分时钟脉冲的 1h 定时程序，如图 5—6 所示。

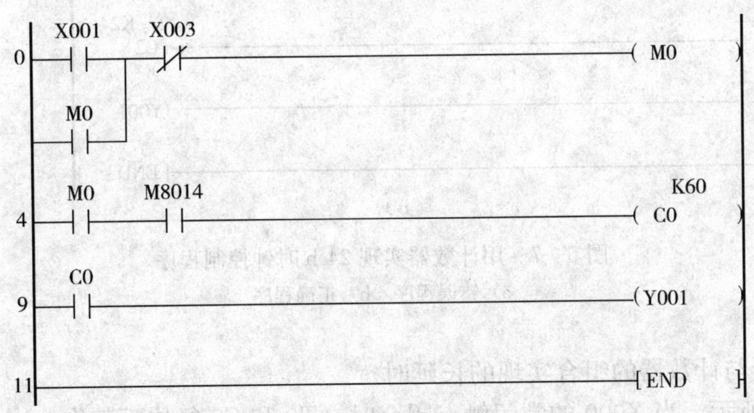

图 5—6　用 M8014 和计数器配合实现 1 h 定时控制程序

3）用计数器实现 24 h 时钟程序。24 h 时钟程序如图 5—7 所示。其中图 5—7a 为错误程序，C1、C2 不计数，原因是计数器的复位程序应该放在计数程序的上面，正确程序如图 5—7b 所示。

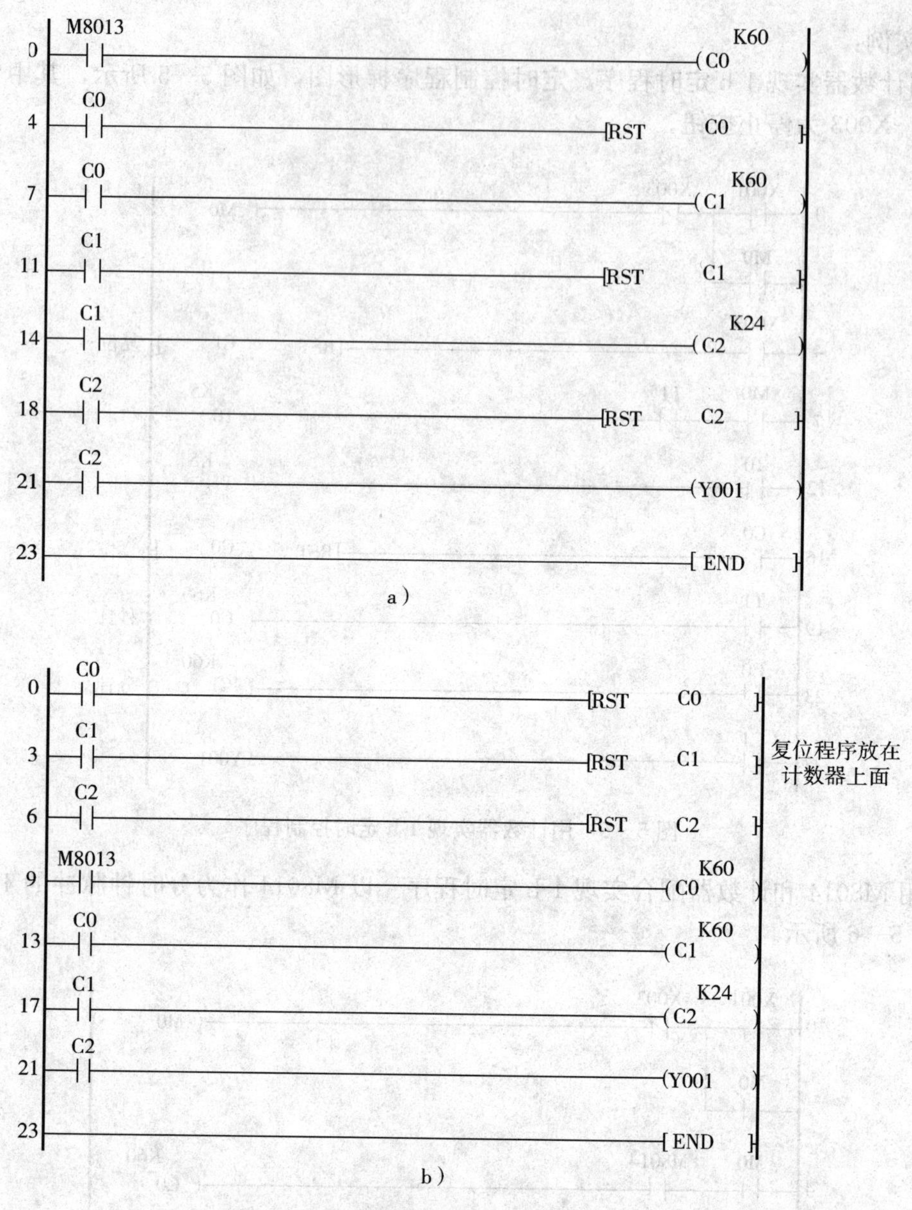

图 5—7　用计数器实现 24 h 时钟控制程序

a）错误程序　b）正确程序

（2）定时器与计数器的组合实现的长延时

如图 5—8 所示，当 X000 的常闭触点闭合时，T0 和 C0 复位不工作。当 X000 的常开触点闭合时，T0 开始定时，3 000 s 后 T0 定时时间到，其常闭触点断开，使其复位，复位后 T0 的当前值变为 0，同时它的常闭触点接通，使其线圈重新通电，又开始定时。T0 将这样周而复始地工作，直至 X000 变为 OFF。从分析中可看出，图 5—8 中最上面一行电路是一个脉冲信号发生器，脉冲周期等于 T0 的设定值。产生的脉冲列送给 C0 计数，计满 30 000 个数（即 25 000 h）后，C0 的当前值等于设定值，它的常开触点闭合，Y000 开始输出。

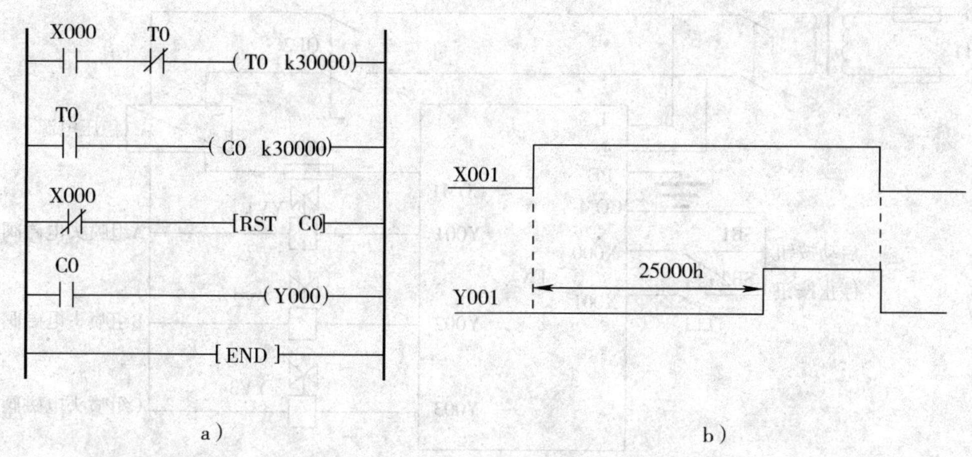

图 5—8 定时器与计数器的组合延时控制程序

a）梯形图 b）时序图

一、通过对本项目控制要求分析，分配输入点和输出点，写出 I/O 通道地址分配表

根据上述控制要求，可确定 PLC 需要 2 个输入点，3 个输出点，其 I/O 通道分配表见表 5—1。

表 5—1 **I/O 通道地址分配表**

输入			输出		
元件代号	作用	输入继电器	元件代号	作用	输出继电器
SB1	启动按钮	X000	YV1	A 组喷头电磁阀	Y001
SB2	停止按钮	X001	YV2	B 组喷头电磁阀	Y002
			YV3	C 组喷头电磁阀	Y003

二、画出 PLC I/O 接线图

如图 5—9 所示。

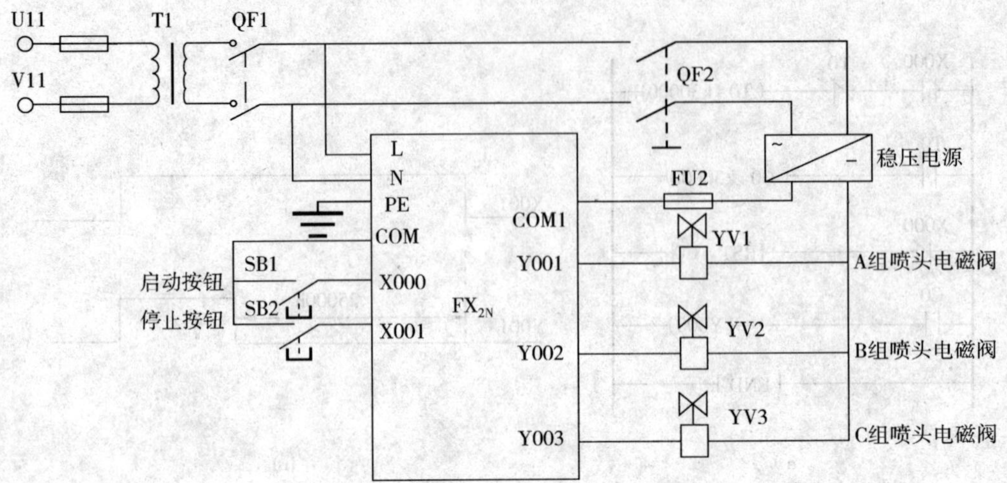

图 5—9　花式喷泉控制的 I/O 接线图

三、程序设计

1. 本项目的编程思路

(1) 首先设计一个 24 h 的长时间自动控制程序

可以用秒时钟脉冲 M8013 和计数器配合实现 24 h 定时程序，如图 5—10 所示。

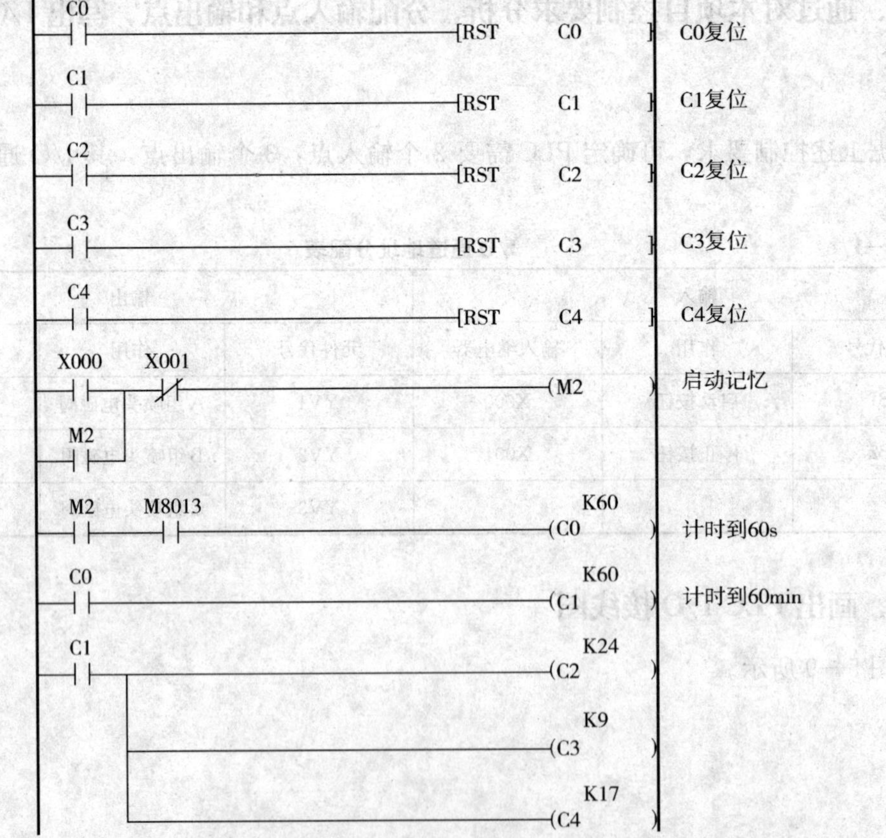

图 5—10　用秒时钟脉冲 M8013 和计数器配合实现 24 h 定时程序

（2）设计花式喷泉中 A、B、C 三组喷头的顺序控制

通过对花式喷泉控制要求的分析，可知花式喷泉中 A、B、C 三组喷头的顺序控制应从以下两个方面进行设计：

1）当按下启动按钮 SB1 后，花式喷泉中 A、B、C 三组喷头按照如图 5—2b 所示的时序图循环工作。

从控制要求分析可知，花式喷泉中 A、B、C 三组喷头电磁阀都必须在启动后才开始工作，因此，可用前面项目介绍的主控指令 MC 和主控复位指令 MCR 进行编程设计，如图 5—11 所示是按下按钮 SB1 后，花式喷泉中 A、B、C 三组喷头按照如图 5—2b 所示的时序图循环工作的控制程序。

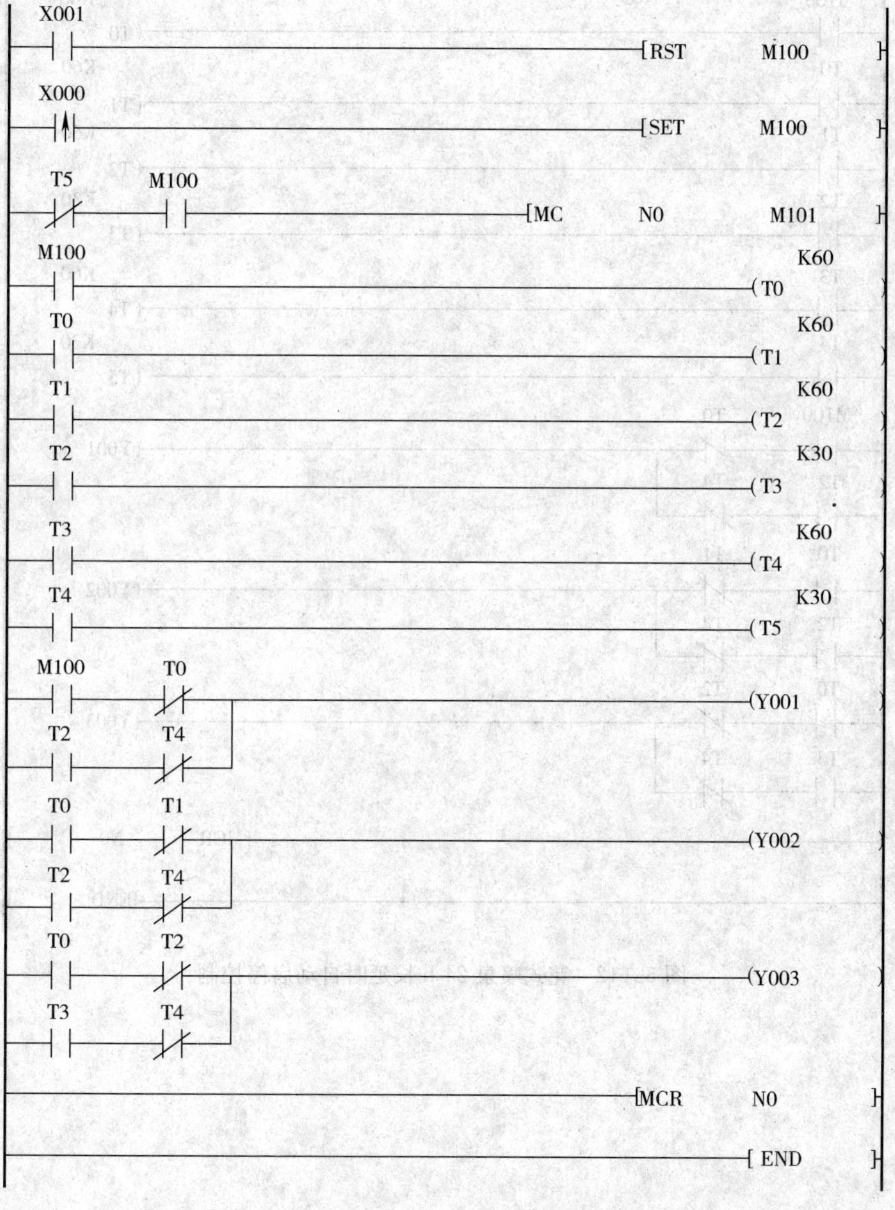

图 5—11　花式喷泉手动起停控制

2）花式喷泉中 A、B、C 三组喷头每经过一次 24 h 后的自动控制程序如图 5—12 所示。

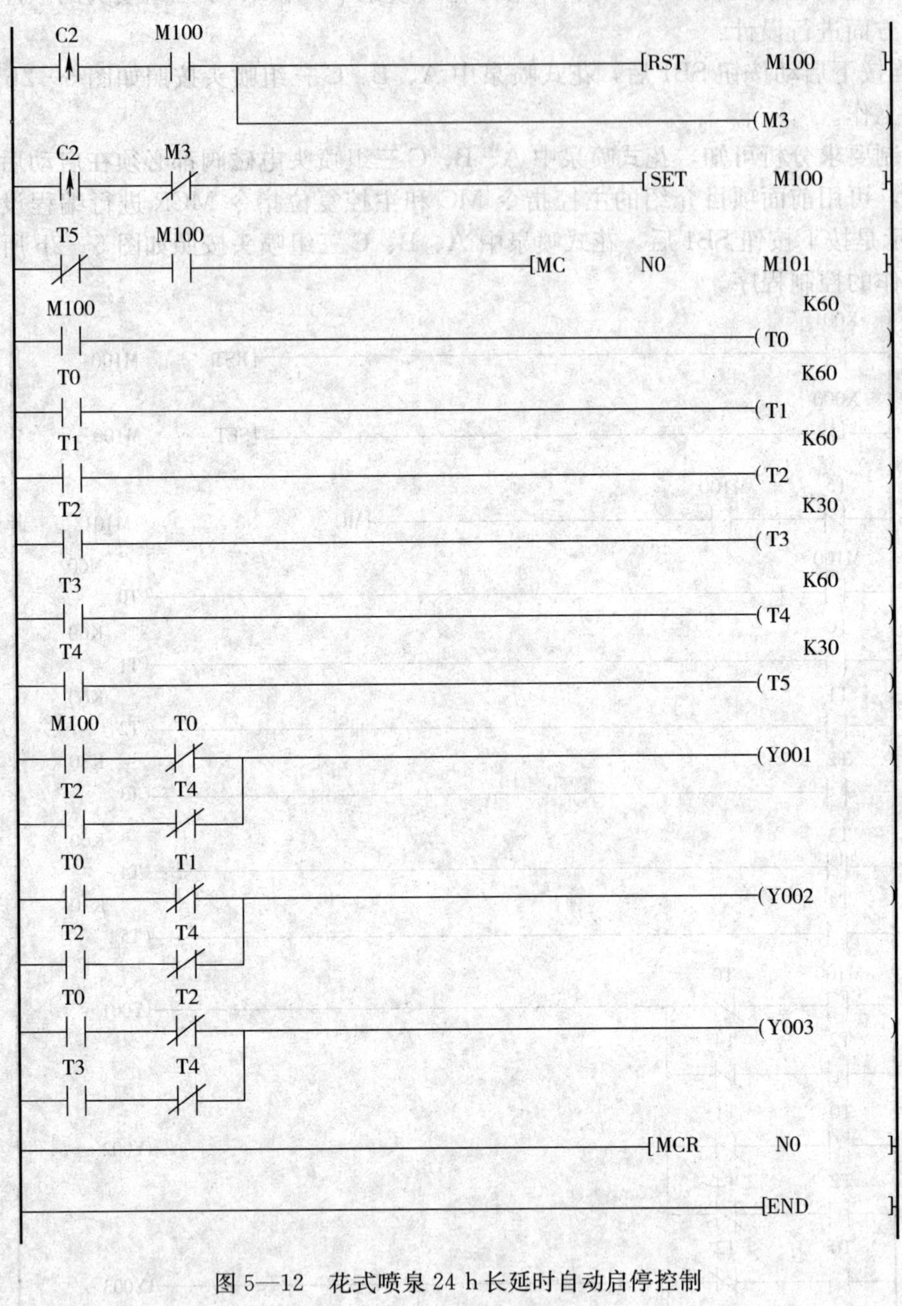

图 5—12　花式喷泉 24 h 长延时自动启停控制

综合图 5—11 和图 5—12 所示的控制程序，最后可得到花式喷泉中 A、B、C 三组喷头的自动顺序控制程序，如图 5—13 所示。

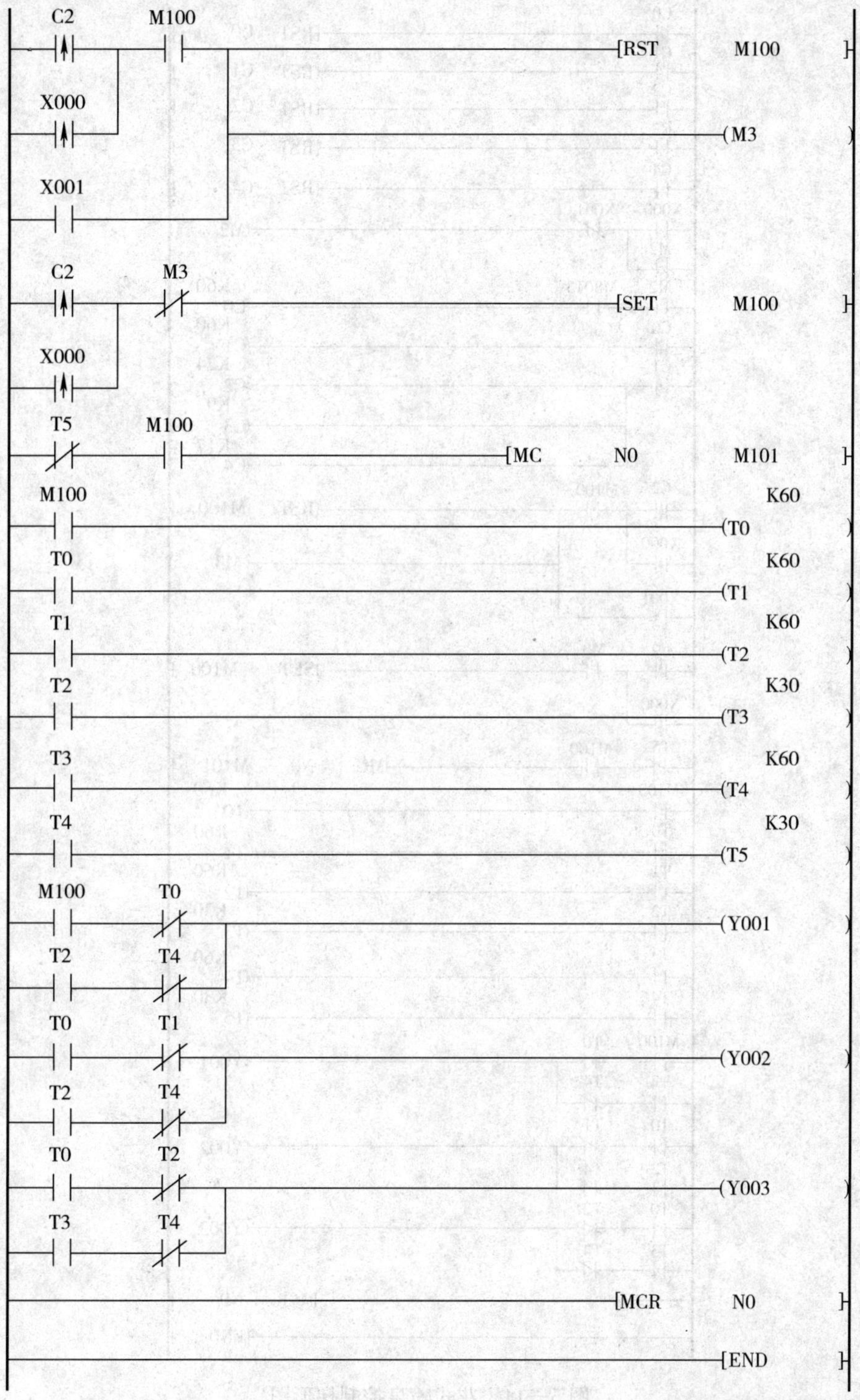

图 5—13　花式喷泉中 A、B、C 三组喷头的自动顺序控制程序

2. 本项目内容控制的完整梯形图

通过上述编程思路可设计出本项目内容控制的完整梯形图，如图 5—14 所示。

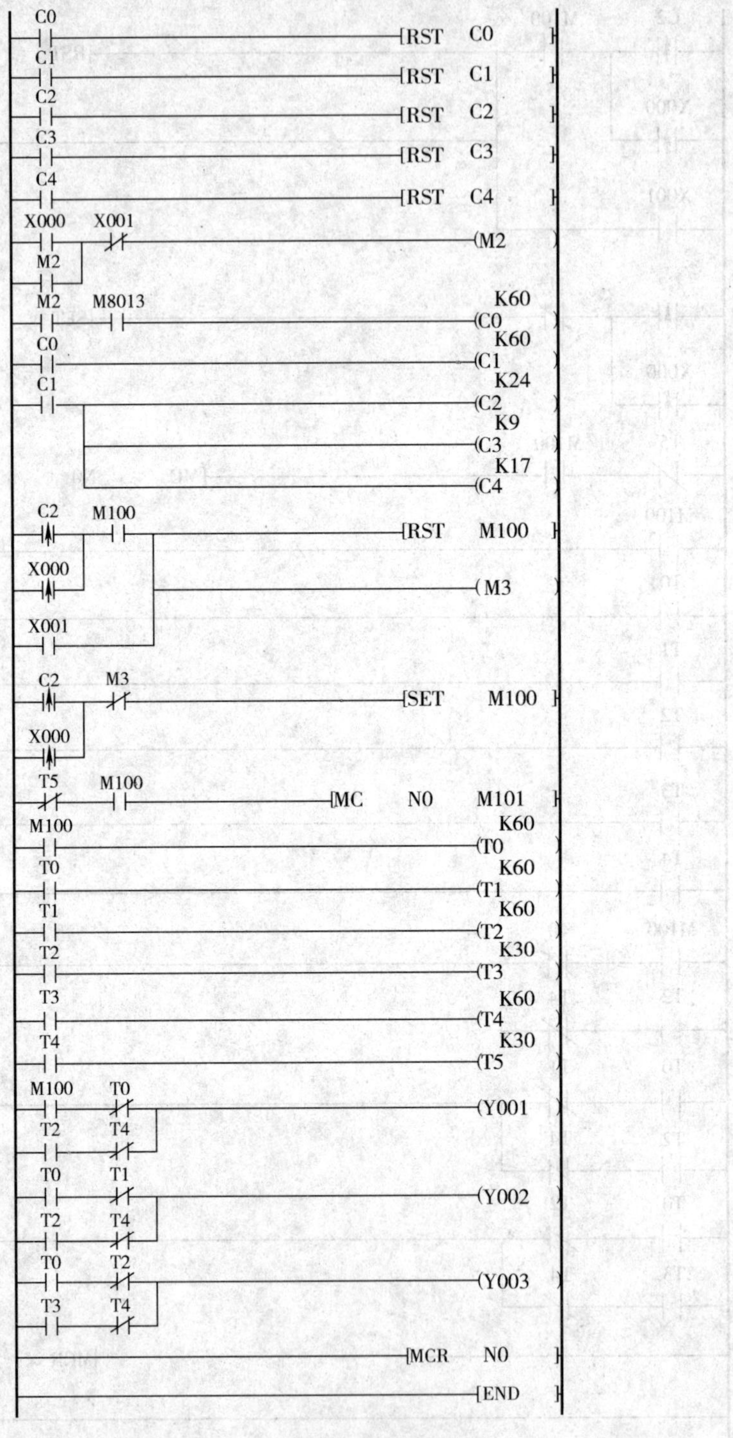

图 5—14　花式喷泉控制梯形图

3. 本项目内容控制的指令表

本项目内容控制的指令表如图 5—15 所示。

步序	指令	元件	常数
0	LD	C0	
1	RST	C0	
3	LD	C1	
4	RST	C1	
6	LD	C2	
7	RST	C2	
9	LD	C3	
10	RST	C3	
12	LD	C4	
13	RST	C4	
15	LD	X000	
16	OR	M2	
17	ANI	X001	
18	OUT	M2	
19	LD	M2	
20	AND	M8013	
21	OUT	C0	K60
24	LD	C0	
25	OUT	C1	K60
28	LD	C1	
29	OUT	C2	K24
32	OUT	C3	K9
35	OUT	C4	K17
38	LDP	C2	
40	ORP	X000	
42	AND	M100	
43	OR	X001	
44	RST	M100	
45	OUT	M3	
46	LDP	C2	
48	ORP	X000	
50	ANI	M3	
51	SET	M100	
52	LDI	T5	
53	AND	M100	
54	MC	N0	M101
57	LD	M100	
58	OUT	T0	K60
61	LD	T0	
62	OUT	T1	K60
65	LD	T1	
66	OUT	T2	K60
69	LD	T2	
70	OUT	T3	K30
73	LD	T3	
74	OUT	T4	K60
77	LD	T4	
78	OUT	T5	K30
81	LD	M100	
82	ANI	T0	
83	LD	T2	
84	ANI	T4	
85	ORB		
86	OUT	Y001	
87	LD	T0	
88	ANI	T1	
89	LD	T2	
90	ANI	T4	
91	ORB		
92	OUT	Y002	
93	LD	T0	
94	ANI	T2	
95	LD	T3	
96	ANI	T4	
97	ORB		
98	OUT	Y003	
99	MCR	N0	
101	END		

图 5—15　花式喷泉控制指令表

四、程序输入及仿真运行

1. 程序输入

启动 MELSOFT 系列 GX Developer 编程软件，首先选择 PLC 的类型为“FX2N”，在程序类型框内选择“梯形图逻辑”，创建一新文件，并命名为“花式喷泉控制”。运用基本指令输入法将如图 5—11 所示的梯形图输入，程序输入过程不再赘述。值得注意的是，计数器的输入与定时器的输入基本相同，只是在选择梯形图元件输入时，输入的是位元件“C”而不是“T”。

2. 仿真运行

运用前文中项目三介绍的仿真方法进行机上模拟仿真，在此不再赘述，读者可自行进行。

五、线路安装与调试

(1) 识读接线图

根据 I/O 接线图，在模拟实物控制配线板上进行元件及线路安装。

(2) 安装电路

1) 检查元器件。根据表 5—1 配齐元器件，检查元器件的规格是否符合要求，并用万用表检测元器件是否完好。

2) 固定元器件。固定好本项目所需元器件。

3) 配线安装。根据配线原则和工艺要求，进行配线安装。

4) 自检。对照接线图检查接线是否无误，再使用万用表检测电路的阻值是否与设计相符。

(3) 程序下载

当安装完线路后，将仿真成功后程序下载到 PLC 中。

(4) 运行调试

1) 经自检无误后，在指导教师的指导下，方可通电调试。

2) 首先接通系统电源开关 QS，将 PLC 的 RUN/STOP 开关拨到“RUN”的位置，然后通过计算机上的 MELSOFT 系列 GX Developer 软件中的“监控/测试”监视程序的运行情况，再按照表 5—2 进行操作，观察系统运行情况并做好记录。如出现故障，应立即切断电源，分析原因，检查电路或梯形图，排除故障后，方可进行重新调试，直到系统功能调试成功为止。

表 5—2　　　　　　　　　　　　　程序调试步骤及运行情况记录表

操作步骤	操作内容	观察内容	观察结果	思考内容
第一步	将仿真成功后的程序下载到 PLC 后，合上断路器 QS	“POWER”灯		理解 PLC 的工作过程
		所有的“IN”灯		
第二步	将 RUN/STOP 开关拨到“RUN”的位置	“RUN”灯		
第三步	将 RUN/STOP 开关拨到“STOP”的位置	“RUN”灯		
第四步	按下 SB1	喷头电磁阀 YV1、YV2 和 YV3		
第五步	按下 SB2			
第六步	按下 SB1			
第七步	经过长时限延时后			

说明：本项目的延时控制是由早上八时至晚上十一时，喷头处于工作状态；从晚上十一时至次日早上八时，喷头不处于工作状态；由于延时时间太长，模拟运行时可将时钟的秒时钟 C0 和分时钟 C1 的 K 值，相应地减少，如将 C1 和 C2 的 K 值设置“K＝3”进行仿真，可大大地缩短仿真的延时时间，可更方便有效地监控仿真运行。

想一想练一练

1. 试用计数器来实现项目三中小车自动往返 3 次后自动停止的控制。

2. 设计一个报警器，要求当条件 X001＝ON 满足时蜂鸣器鸣叫，同时，报警灯连续闪烁 16 次，每次亮 2 s，熄灭 3 s，此后，停止声光报警。

项目拓展

一、理论知识拓展

区间比较指令（ZCP）：

（1）指令功能

指令 ZCP 为区间比较指令，其使用格式如图 5—16 所示。

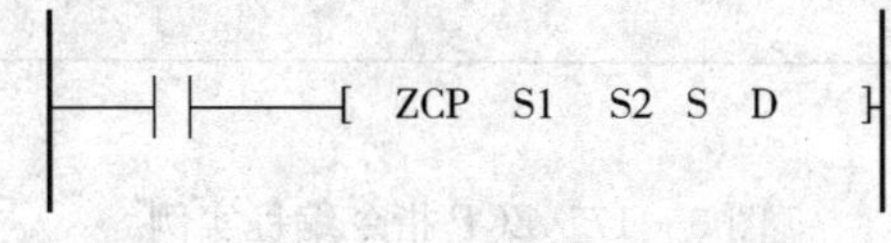

图 5—16　ZCP 指令使用格式

说明：

1）ZCP 指令将［S1］、［S2］的值与［S］的内容进行比较，然后用元件［D］～［D＋2］来反映比较的结果。

2）源操作数［S1］、［S2］与［S］的形式可以为：K，H，KnX，KnY，KnM，KnS，T，C，D，V，Z；目标操作数［D］的形式可以为：Y，M，S。

3）源操作数［S1］和［S2］确定区间比较范围，不论［S1］＞［S2］还是［S1］＜［S2］，执行 ZCP 指令时，总是将较大的那个数看作为［S2］。例如，［S1］＝K200，［S2］＝K100，执行 ZCP 指令时，将 K100 视为［S1］，K200 视为［S2］。尽管如此，为了程序清晰易懂，使用时还是尽量要使［S1］＜［S2］。

4）所有源操作数都被看做二进制数，其最高位为符号位，如果该位为“0”，则该数为正；如果该位为“1”，则该数为负。

5）目标操作数［D］由三个位软元件组成，梯形图中表明的是首地址，另外两个位软元件紧随其后。如指令中指明目标操作数［D］为 M0，则实际目标操作数还包括紧随其后的 M1 和 M2。

6）当执行 ZCP 指令时，每扫描一次该梯形图，就将［S］内的数与源操作数［S1］和［S2］进行比较，结果如下：当［S1］＞［S2］时，［D］＝ON；当［S1］≤［S］≤［S2］时，［D＋1］＝ON；当［S1］＞［S2］时，［D＋2］＝ON。

7）执行比较操作后，即使其执行条件被破坏，目标操作数的状态仍保持不变，除非用 RST 指令将其复位。

8）在指令前加“D”表示其操作数为 32 位的二进制数，在指令后加“P”表示指令为脉冲执行型。

（2）编程实例

如图 5—17 所示，当 X010＝OFF 时，ZCP 指令不执行，M10～M12 保持以前状态；当 X010＝ON 时，ZCP 指令执行区间比较，比较结果如下：

若 C10 ＜ K10，M10＝ON；

若 K10≤C10≤K20，M11＝ON；

若 C10 ＞ K20，M12＝ON。

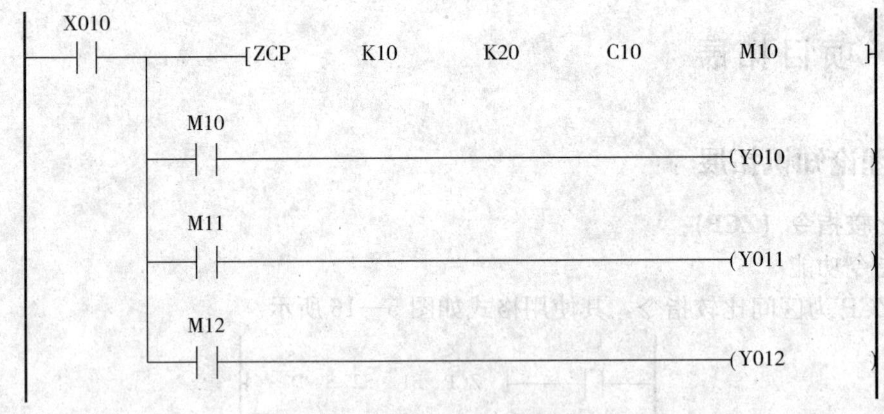

图 5—17　ZCP 指令编程实例

二、技能拓展

1. 例题

利用计数器与比较指令，设计一个全天 24 h 都可设定定时时间的住宅控制器的控制程序（以 15 min 为一个设定单位），要求实现如下的控制：

1）早晨 6：30，闹钟每秒响 1 次，10 s 后自动停止。

2）9：00～17：00，启动住宅报警系统。

3）晚上 6：00，打开住宅照明。

4）晚上 10：00，关闭住宅照明。

项目实现：

（1）I/O 地址分配表

设 X000 为启停开关，X001 为 15 min 快速调整与试验开关；X002 为格数设定的快速调整与试验开关。时间设定值为钟点数乘以 4。使用时在 0：00 启动定时器。

设闹钟输出接 Y000，住宅报警系统接 Y001，住宅照明接 Y002。则本项目的 I/O 地址分配表见表 5—3。

表 5—3　　I/O 通道地址分配表

输入			输出		
元件代号	作用	输入继电器	元件代号	作用	输出继电器
SB1	启停开关	X000	KA1	闹钟	Y000
SB2	15 min 快速调整与试验开关	X001	KA2	住宅报警系统	Y001
SB3	格数试验开关	X002	KA3	住宅照明系统	Y002

（2）梯形图

根据控制要求，设计出来的梯形图如图 5—18 所示。在梯形图中，M8011 为 10 ms 脉冲，M8012 为 100 ms 脉冲，M8013 为 1 s 脉冲。C0 为 15 min 计数器，当开关 X000 闭合时，C0 当前值每过 1 s 加 1，当 C0 当前值等于 K900 时，即时间过了 15 min。C1 为 96 格计数器，其当前值每过 15 min 加 1，若在 0：00 启动定时器，则 C1 当前值与实际时间的对应关系见表 5—4。

表 5—4　　C1 当前值与实际时间的对应关系表

C1 当前值	对应时间	备注
K0	0：00	启动计时器
K26	6：30	闹钟启动
K36	9：00	住宅报警系统启动
K68	17：00	住宅报警系统关闭
K72	18：00	住宅照明启动
K88	22：00	住宅照明关闭
K96	24：00	重新启动计时器

梯形图中，15 min 快速调整与试验开关 X001 每 10 ms 加 1，格数设定的快速调整与试验开关 X002 每 100 ms 加 1。

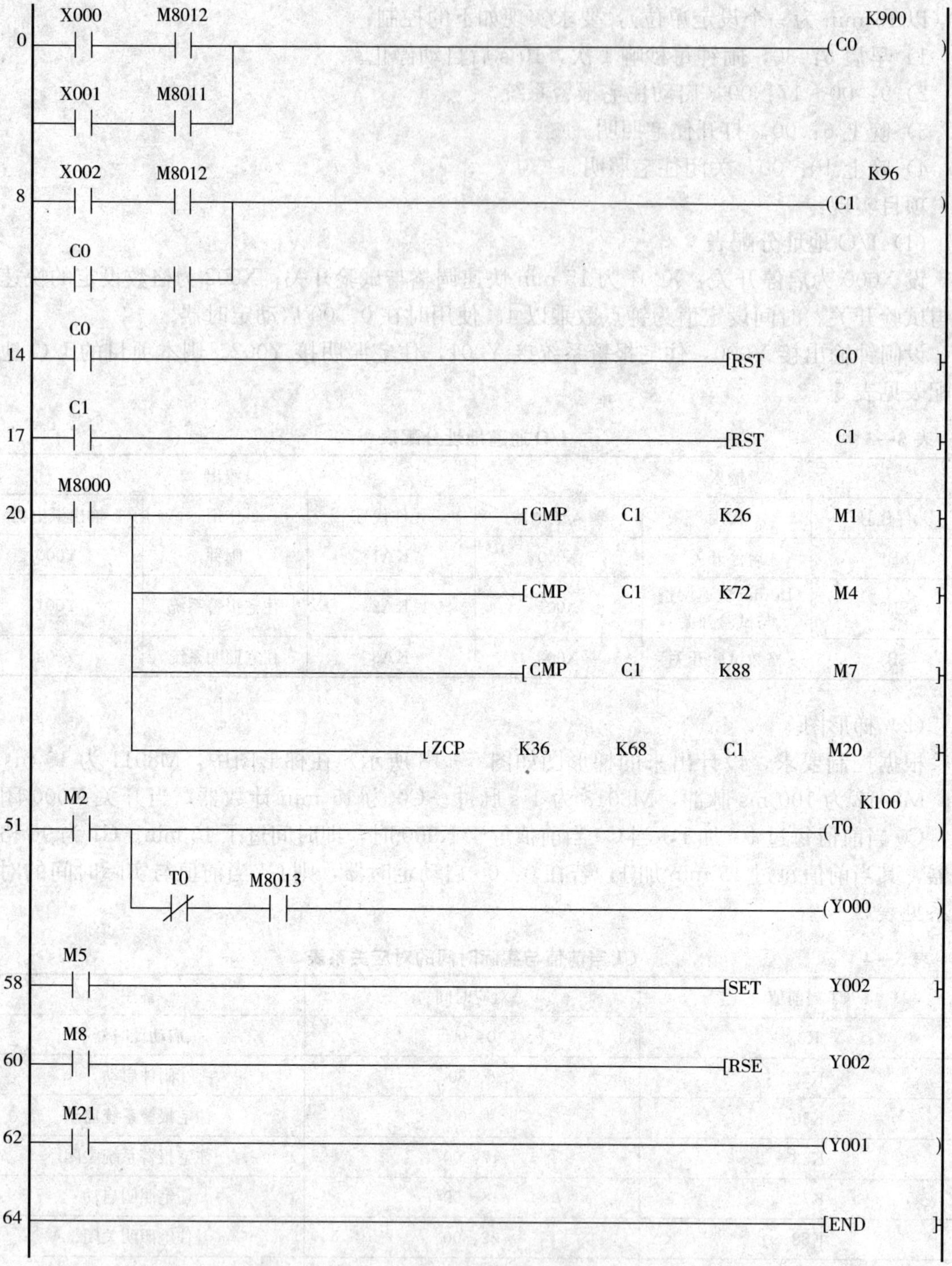

```
X000    M8012                                   K900
0   ──┤├──────┤├──┬──────────────────────────────(C0      )
X001    M8011     │
    ──┤├──────┤├──┘
X002    M8012                                   K96
8   ──┤├──────┤├──┬──────────────────────────────(C1      )
C0                │
    ──┤├──────────┘
C0
14  ──┤├─────────────────────────[RST        C0           ]
C1
17  ──┤├─────────────────────────[RST        C1           ]
M8000
20  ──┤├──┬──────────[CMP     C1      K26      M1         ]
          ├──────────[CMP     C1      K72      M4         ]
          ├──────────[CMP     C1      K88      M7         ]
          └──────[ZCP   K36    K68     C1      M20        ]
M2                                              K100
51  ──┤├──┬──────────────────────────────────────(T0      )
          │  T0      M8013
          └──┤/├──────┤├─────────────────────────(Y000    )
M5
58  ──┤├─────────────────────────[SET        Y002         ]
M8
60  ──┤├─────────────────────────[RSE        Y002         ]
M21
62  ──┤├─────────────────────────────────────────(Y001    )
64  ─────────────────────────────────────────────[END     ]
```

图 5—18　简易定时报时器梯形图

2. 路灯定时器

用定时器控制路灯定时亮灭。要求晚上 6：00 开灯，早晨 6：00 关灯。

3. 闹钟

设计一个闹钟，每天早晨 6：00 提醒你起床。

项目六

彩灯控制系统

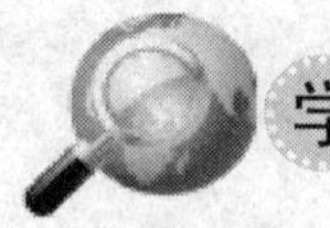

学习目标

1. 掌握传送、移位等指令的应用。
2. 能使用传送、移位指令根据控制要求编写程序，并上机调试。

项目任务

生活中常见的各种装饰彩灯、广告彩灯，以日光灯、白炽灯作为光源，在控制设备控制下变幻出各种效果。其中中小型彩灯等的控制设备多为数字电路。而大型楼宇的轮廓装饰或大型晚会的灯光布景等，由于其变化多、功率大，数字电路难以胜任，更多应用 PLC 进行控制。以下将介绍 PLC 在不同变化类型的彩灯控制中的应用，灯的亮灭、闪烁时间及流动方向的控制均通过 PLC 来完成。如图 6—1 的几款彩灯。

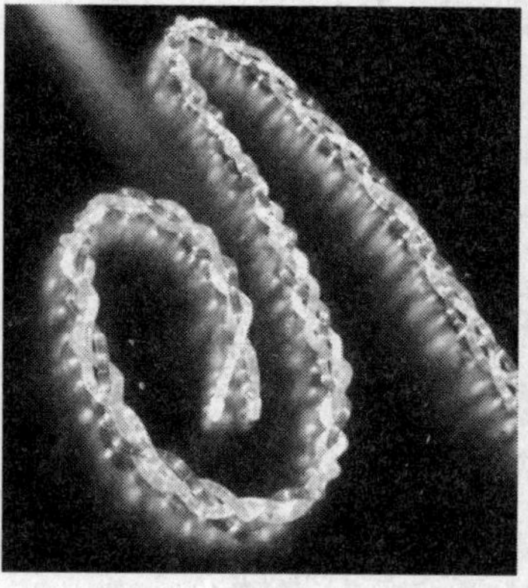

图 6—1　彩灯控制系统

在实际生活中，应用彩灯进行装饰时，有些场合要求彩灯有多种运行方式可供选择。由于 PLC 指令系统中预先设置了一些功能指令，使得应用 PLC 进行彩灯控制显得尤为方便。下面通过彩灯追灯控制系统来学习移位、数据传送等简单的功能指令。

项目要求：

现有 HL1～HL8 共 8 盏霓虹灯，要求按下启动按钮后，系统开始工作，工作方式如下：

(1) 按下启动按钮后，霓虹灯 HL1～HL8 以正序（从左到右）每隔 1 s 依次点亮。

(2) 当第八盏霓虹灯 HL8 点亮后，再反向逆序（从右到左）每隔 1 s 依次点亮。

(3) 当第一盏霓虹灯 HL1 再次点亮后，重复循环上述过程。

(4) 当按下停止按钮后，霓虹灯控制系统停止工作。

八盏霓虹灯依次点亮的控制，可用基本指令编写，但是由于程序步数较长，编写过于烦琐。本项目内容主要介绍一种通过移位及传送两条应用指令控制的步数简短的八盏霓虹灯控制系统。

一、位元件、字元件和位组合元件

输入继电器 X、输出继电器 Y、辅助继电器 M 以及状态继电器 S 等编程元件在 PLC 内部反映的是“位”的变化，主要用于开关量信息的传递、变换及逻辑处理，称为“位元件”。而在 PLC 内部，由于应用指令的引入，需要进行大量的数据处理，因而需要设置大量的用于存储数值的软元件，这些元件大多以存储器字节或者字为存储单位，所以人们将这些能处理数值数据的元件统称为“字元件”。

位组合元件是一种字元件。在 PLC 中，人们常希望能直接使用十进制数据。为此，FX 系列 PLC 中使用 4 位 BCD 码表示一位十进制数据，由此产生了位组合元件，它将 4 位位元件成组使用。位组合元件在输入继电器、输出继电器及辅助继电器中都有应用。位组合元件的表达方式为 KnX、KnY、KnM、KnS 等形式，式中 Kn 指有 n 组这样的数据。如 KnX000 表示位组合元件是由从 X000 开始的 n 组位元件组合。若 n 为 1，则 K1X000 是指 X003、X002、X001、X000、四位输入继电器组合；若 n 为 2，则 K2X000 是指 X007～X000 八位输入继电器组合；若 n 为 4，则 K4X000 是指 X017～X010、X007～X000 十六位输入继电器组合。

二、数据寄存器（D）

数据寄存器（D）是用来存储数值数据的字元件，其数值可以通过应用指令、数据存取单元（显示器）及编程装置读出与写入。FX 系列 PLC 的数据寄存器容量为双字节（16 位），而且最高位为符号位，也可以把两个寄存器合并起来存放一个四字节（32 位）的数据，最高位仍为符号位。最高位为 0，表示正数；最高位为 1，表示负数。

FX 系列 PLC 的数据寄存器分为以下四类：

1. 通用数据寄存器　D0～D199（200 点）

存放在该类数据寄存器中的数据，只要不写入其他数据，其内容保持不变。它具有易失性，当 PLC 由运行状态（RUN）转为停止状态（STOP）时，该类数据寄存器的数据均为 0。当特殊辅助继电器 M8033 置 1 时，PLC 由运行状态（RUN）转为停止状态（STOP）时，数据可以保持。

2. 失电保持数据寄存器　D200～D511（256 点）

与通用数据寄存器一样，除非改写，否则原有数据不会变化。它与通用数据寄存器不同的是，无论电源是否掉电，PLC 运行与否，其内容不会变化，除非向其中写入新的数据。

需要注意的是，当两台 PLC 做点对点的通信时，D490～D509 用作通信。

3. 特殊数据寄存器　D8000～D8255（256 点）

这些数据寄存器供监控 PLC 中各种元件的运行方式。其内容在电源接通时，写入初始值（先全部清 0，然后由系统 ROM 安排写入初始值）。例如，D8000 所存警戒监视时钟的时间由系统 ROM 设定。需要改变时，用传送指令将目的时间送入 D8000。该值在 PLC 由运行状态（RUN）转为停止状态（STOP）保持不变。没有定义的数据寄存器请用户不要使用。

4. 文件数据寄存器　D1000～D2999（2000 点）

文件数据寄存器实际上是一类专用数据寄存器，用于存储大量的数据，例如采集数据、统计计算数据、多组控制参数等。其数值由 CPU 的监视软件决定，但可通过扩充存储器的方法加以扩充。

文件数据寄存器占用用户程序存储器（EPROM、E^2PROM）的一个存储区，以 500 点为一个单位，最多可在参数设置时设置 2000 点，用编程器可进行写入操作。

三、应用指令的格式

1. 应用指令与基本指令的比较

与基本指令不同，应用指令不是表达梯形图符号间的相互关系，而是直接表达指令的功能。FX 系列 PLC 在梯形图中使用功能框（中括号）表示应用指令。如图 6—2a 所示是应用指令梯形图示例。图中 M8002 的常开触点是应用指令的执行条件（工作条件），其后的方框（中括号）即为功能框。功能框中分栏表示指令的名称、相关数据或数据的存储地址。这种表达方式的优点是直观、易懂。如图 6—2a 所示指令的功能是：当 M8002 接通时，十进制常数 10 被送到输出继电器 Y000～Y003 中去，相当于如图 6—2b 的用基本指令实现的程序。可见，完成同样任务，用应用指令编写的程序要简练得多。

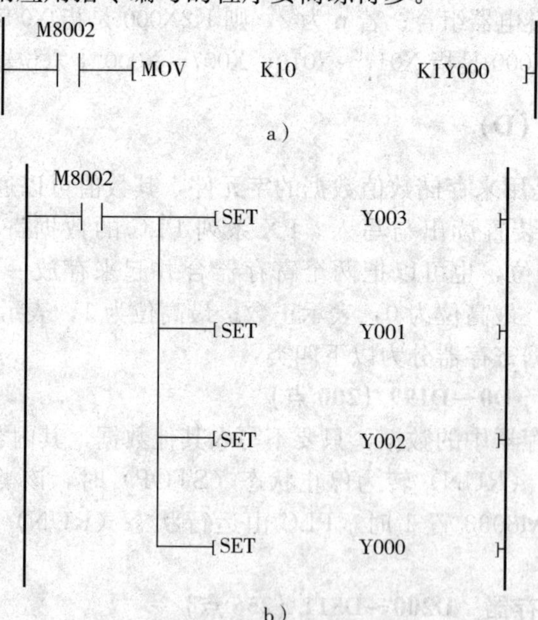

图 6—2　用应用指令与基本指令实现同一任务的比较

a）应用指令　b）基本指令

2. 应用指令格式

(1) 编号

应用指令用编号 FNC00～FNC294 表示，并给出对应的助记符。例如 FNC12 的助记符是 MOV（传送），FNC45 的助记符是 MEAN（求平均数）。在使用简易编程器时应键入编号，如 FNC12、FNC45 等，若使用编程软件应键入助记符，如 MOV、MEAN 等。

(2) 助记符

指令名称用助记符表示，应用指令的助记符为该指令的英文缩写词。如传送指令"MOVE"简写为 MOV，加法指令"ADDITION"简写为 ADD 等，采用这种方式容易了解指令功能。如图 6—3 所示的梯形图中的助记符为 MOV、DMOVP，其中 DMOVP 中的"D"表示数据长度，"P"表示执行形式。

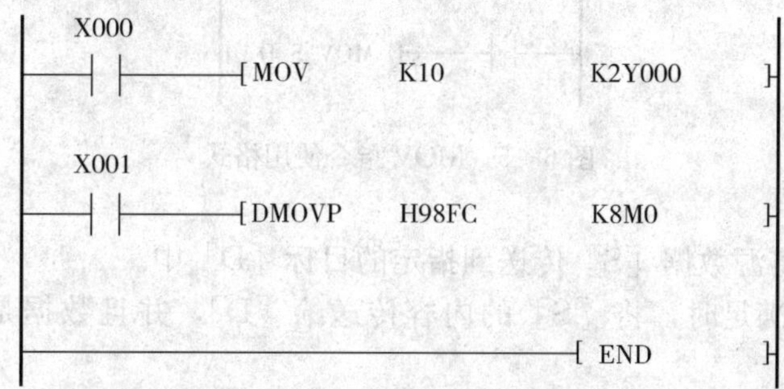

图 6—3　说明助记符的梯形图

(3) 数据长度

应用指令按处理数据的长度分为 16 位指令和 32 位指令。其中 32 位指令在助记符前加"D"，若助记符前无"D"的为 16 位指令，例如 MOV 是 16 位指令，DMOV 是 32 位指令。

(4) 执行形式

应用指令有脉冲执行型和连续执行型两种形式。在指令助记符后标有"P"的为脉冲执行型，无"P"的为连续执行型。例如：MOV 是连续执行型 16 位指令，MOVP 为脉冲执行型 16 位指令，而 DMOVP 为脉冲执行型 32 位指令。脉冲执行型指令在执行条件满足时仅执行一个扫描周期，这点对数据处理有很重要的意义。例如，一条加法指令，在脉冲执行时，只将加数和被加数做一次加法运算。而连续执行型加法运算指令在执行条件满足时，每一个扫描周期都要相加一次。

(5) 操作数

操作数是指应用指令涉及或产生的数据。大多数应用指令有 1～4 个操作数，也有的应用指令没有操作数。操作数分为源操作数、目标操作数及其他操作数。源操作数是指令执行后不改变其内容的操作数，用 [S] 表示。目标操作数是指令执行后改变其内容的操作数，用 [D] 表示。m 与 n 表示其他操作数。其他操作数常用来表示常数或者对源操作数和目标操作数作出补充说明。表示常数时，K 为十进制常数，H 为十六进制常数。某种操作数为多个时，可用下标数码区别，如 [S1]、[S2]。

操作数从根本上来说，是参加运算数据的地址。地址是依元件的类型分布在存储区中的。由于不同指令对参与操作的元件类型有一定限制，因此，操作数的取值就有一定的范围。正确地选取操作数类型，对正确使用指令有很重要的意义。

应用指令的格式如图 6—4 所示。

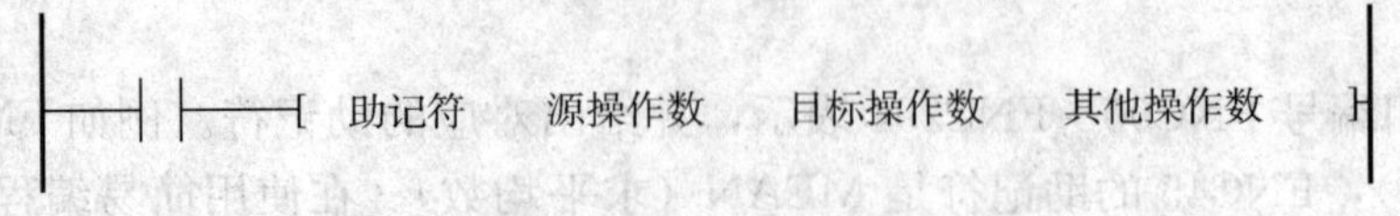

图 6—4 应用指令的格式

四、传送指令（MOV）

1. 指令功能

指令 MOV 为传送指令，其使用格式如图 6—5 所示。

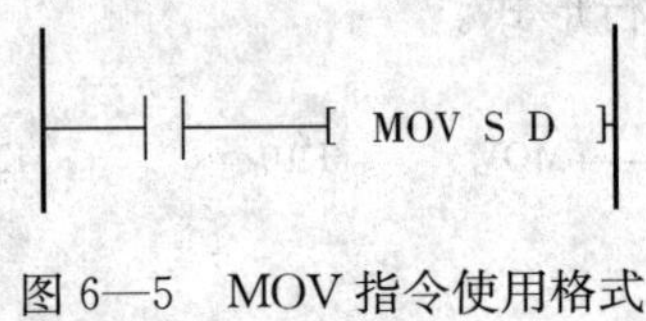

图 6—5 MOV 指令使用格式

说明：

（1）MOV 指令将源数据［S］传送到指定的目标［D］中。

（2）当执行条件满足时，将［S］的内容传送给［D］，并且数据是以二进制格式传送的。

（3）源操作数［S］的形式可以为：K，H，KnX，KnY，KnM，KnS，T，C，D，V，Z。

（4）在指令前加“D”表示传送 32 位指令，在指令后加“P”表示指令为脉冲执行型。

2. 编程实例

（1）编程实例一

如图 6—6 所示，当 X000＝OFF 时，MOV 指令不执行，D1 中的内容保持不变；当 X000＝ON 时，MOV 指令将 K50 传送到 D1 中去。

图 6—6 MOV 指令编程实例一

（2）编程实例二

定时器、计数器设定值也可以由 MOV 间接指定，如图 6—7 所示，T0 的设定值为 50。

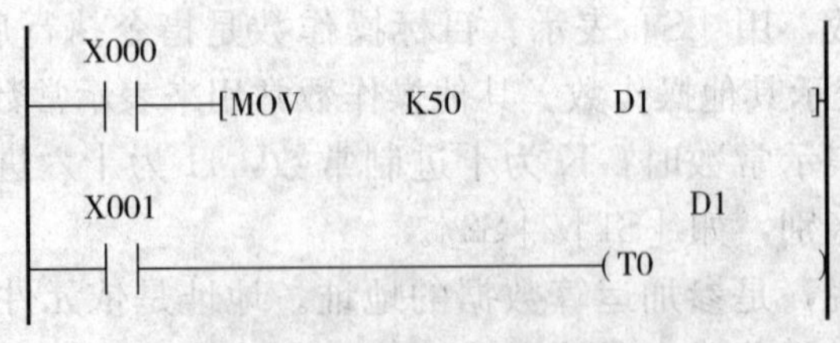

图 6—7 MOV 指令编程实例二

（3）编程实例三

定时器、计数器的当前值读出，格式如图 6—8 所示，当 X000＝ON 时，T0 的当前值被读出到 D1 中

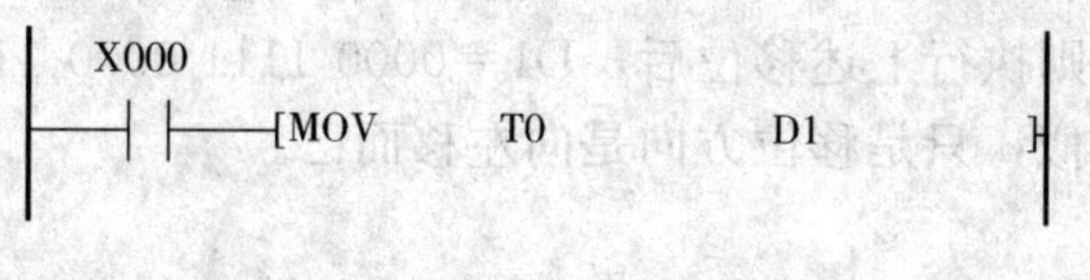

图 6—8　MOV 指令编程实例三

（4）编程实例四

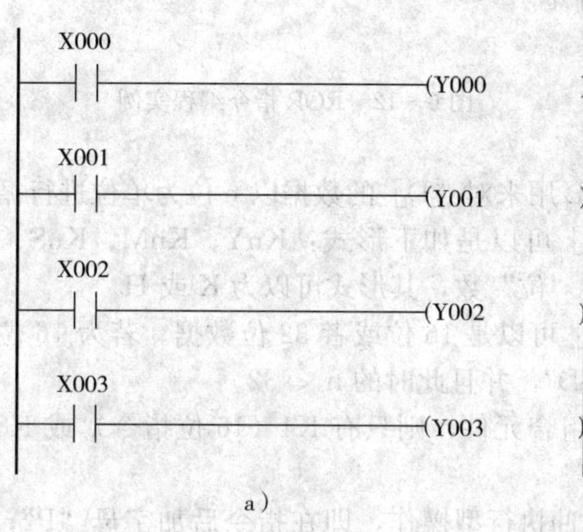

a）

M8000　[MOV　K1X000　K1Y000]

b）

图 6—9　MOV 指令编程实例四

a）用基本指令实现　b）用 MOV 指令实现

如图 6—9a 所示的回路传送基本指令编程也可用如图 6—9b 所示的 MOV 指令编程来完成。

五、循环移位指令（ROR、ROL）

1. 指令功能

指令 ROR、ROL 分别为循环右移、循环左移移位指令，其使用格式如图 6—10 和图 6—11 所示。

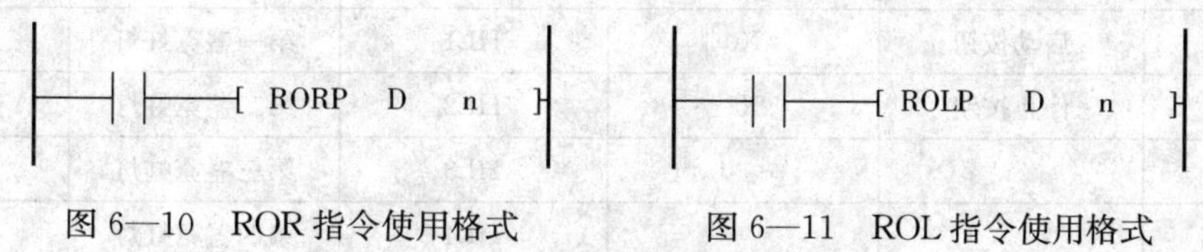

图 6—10　ROR 指令使用格式　　图 6—11　ROL 指令使用格式

2. 编程实例

在如图 6—12 所示的梯形图中，当 X002 的状态由 OFF 变为 ON 一次，D1 中的 16 位数据往右移 4 位，并将最后一位从最右位移出的状态送入进位标识位（M8002）中。若 D1＝1111 0000 1111 0000，则执行上述移位后，D1＝0000 1111 0000 1111，M8002＝0。循环左移的功能与循环右移类似，只是移位方向是向左移而已。

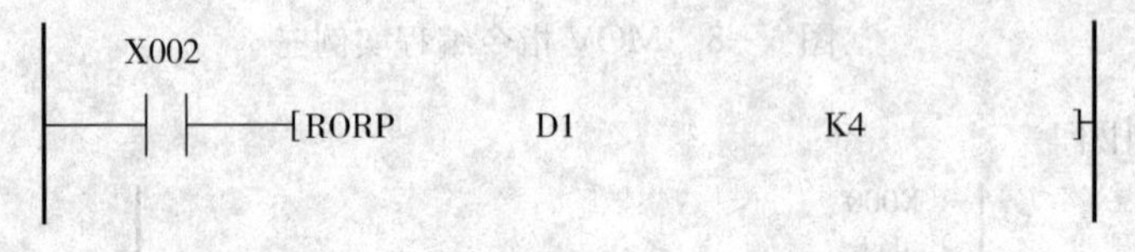

图 6—12　ROR 指令编程实例

3. 指令使用说明

(1) 指令 ROR、ROL 用来对［D］的数据以 n 位为单位进行循环右移、左移。

(2) 目标操作数［D］可以是如下形式：KnY、KnM、KnS、T、C、D、V、Z；操作数 n 用来指定每次移位的“位”数，其形式可以为 K 或 H。

(3) 目标操作数［D］可以是 16 位或者 32 位数据。若为 16 位操作，n < 16，若为 32 位操作，需在指令前加“D”，并且此时的 n < 32。

(4) 若［D］使用位组合元件，则只有 K4（16 位指令）或 K8（32 位指令）有效，即形式如 K4Y10，K8M0 等。

(5) 指令通常使用脉冲执行型操作，即在指令后加字母“P”；若连续执行，则循环移位操作每个周期都执行一次。

一、通过对本项目控制要求分析，分配输入点和输出点，写出 I/O 通道地址分配表

根据上述控制要求，可确定 PLC 需要 2 个输入点，8 个输出点，其 I/O 通道分配表见表 6—1。

表 6—1　I/O 通道地址分配表

输入			输出		
元件代号	作用	输入继电器	元件代号	作用	输出继电器
SB1	启动按钮	X0	HL1	第一盏霓虹灯	Y0
SB2	停止按钮	X1	HL2	第二盏霓虹灯	Y1
			HL3	第三盏霓虹灯	Y2
			HL4	第四盏霓虹灯	Y3

续表

输入			输出		
元件代号	作用	输入继电器	元件代号	作用	输出继电器
			HL5	第五盏霓虹灯	Y4
			HL6	第六盏霓虹灯	Y5
			HL7	第七盏霓虹灯	Y6
			HL8	第八盏霓虹灯	Y7

二、画出 PLC I/O 接线图

如图 6—13 所示。

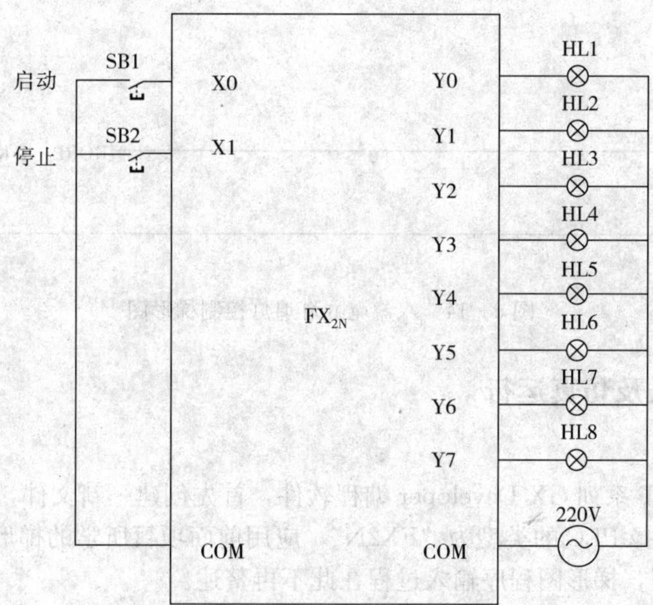

图 6—13　霓虹灯的 I/O 接线图

三、程序设计

根据 I/O 通道地址分配表及项目控制要求分析可知，当按下启动按钮 SB1 时，输入继电器 X001 接通，霓虹灯 HL1～HL8 以正序（从左到右）点亮，此时 Y007～Y000 的状态依次应该是 0000 0001，0000 0010，…，1000 0000，0000 0001，此操作可以使用循环左移指令实现。同样，逆序点亮可以使用循环右移指令来实现，最后设计出来的梯形图如图 6—14 所示。

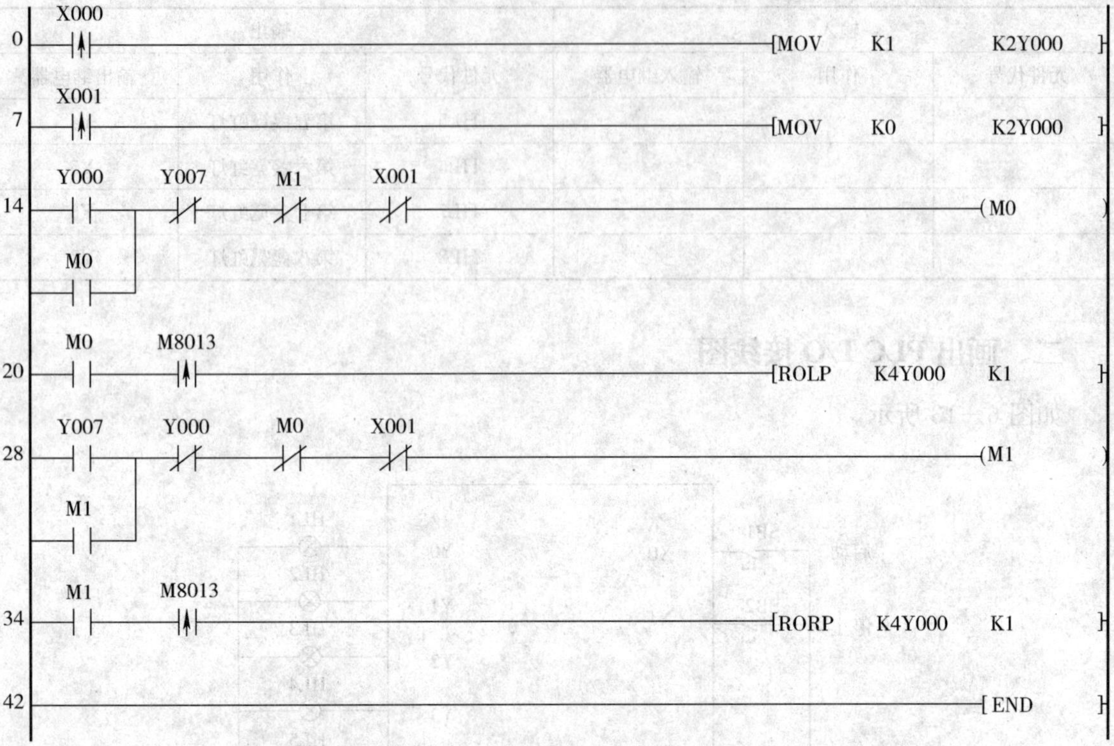

```
      X000
0   ──┤↑├──────────────────────────────────[MOV   K1     K2Y000 ]
      X001
7   ──┤↑├──────────────────────────────────[MOV   K0     K2Y000 ]
      Y000    Y007    M1      X001
14  ──┤ ├──┬──┤/├─────┤/├─────┤/├──────────────────────(M0      )
      M0   │
    ──┤ ├──┘
      M0      M8013
20  ──┤ ├─────┤↑├──────────────────────────[ROLP  K4Y000  K1     ]
      Y007    Y000    M0      X001
28  ──┤ ├──┬──┤/├─────┤/├─────┤/├──────────────────────(M1      )
      M1   │
    ──┤ ├──┘
      M1      M8013
34  ──┤ ├─────┤↑├──────────────────────────[RORP  K4Y000  K1     ]
42  ───────────────────────────────────────────────────[END     ]
```

图 6—14　八盏霓虹灯追灯控制梯形图

四、程序输入及仿真运行

1. 程序输入

启动 MELSOFT 系列 GX Developer 编程软件，首先创建一新文件，并命名为“八盏霓虹灯追灯控制”，选择 PLC 的类型为“FX2N”，应用前面项目所学的梯形图输入法，输入图 6—14 所示的梯形图，梯形图程序输入过程在此不再赘述。

2. 仿真运行

应用项目三所述的位元件逻辑测试方式进行仿真运行比较直观，仿真过程在此不再赘述。

3. 程序下载

(1) PLC 与计算机连接

使用专用通信电缆 RS—232/RS422 转换器将 PLC 的编程接口与计算机的 COM1 串口连接。

(2) 程序写入

首先接通系统电源，将 PLC 的 RUN/STOP 开关拨到“STOP”的位置，然后通过 MELSOFT 系列 GX Developer 软件中“PLC”菜单“在线”栏的“PLC 写入”，就可以把仿真成功的程序写入到 PLC 中。

五、线路安装与调试

（1）识读接线图

根据 I/O 接线图，在如图 6—15 所示模拟实物控制配线板上进行元件及线路安装。

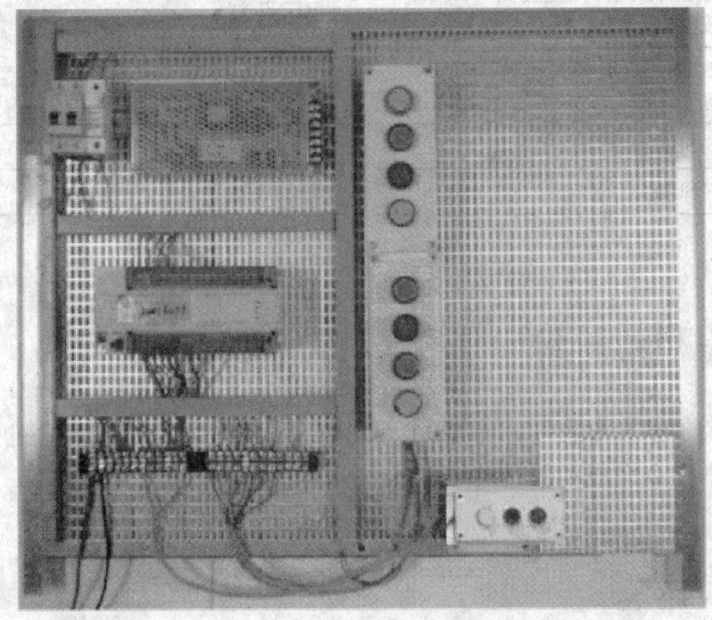

图 6—15　八盏霓虹灯控制系统模拟实物安装图

（2）安装电路

1）检查元器件。根据图 6—13 配齐元器件，检查元器件的规格是否符合要求，并用万用表检测元器件是否完好。

2）固定元器件。根据如图 6—15 所示固定好元器件。

3）配线安装。根据配线原则和工艺要求，参考如图 6—15 所示进行配线安装。

4）自检。对照接线图检查接线是否无误，再使用万用表检测电路的阻值是否与设计相符。

5）通电调试

①经自检无误后，在指导教师的指导下，方可通电调试。

②首先接通系统电源开关 QS，将 PLC 的 RUN/STOP 开关拨到“RUN”的位置，然后通过计算机上的 MELSOFT 系列 GX Developer 软件中的“监控/测试”监视程序的运行情况，再按照表 6—2 进行操作，观察系统运行情况并做好记录。如出现故障，应立即切断电源，分析原因、检查电路或梯形图，排除故障后，方可进行重新调试，直到系统功能调试成功为止。

表 6—2　　程序调试步骤及运行情况记录表

操作步骤	操作内容	观察内容	观察结果	思考内容
第一步	将仿真成功后的程序下载到 PLC 后，合上断路器 QS	“POWER”灯		理解 PLC 的工作过程
		所有的“IN”灯		
第二步	将 RUN/STOP 开关拨到“RUN”的位置	“RUN”灯		
第三步	将 RUN/STOP 开关拨到“STOP”的位置	“RUN”灯		
第四步	按下 SB1	霓虹灯 HL1～HL8		
第五步	按下 SB2			

1. 如果操作的不是 8 盏彩灯，而是 11 盏彩灯，试分析如何完成程序的编写。
2. 如何用基本指令完成本项目的编程？

一、理论知识拓展

1. 位左移、右移移位指令（SFTL、SFTR）

（1）指令功能

指令 SFTL、SFTR 分别表示位数据左移、右移指令，其使用格式如图 6—16 和图 6—17 所示。

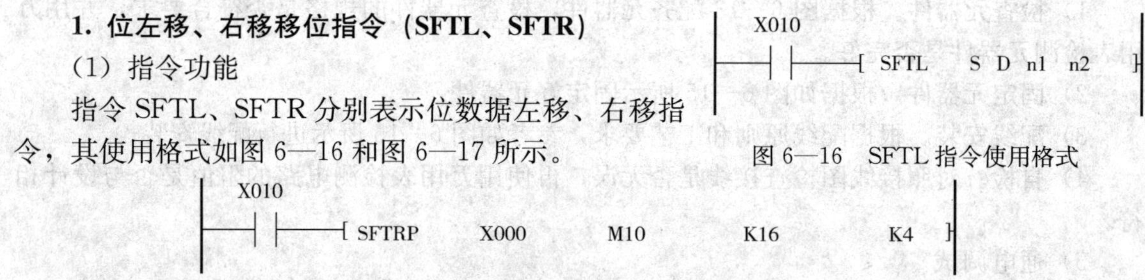

图 6—16　SFTL 指令使用格式

图 6—17　SFTR 指令编程实例

（2）编程实例

如图 6—18 所示位右移的梯形图，当 X010＝ON 时，由 M10 开始的 K16 位数据（即 M25～M10）向右移动 K4 位，移出的低 K4 位（M13～M10）溢出，空出的高 K4 位（M25～M22）分别由 X000 开始的 K4 位数据（X003～X000）补充进去。若 M25～M10 的状态为 1100 1010 1100 0011，X003～X000 的状态为 0100，则 M25～M10 执行移位后的状态为 0100 1100 1010 1100。

如图 6—18 所示梯形图与如图 6—17 所示梯形图功能类似，只是移动方向为向左移动，不再赘述。

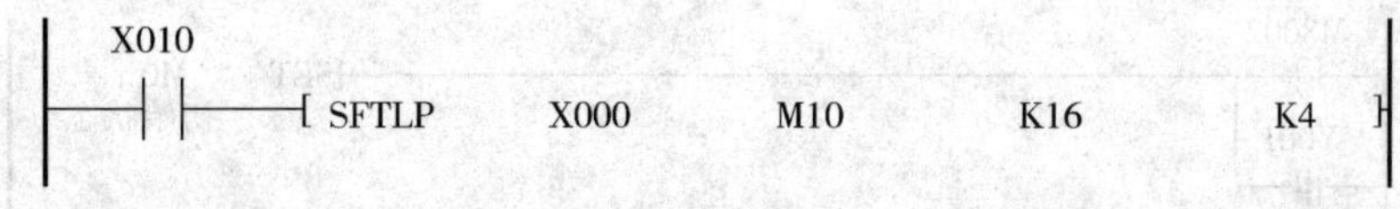

图 6—18　SFTL 指令编程实例

（3）指令使用说明

1）SFTL、SFTR 指令使位元件中的状态向左、向右移位。

2）源操作数［S］为数据位的起始位置，目标操作数［D］为移位数据位的起始位置，n1 指定位元件长度，n2 指定移位位数（n2 < n1 < 1024）。

3）源操作数［S］的形式可以为：X，Y，M，S；目标操作数［D］的形式可以为：Y，M，S；n1、n2 的形式可以为：K，H。

4）SFTL、SFTR 指令通常为脉冲执行型，即使用时在指令后加“P”；SFTL、SFTR 在执行条件的上升沿时执行；用连续指令时，其执行条件满足，则每个扫描周期执行一次。

2. 用左右移位指令实现状态切换

左右移位指令在步进顺控设计法中的应用移位指令可以实现不同状态的切换，下面以如图 6—19 所示的 SFC 来解释这种应用方法。

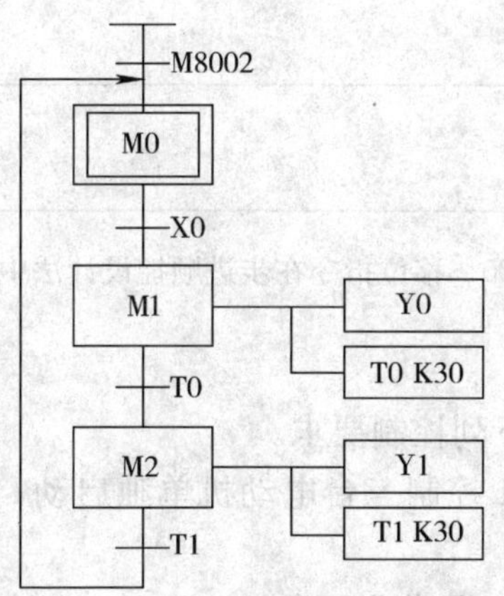

图 6—19　移位指令在步进顺控设计法中的应用 SFC

首先必须设置一个初始状态，可以用 SET 指令实现，如图 6—20 是通过 M8002 进行设置，另外在最后一个状态结束时也要对初始状态进行设置，图中是用 Y1 的下降沿。按照步进顺控设计法的转换规则，下一步若要激活，必须满足两个条件：前级步处于活动状态、相应转换条件满足，这两个条件也是移位的条件。所有的移位条件并联使用即可。上述是转换的处理，输出的处理与一般步进顺控设计法一样，有关步进顺控设计法的知识将在项目八中再详细叙述。本例最后的梯形图如图 6—20 所示。

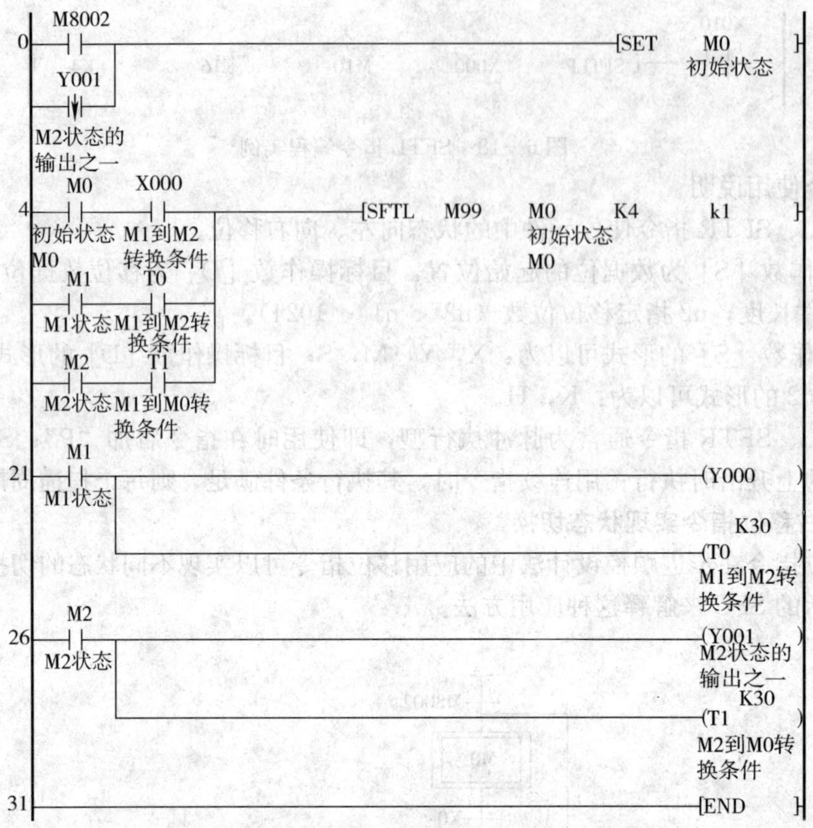

图 6—20　移位指令在步进顺控设计法中的应用

二、技能拓展

试用 SFTL 移位指令实现下列控制要求。

控制要求：用一只按钮 SB1 控制三台电动机单独启动，用另一只按钮 SB2 控制三台电动机单独停止。

1. 根据控制要求，列出 I/O 通道分配表

I/O 通道分配表见表 6—3。

表 6—3　　输入输出地址表

输入信号			输出信号		
名称	代号	输入点编号	输出点编号	代号	名称
启动按钮	SB1	X0	Y1	KM1	接触器（M1）
停止按钮	SB2	X1	Y2	KM2	接触器（M2）
			Y3	KM3	接触器（M3）

2. 画出 PLC 接线图（I/O 接线图）

PLC 接线图如图 6—21 所示。

3. 画出梯形图

梯形图如图 6—22 所示。

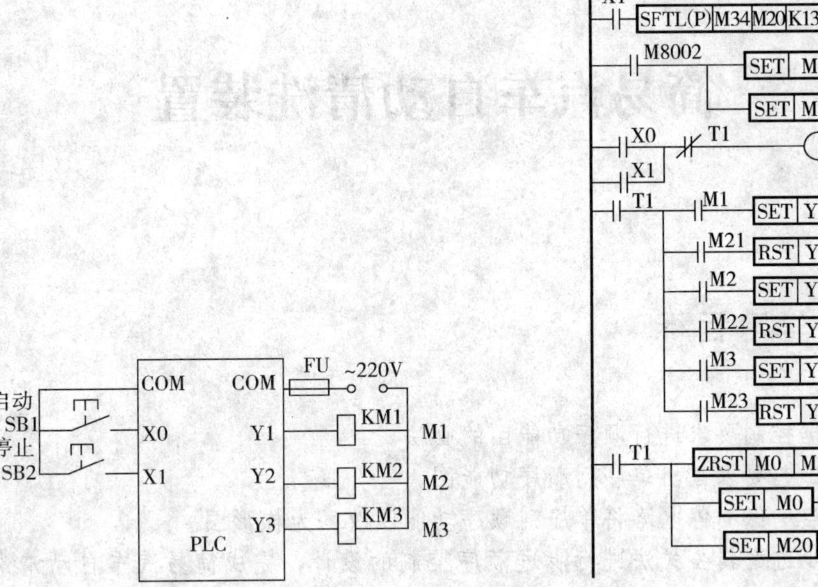

图 6—21　接线图

图 6—22　梯形图

PLC 开机运行后，M8002 使 M0 和 M20 置位为 1。要启动第一台电动机，按下启动按钮 SB1，并持续 1 s 以上，X0 闭合，SFTL 指令将 M0 的 1 状态移位到 M1 中，M1 常开触点闭合。按下 SB1 的同时，定时器 T1 开始定时，1 s 后，T1 常开触点闭合。T1 和 M1 常开触点都闭合后，SET Y1 指令使 Y1 置位，Y1 输出信号使第一台电动机启动。电动机启动后，ZRST 指令使 M0～M37 都复位，并使 M0 和 M20 置位，为启动下一台电动机做准备。

要启动第二台电动机，按启动按钮 SB1 两种，使 M0 位的 1 状态被移位到 M2 中，但第二次按下 SB1 时，持续时间应在 1 s 以上，使 T1 常开触点闭合。T1 和 M2 常开触点闭合后，SET Y2 指令使 Y2 置位，Y2 输出信号使第二台电动机启动。

同理，按启动按钮 SB1 三次，则第三台电动机启动。三台电动机的启动顺序可以任意选择。

如果三台电动机都已启动运行，按停止按钮 SB2 一次，并持续 1 s 以上，则第一台电动机停止运行；按 SB2 两次，第二次按下 SB2 时，持续时间在 1 s 以上，第二台电动机停止运行。三台电动机停止顺序也可以任意选择。

4. 程序输入及仿真运行

将如图 6—22 所示的梯形图通过 MELSOFT 系列 GX Developer 软件输入程序，并仿真运行。

项目七

简易汽车自动清洗装置

学习目标

1. 掌握根据控制要求进行顺序功能图的画法。
2. 能根据工艺要求画出单序列顺序功能图。
3. 能利用启—保—停电路将单序列顺序功能图改画为梯形图。
4. 能利用步进逻辑公式法进行步进顺序控制的设计，完成简易汽车自动清洗装置控制电路的设计、调试。

项目任务

工业自动清洗机是工业现场一种重要的工业设备，之前，该种系统基本是通过继电器等元器件组成的，现在改进为由 PLC 控制的系统，系统的性能更先进，稳定性更好，系统的进一步改造也更加的方便。如图 7—1 所示为一简易的汽车自动清洗装置场景图。该装置的工作过程流程图如图 7—2 所示。

图 7—1　汽车自动清洗装置场景图

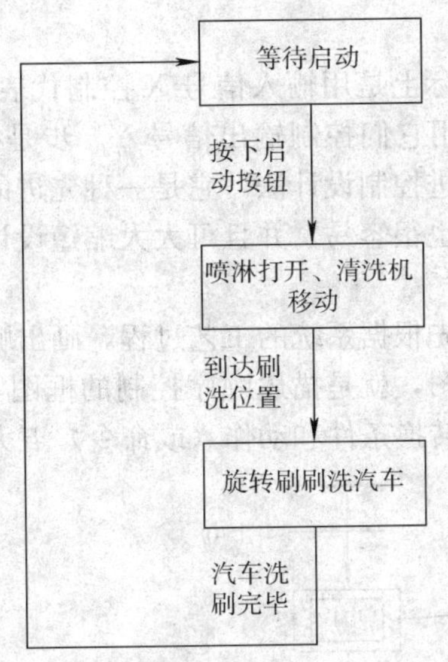

图 7—2　汽车自动清洗装置工作过程流程图

项目控制要求：

车停在洗车机的输送轨道上，输送轨道带动汽车边走边洗。洗车时汽车可以不断进入洗车。按下启动按钮，喷淋阀门打开，同时清洗机开始移动。当检测到汽车到达刷洗位置时，气动阀旋转刷刷洗汽车。当检测到汽车离开清洗机时，清洗机停止移动，刷子停止旋转，喷淋阀门关闭。当按下停止按钮，汽车清洗机停止工作。

本项目的主要任务就是应用顺序控制设计法中的单序列结构的基本指令编程方法，完成可实现上述控制要求的汽车自动清洗装置的 PLC 控制系统。

编程的基本知识：

1. 顺序控制设计法

在前面各项目中的梯形图设计方法一般可称为经验设计法，经验设计法实际上是用输入信号 X 直接控制输出信号 Y，如果无法直接控制或为了解决联锁和互锁功能，只好被动地增加一些辅助元件和辅助触点。由于各系统输出量 Y 与输入量 X 之间的关系和对联锁、互锁的要求千变万化，所以有时候设计起来难以得心应手。

对于本项目，其工作过程是按一定的顺序在进行。对于这些按流程作业的控制系统而言，一般都包含若干个状态（各个状态称为工序），当条件满足时，系统能够从一种状态转移到另一种状态，这种控制称为顺序控制，对应的系统则称为顺序控制系统。顺序控制系统就是按照生产工艺预先规定的顺序，在各个输入信号的作用下，根据内部状态和时间的顺序，使生产过程中各个执行机构自动而有序地进行工作。从图 7—2 可以看出，该工作过程分解成若干个状态，各状态的任务明确而具体，各状态间的联系清楚，能清晰地反映整个控制过程。对于这种工作任务符合一定顺序的项目，可采用一种比经验设计法更简单通用的设计方法——顺序控制设计法。

总之，顺序控制设计法实际上是用输入信号 X 控制代表各步的编程元件（例如辅助继电器 M 和状态继电器 S），再用它们控制输出信号 Y。步是根据输出信号 Y 的状态来划分的。顺序控制设计法又称为步进控制设计法，它是一种先进的设计方法，很容易被初学者接受，程序的调试、修改和阅读也很容易，并且可大大缩短设计周期，提高设计效率。

2. 顺序功能图的组成要素

使用顺序控制设计法时首先根据系统的工艺过程，画出顺序功能图，然后根据顺序功能图画出梯形图。所谓顺序功能图，就是描述顺序控制的框图，如图 7—2 所示。顺序功能图主要由步、有向连线、转换、转换条件和动作（或命令）五大要素组成，如图 7—3 所示。

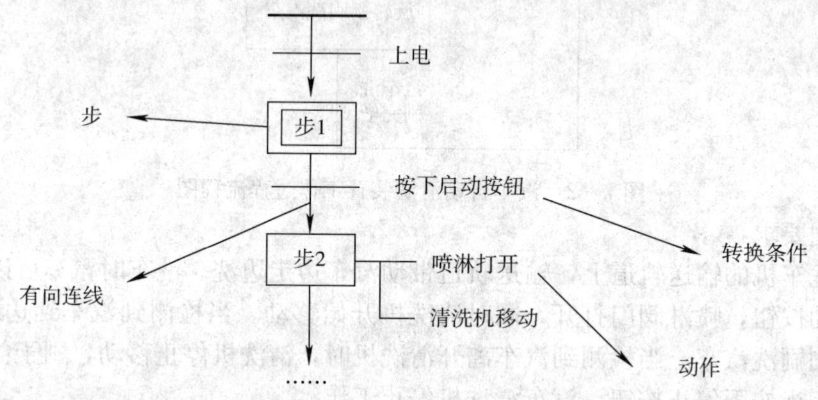

图 7—3　顺序功能图的组成要素

（1）步及其划分

顺序控制设计法最基本的思想是分析被控对象的工作过程及控制要求，根据控制系统输出状态的变化将系统的一个工作周期划分为若干个顺序相连的阶段，这些阶段就称为步，可以用编程元件（例如辅助继电器 M 和状态继电器 S）来代表各步。步是根据 PLC 输出量的状态变化来划分的，在每一步内，各输出量的 ON/OFF 状态均保持不变。只要系统的输出量状态发生变化，系统就从原来的步进入新的步。

总之，步的划分应以 PLC 输出量状态的变化来划分。如果 PLC 输出状态没有变化，就不存在程序的变化，步的这种划分方法使代表各步的编程元件的状态与各输出量的状态之间有着极为简单的逻辑关系。

1）初始步。与系统的初始状态相对应的步称为初始步，初始状态一般是系统等待启动命令的相对静止的状态。初始步用双线框表示，每一个顺序功能图至少应该有一个初始步。

2）活动步。当系统处于某一步所在的阶段时，该步处于活动状态，称该步为活动步。步处于活动状态时，相应的动作被执行。如图 7—4 所示，根据控制要求，分析简易汽车自动清洗装置工作过程，可得出其一个工作周期可以分为喷淋打开、清洗机移动（M1），旋转刷刷洗汽车（M2）2 个工作步，另外还有等待启动的初始步（M0）。

（2）与步对应的动作（或命令）

在某一步中要完成某些“动作”，“动作”是指某步活动时，PLC 向被控系统发出的命令，或被控系统应执行的动作。动作用矩形框中的文字或符号表示，该矩形框应与相应步的

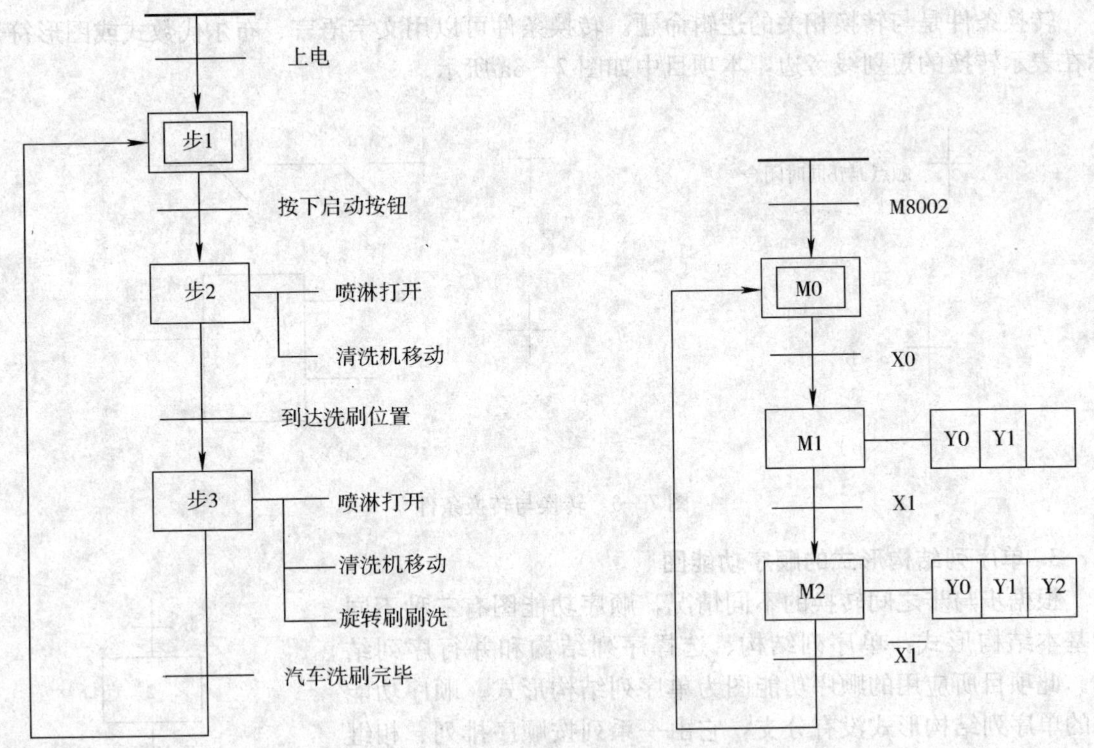

图 7—4　简易汽车自动清洗装置顺序功能图

矩形框相连接。如果某一步有几个动作，可以用图 7—5 中的两种画法来表示，但是并不隐含这些动作之间的任何顺序。

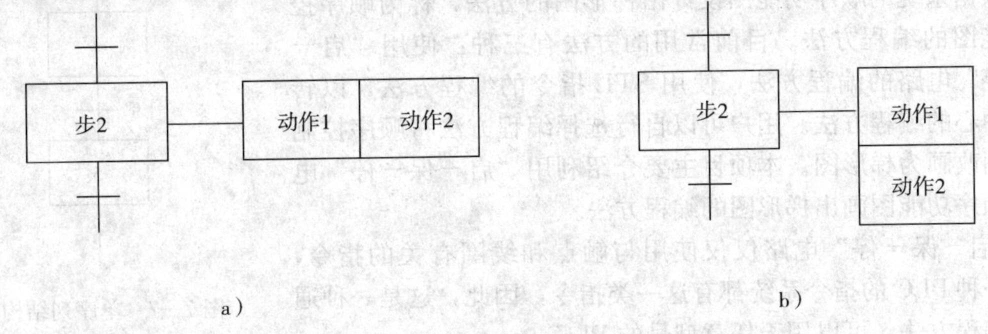

图 7—5　多个动作的表示方法

a）画法一　b）画法二

（3）有向连线、转换和转换条件

步与步之间用有向连线连接，并且用转换将步分隔开。步的活动状态进展是按有向连线规定的路线进行。有向连线上无箭头标注时，其进展方向是从上而下、从左到右。如果不是上述方向，应在有向连线上用箭头注明方向。

在顺序功能图中，步的活动状态的进展是由转换来实现的。转换的实现必须同时满足两个条件：①该转换所有的前级步都是活动步；②相应的转换条件得到满足。

转换是用与有向连线垂直的短画线来表示，步与步之间不允许直接相连，必须有转换隔开，而转换与转换之间也同样不能直接相连，必须有步隔开。

转换条件是与转换相关的逻辑命题。转换条件可以用文字语言、布尔代数式或图形符号标在表示转换的短划线旁边，本项目中如图 7—6a 所示。

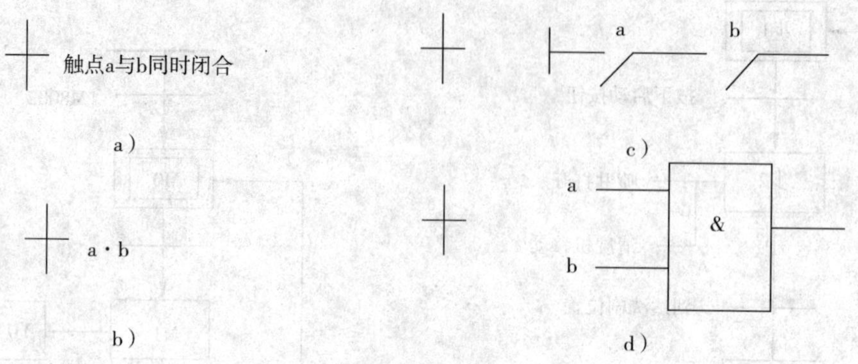

图 7—6　转换与转换条件

3. 单序列结构形式的顺序功能图

根据步与步之间转换的不同情况，顺序功能图有三种不同的基本结构形式：单序列结构、选择序列结构和并行序列结构。此项目所应用的顺序功能图为单序列结构形式。顺序功能图的单序列结构形式没有分支，它由一系列按顺序排列、相继激活的步组成。每一步的后面只有一个转换，每一个转换后面只有一步，如图 7—7 所示。

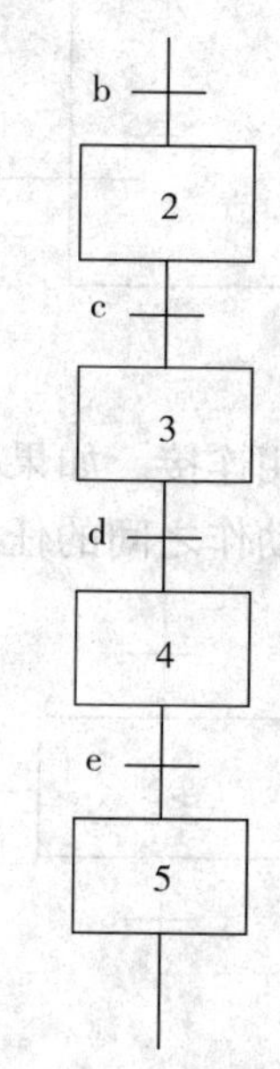

图 7—7　单序列结构

4. 用“启一保一停”电路实现的单序列的编程方法

根据系统的顺序功能图设计出梯形图的方法，称为顺序控制功能图的编程方法。目前常用的方法有三种：使用“启一保一停”电路的编程方法，使用 STL 指令的编程方法，以转换为中心的编程方法。用户可以自行选择编程方法将顺序控制功能图改画为梯形图。本项目主要介绍利用“启一保一停”电路由顺序功能图画出梯形图的编程方法。

“启一保一停”电路仅仅使用与触点和线圈有关的指令，任何一种 PLC 的指令系统都有这一类指令，因此，这是一种通用的编程方法，可以用于任意型号的 PLC。

利用“启一保一停”电路由顺序功能图画出梯形图，要从步的处理和输出电路两方面来考虑。

（1）步的处理

用辅助继电器 M 来代表步，某一步为活动步时，对应的辅助继电器为 ON，某一转换实现时，该转换的后续步变为活动步，前级步为不活动步。由于很多转换条件都是短信号，即它存在的时间比它激活后续步为活动步的时间短，因此，应使用有记忆（或保持）功能的电路（如“启一保一停”电路和置位/复位组成的电路）来控制代表步的辅助继电器。

如图 7—8 所示的步 M_{i-1}、M_i、M_{i+1} 是顺序功能图中顺序连接的 3 步，X_i 是步 M_i 之前的转换条件。设计“启一保一停”电路的关键是找出它的启动条件和停止条件。转换实现的条件是它的前级步为活动步，并且满足相应的转换条件，所以 M_i 变为活动步的条件是它的前级步 M_{i-1}为活动步，且转换条件 $X_i=1$。在“启－保－停”电路中，则应将前级步 M_{i-1}和转换条件 X_i 对应的常开触点串联，作为控制 M_i 的启动电路。

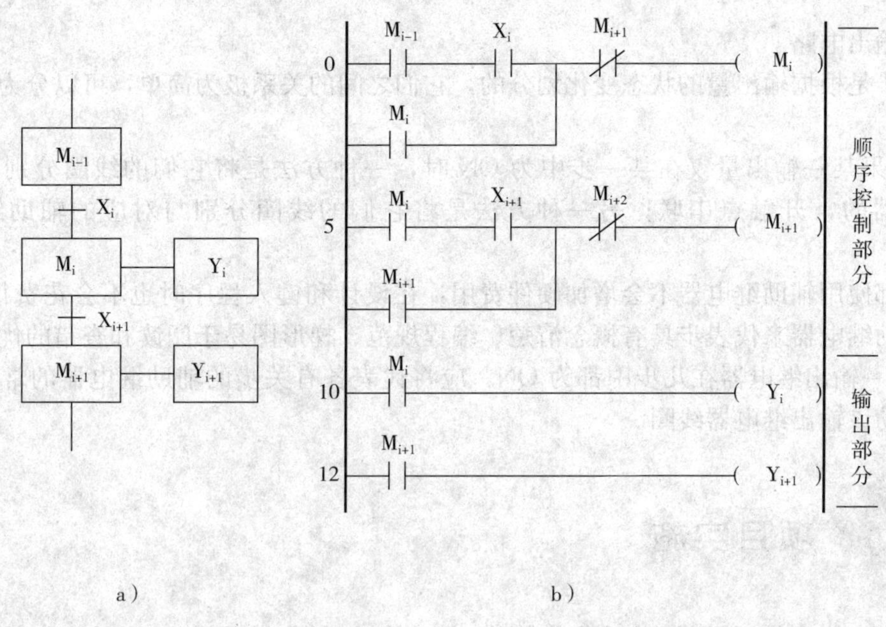

图 7—8　使用“启－保－停”电路的编程方法

a）顺序功能图　b）梯形图

当 M_i 和 X_{i+1}均为 ON 时，步 M_{i+1}变为活动步，这时步 M_i 应变为不活动步，因此，可以将 $M_{i+1}=1$ 作为使辅助继电器 M_i 变为 OFF 的条件，即将后续步 M_{i+1}的常闭触点与 M_i 线圈串联，作为“启－保－停”电路的停止电路。

如图 7—8 所示的梯形图也可以用逻辑代数式来表示，在列出每个程序步的逻辑代数式后，再利用“启－保－停”电路，通过 PLC 的基本指令，画出每个程序步的梯形图。列出每个程序步的逻辑代数式后，再利用“启－保－停”电路，通过 PLC 的基本指令，画出每个程序步的梯形图的设计方法叫做步进逻辑公式设计法。下面介绍这种方法的应用。

1）步进逻辑公式。对于比较复杂的生产工艺要求，每个程序步之间都存在着如下关系：

每个程序步都随前一步压动行程开关或按下按钮（转换条件）产生，每一步的消失都随后一步的出现而消失。假设，i 表示第 i 程序步（本步），i－1 表示第 i－1 程序步（前一步），i＋1 表示第 i＋1 程序步（后一步），M 表示辅助继电器的线圈或触点。用逻辑代数书写时，M_i 在等号的左端出现表示线圈符号，M_i 在等号的右端出现表示触点符号。

第 i 程序步用逻辑代数书写的过程为：

每一步 M_i 的产生都是由前一步压动行程开关或按下按钮（转换条件）X_i 产生，则 $M_i=X_i\times M_{i-1}$。

产生后应该有一段时间区域保持不变，故应该有自保（自锁），则 $M_i=X_i\times M_{i-1}+M_i$。

每一步的消失都是随后一步的出现而消失 $M_i=(X_i\times M_{i-1}+M_i)\overline{M}_{i+1}$。

此公式就是以后我们经常使用的步进逻辑公式。

2）步进逻辑公式的使用方法。公式 $M_i=(X_i\times M_{i-1}+M)\overline{M}_{i+1}$，表示方法简单，不但容易记忆而且使用方便。其使用方法是：先把运行轨迹分成若干步并定义转步信号（位置检测信号）；套用步进公式写出控制电路的逻辑代数方程组，并通过“启一保一停”电路，绘出其梯形图。

（2）输出电路

由于步是根据输出量的状态变化划分的，它们之间的关系极为简单，可以分为两种情况来处理：

1）如果某一输出量仅在某一步中为 ON 时，一种方法是将它们的线圈分别与对应的辅助继电器的常开触点串联；另一种方法是将它们的线圈分别与对应的辅助继电器并联。

此处都使用辅助继电器不会增加硬件费用，在设计和键入程序时也不会花费很多时间。全部用辅助继电器来代表步具有概念清楚、编程规范、梯形图易于阅读和查错的优点。

2）某一输出继电器在几步中都为 ON，应将代表各有关步的辅助继电器的常开触点并联后，驱动该输出继电器线圈。

项目实施

一、通过对本项目控制要求分析，分配输入点和输出点，写出 I/O 通道地址分配表

根据上述控制要求，可确定 PLC 需要 3 个输入点，3 个输出点，其 I/O 通道分配表见表 7—1。

表 7—1　I/O 通道地址分配表

输入			输出		
元件代号	作用	输入继电器	元件代号	作用	输出继电器
SB1	启动按钮	X0	YV	喷淋阀门	Y0
SQ	位置检测开关（传感器）	X1	KM1	清洗机移动	Y1
SB2	停止按钮	X2	KM2	清洗刷刷洗	Y2

二、画出 PLC 接线图（I/O 接线图）

PLC 接线图如图 7—9 所示。

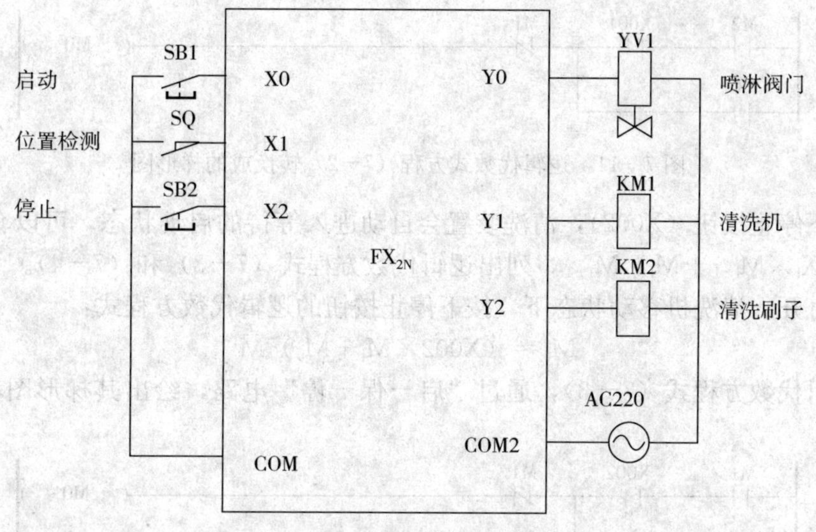

图 7—9　汽车清洗装置的 I/O 接线图

三、程序设计

根据 I/O 通道地址分配表及上述知识平台中项目控制要求分析，利用逻辑代数式，并通过“启一保一停”电路，绘出其梯形图。

1. 第一程序步

汽车自动清洗装置在清洗汽车前首先处于等待启动第一程序步（M0），这一程序可以从以下情况进行分析：

第一种情况，在汽车自动清洗装置的输送机上，没有任何一辆汽车，清洗装置的等待启动状态，可以通过 M 8002 的脉冲指令作为输入信号，套用步进逻辑公式 $M_i=(X_i \times M_{i-1}+M_i)\overline{M}_{i+1}$，可列出逻辑代数方程式（7—1）。

$$M_0=(M8002+M_0)\overline{M}_1 \tag{7—1}$$

根据逻辑代数方程式（7—1），通过“启一保一停”电路，绘出其梯形图，如图 7—10 所示。

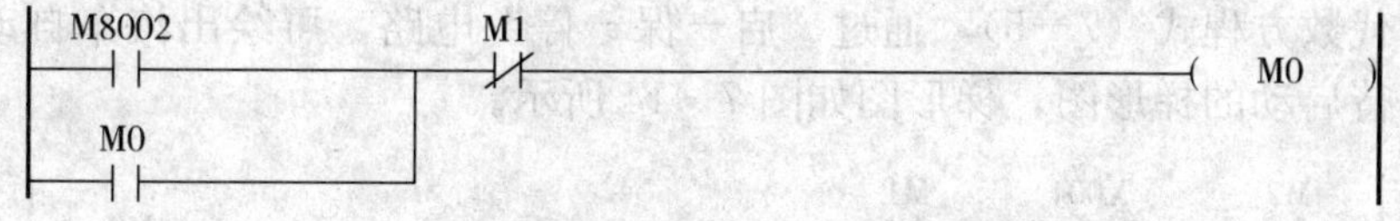

图 7—10　逻辑代数方程式（1）转换成的梯形图

第二种情况，在汽车自动清洗装置的输送机上，刚洗完一辆汽车，汽车位置检测（传感器）X001 检测到洗车完毕，清洗装置自动进入等待的启动状态，可以套用步进逻辑公式 $M_i=(X_i \times M_{i-1}+M)\overline{M}_{i+1}$，列出逻辑代数方程式（7—2）。

$$M_0=(\overline{X}001 \times M_2+M_0)\overline{M}_1 \tag{7—2}$$

根据逻辑代数方程式（7—2），通过“启一保一停”电路，绘出其梯形图，如图 7—11 所示。

第三种情况，在汽车自动清洗装置的输送机上，正在清洗一辆汽车，无论在何种状态

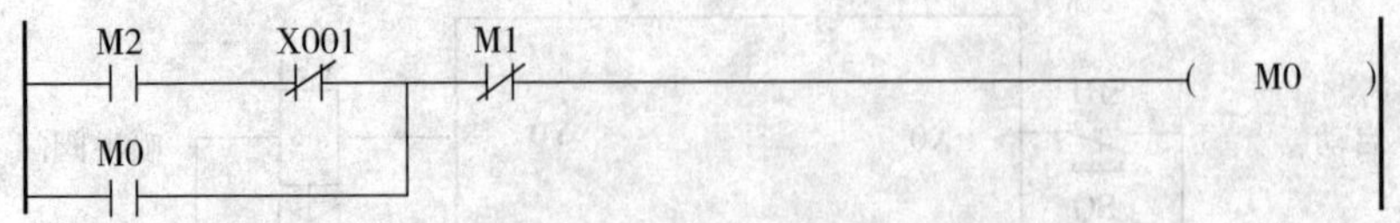

图 7—11　逻辑代数式方程（7−2）转换成的梯形图

下，只要按下停止按钮（X002），清洗装置会自动进入等待的启动状态，可以套用步进逻辑公式 $M_i=(X_i \times M_{i-1}+M_i)\overline{M}_{i+1}$，列出逻辑代数方程式（7—3）和（7—4）。

在喷淋打开、清洗机移动状态下，按下停止按钮的逻辑代数方程式：

$$M_0=(X002 \times M_i+M_0)\overline{M} \quad (7-3)$$

根据逻辑代数方程式（7—3），通过“启一保一停”电路，绘出其梯形图，如图 7—12 所示。

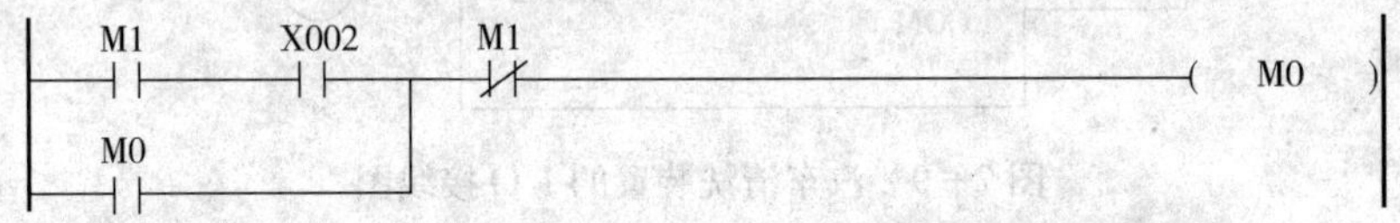

图 7—12　逻辑代数式方程（7−3）转换成的梯形图

在喷淋打开、清洗机移动及旋转刷子刷洗状态下，按下停止按钮的逻辑代数式方程：

$$M_0=(X002 \times M_2+M_0)\overline{M}_1 \quad (7-4)$$

根据逻辑代数方程式（7−4），通过“启一保一停”电路，绘出其梯形图，如图 7—13 所示。

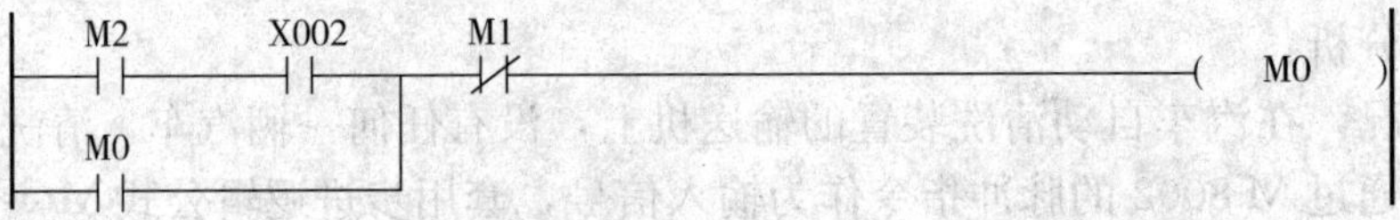

图 7—13　逻辑代数式方程（7−4）转换成的梯形图

将上述逻辑代数方程式（7—1）、（7—2）、（7—3）和（7—4）列出方程式组，最后得到第一程序步的逻辑代数方程式（7—5）。

$$M_0=(\overline{X}001 \times M_2+M8002+X002 \times M_1+X002 \times M_2+M_0)\overline{M}_1 \quad (7-5)$$

根据逻辑代数方程式（7—5），通过“启一保一停”电路，可绘出汽车自动清洗装置的第一程序步等待启动的梯形图，梯形图如图 7—14 所示。

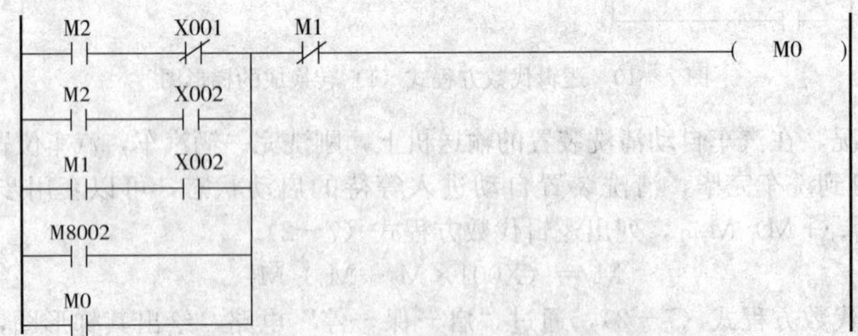

图 7—14　第一程序步等待启动的梯形图

2. 第二程序步

按下启动按钮 SB1（X000），汽车自动清洗装置进入喷淋打开、清洗机移动状态的第二程序步，套用步进逻辑公式，可列出逻辑代数方程式（7—6）。

$$M_1 = (X000 \times M_0 + M_1)\ \overline{M}_2 \qquad (7-6)$$

考虑到在此过程中，若需要急停，只需按下停止按钮 SB2（X002），就能切断工作过程，可在 M1 的回路中串联 X002 的常闭触点，因此，逻辑代数方程式（7—6）可演变成逻辑代数方程式（7—7）。

$$M_1 = (X000 \times M_0 + M_1)\ \overline{M}_2 \times \overline{X002} \qquad (7-7)$$

根据逻辑代数方程式（7—6）通过“启—保—停”电路，可绘出汽车自动清洗装置喷淋打开、清洗机移动的第二程序步的梯形图，梯形图如图 7—15 所示。

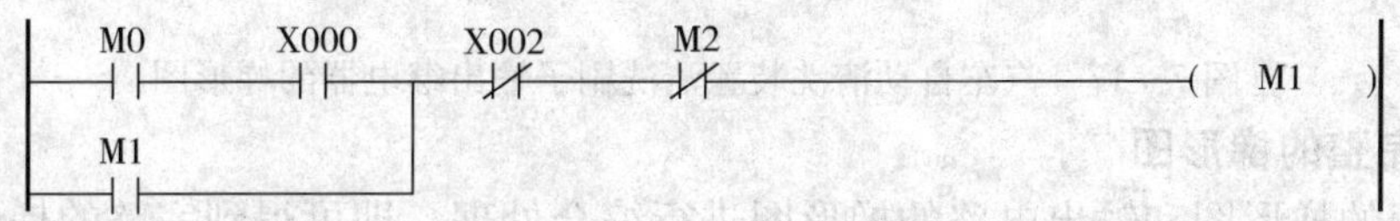

图 7—15　汽车自动清洗装置喷淋打开、清洗机移动的第二程序步的梯形图

3. 第三程序步

汽车位置检测（传感器）X001 检测到要清洗的汽车后，汽车自动清洗装置进入喷淋打开、清洗机移动及清洗刷涮洗的第三程序步，其逻辑代数方程式和梯形图读者可自行分析，在此不再赘述。

4. 输出电路

根据项目控制要求和上述分析可知，当按下启与按钮 SB1（X000），汽车自动清洗装置进入喷淋打开、清洗机移动状态的第二程序步（M1），与其对应的输出继电器 Y0（喷淋打开）和 Y1（清洗机移动）的线圈应得电，这时只要将它们所对应的辅助继电器 M1 的常开触点与 Y0 和 Y1 的线圈串联即可。也可套用逻辑代数式公式，得到在第二程序步时 Y0 和 Y1 的逻辑代数方程式（7—8）和（7—9）。

$$Y0 = M1 \qquad (7-8)$$

$$Y1 = M1 \qquad (7-9)$$

因为汽车自动清洗装置的喷淋打开、清洗机移动的状态必须一直保持到整个汽车清洗完毕为止，所以在第三程序步时，Y0 和 Y1 的线圈还要保持得电，因此上述逻辑代数方程式（7—8）和（7—9）可写成下面的逻辑代数方程式（7—10）和（7—11）。

$$Y0 = M1 + M2 \qquad (7-10)$$

$$Y1 = M1 + M2 \qquad (7-11)$$

根据逻辑代数方程式（7—10）和（7—11），通过“启—保—停”电路，可绘出汽车自动清洗装置喷淋打开、清洗机移动的第二程序步输出继电器 Y0 和 Y1 的梯形图，梯形图如图 7—16 所示。

同理，汽车自动清洗装置的清洗刷子（Y2）只是在第三程序步才工作，因此其逻辑代数方程式应为：

$$Y2 = M2 \qquad (7-12)$$

图 7—16　汽车自动清洗装置喷淋打开、清洗机移动输出继电器的梯形图

其输出继电器（Y2）的梯形图如图 7—17 所示。

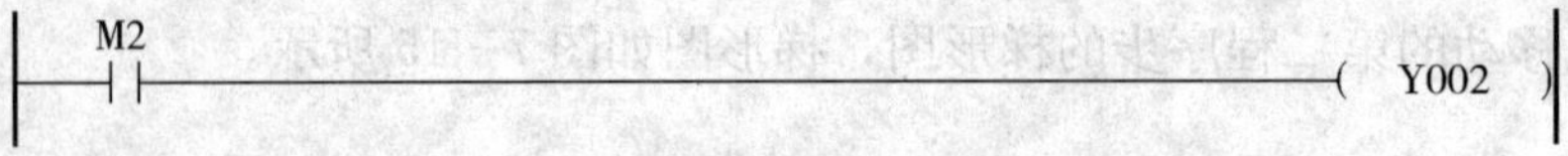

图 7—17　汽车自动清洗装置清洗刷子输出继电器的梯形图

5. 绘制完整的梯形图

将步处理的梯形图和输出电路的梯形图进行综合处理，即可得到完整的梯形图。

根据步进逻辑公式设计法，最后，将上述汽车自动清洗装置的步处理的梯形图和输出电路的梯形图进行综合处理，可以得到本项目任务的完整梯形图，完整的梯形图如图 7—18 所示。

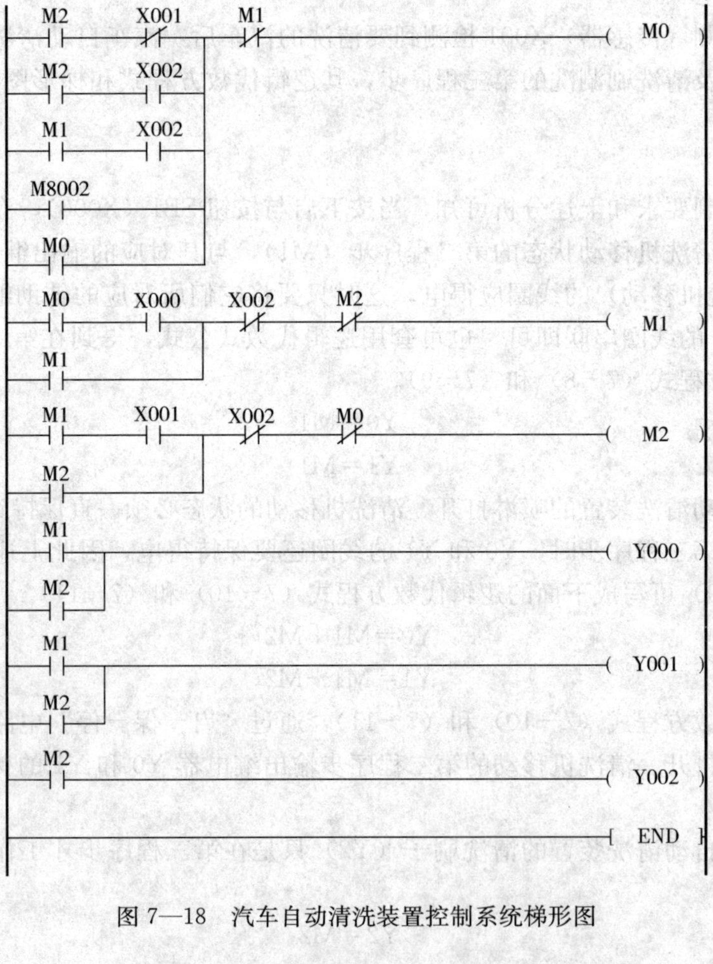

图 7—18　汽车自动清洗装置控制系统梯形图

四、程序输入及仿真运行

1. 程序输入

启动 MELSOFT 系列 GX Developer 编程软件，首先创建新文件名，并命名为“汽车自动清洗装置控制”，选择 PLC 的类型为“FX2N”，应用前面项目所学的梯形图输入法，输入如图 7—18 所示的梯形图，梯形图程序输入过程在此不再赘述。

2. 仿真运行

应用项目三所述的位元件逻辑测试方式进行仿真运行比较直观，仿真过程在此不再赘述。

3. 程序下载

（1）PLC 与计算机连接

使用专用通信电缆 RS 232/RS422 转换器将 PLC 的编程接口与计算机的 COM1 串口连接。

（2）程序写入

首先接通系统电源，将 PLC 的 RUN/STOP 开关拨到“STOP”的位置，然后通过 MELSOFT 系列 GX Developer 软件中的“PLC”菜单的“在线”栏的“PLC 写入”，就可以把仿真成功的程序写入 PLC 中。

五、线路安装与调试

（1）根据 I/O 接线图，在如图 7—19 所示模拟实物控制配线板上进行元件及线路安装。

（2）安装电路

1）检查元器件。根据表 7—1 配齐元器件，检查元器件的规格是否符合要求，并用万用表检测元器件是否完好。

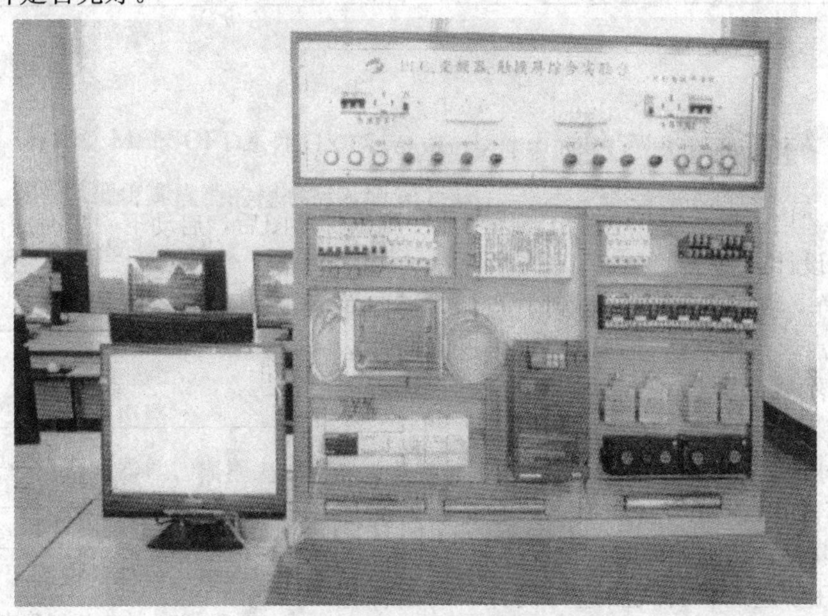

图 7—19　PLC 与计算机联机画面

2）固定元器件。根据图 7—19 所示固定好元器件。

3）配线安装。根据配线原则和工艺要求，进行配线安装。

4）自检。对照接线图检查接线是否无误，再使用万用表检测电路的阻值是否与设计相符。

5）通电调试

①经自检无误后，在指导教师的指导下，方可通电调试。

②首先接通系统电源开关 QS，将 PLC 的 RUN/STOP 开关拨到"RUN"的位置，然后通过计算机上的 MELSOFT 系列 GX Developer 软件中的"监控/测试"监视程序的运行情况，再按照表 7—2 所示进行操作，观察系统运行情况并做好记录。如出现故障，应立即切断电源，分析原因、检查电路或梯形图，排除故障后，方可重新进行调试，直到系统功能调试成功为止。

表 7—2　　程序调试步骤及运行情况记录表

操作步骤	操作内容	观察内容	观察结果	思考内容
第一步	将仿真成功后的程序下载到 PLC 后，合上断路器 QS	"POWER"灯		
		所有的"IN"灯		
第二步	将 RUN/STOP 开关拨到"RUN"的位置	"RUN"灯		
第三步	将 RUN/STOP 开关拨到"STOP"的位置	"RUN"灯		理解 PLC 的工作过程
第四步	按下 SB1	YV1、KM1 和 KM2		
第五步	按下 SQ			
第六步	松开 SQ			
第七步	按下 SB2			

1. 利用"启—保—停"电路由顺序功能图画出梯形图后，启动下一步时应注意什么？

2. 线路设计：

有一小车，从 A 点向右运行到 B 点后，返回向左运行到 C 点，再向右运行到 B 点，再返回向左运行到 A 点，然后重复上述过程，其运行过程流程图如图 7—20 所示。

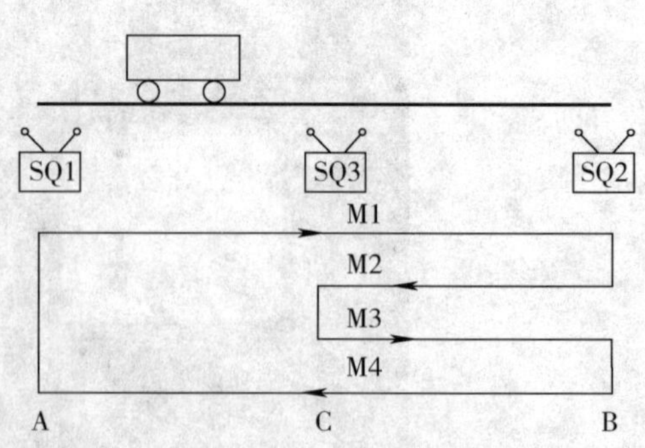

图 7—20　小车运行程序分步图

设计要求：

(1) 工作方式设置为自动循环；有必要的应加电气保护和联锁；自动循环时应按上述顺序动作。

(2) 应用步进逻辑公式法进行设计，列出各程序步的逻辑代数方程式，并画出梯形图。

(3) 列出PLC控制I/O口（输入/输出）元件地址分配表，根据生产工艺要求，画出I/O口（输入/输出）接线图。

(4) 安装与接线

1) 将熔断器、接触器、继电器、转换开关、PLC装在一块配线板上，而将方式转换开关、行程开关、按钮等装在另一块配线板上。

2) 按PLC控制I/O口（输入/输出）接线图，在模拟配线板上正确安装元器件。器件装配时布置要合理，安装要准确、紧固，配线导线要紧固、美观，导线要进行线槽，导线要有端子标号，引出端要用别径压端子。

(5) 上机操作：熟练操作PLC键盘，能正确地将所编程序输入PLC；按照被控设备的动作要求进行模拟调试，达到设计要求。

(6) 通电试验：正确使用电工工具及万用表，进行仔细检查，最好通电试验一次成功，并注意人身和设备安全。

项目拓展

一、理论知识拓展

1. 传感器的定义

传感器是一种检测装置，通常由敏感元件和转换元件组成，它酷似人类的“五官”（视觉、嗅觉、味觉、听觉和触觉），能感受到被测量的信息，并能将检测感受到的信号，按一定规律变换成为电信号或其他所需形式的信息输出，满足信息的传输、处理、存储、显示、记录和控制等要求。

2. 常用传感器

本项目中用的是接近传感器，它一般有一下几种：

(1) 光电式接近开关

光电式接近开关的实物图如图7—21所示。

图7—21　光电式接近开关的实物图

（2）电感式接近开关

电感式接近开关实物图如图 7—22 所示。

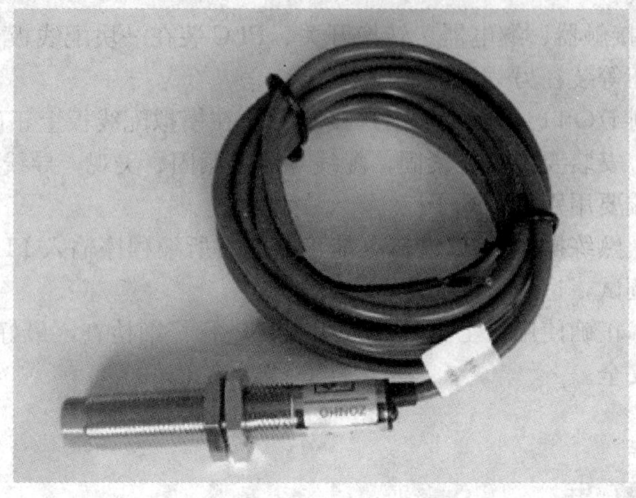

图 7—22　电感式接近开关实物图

（3）电容式接近开关

电容式接近开关实物图如图 7—23 所示。

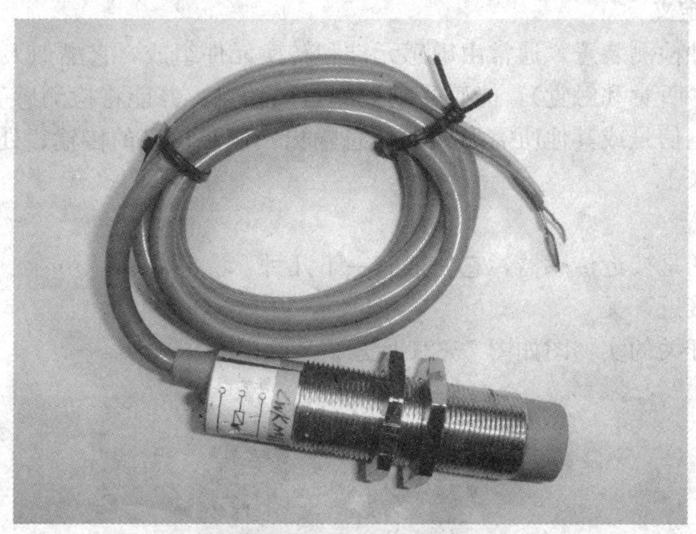

图 7—23　电容式接近开关实物图

（4）其他常见传感器

其他几中常见的传感器，如图 7—24 所示。

3. 传感器的符号

传感器的文字符号是 SQ，图形符号如图 7—25 所示。

4. 传感器的接线

双出线传感器的接线见表 7—3。

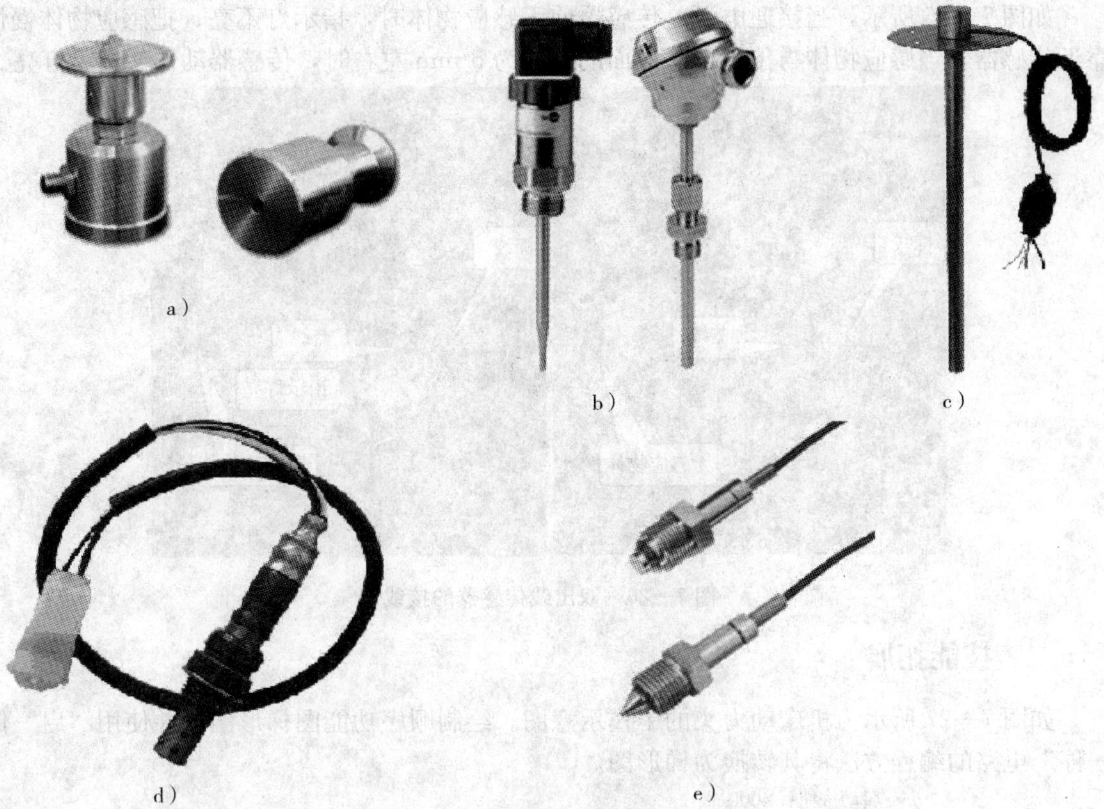

a）

b）

c）

d）

e）

图 7—24　几种常见传感器实物图

a）力传感器　b）温度传感器　c）液位传感器　d）气体传感器　e）湿度传感器

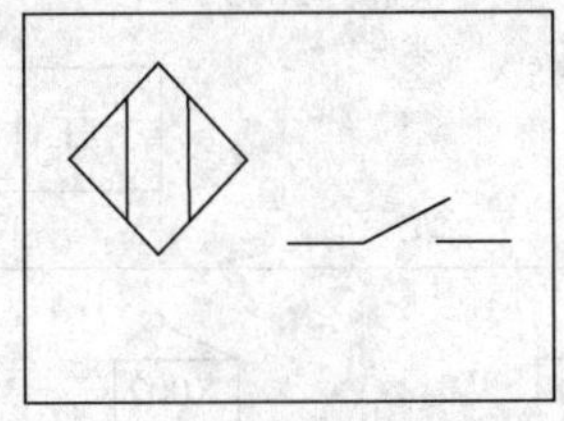

7—25　传感器的图形符号

首先看清传感器两根引出线的颜色，然后根据双出线传感器的接线图，将 24 V 直流电源、24 V 直流指示灯、传感器等用导线连接。

表 7—3　　**双出线传感器的接线**

接线方法	接线示意图（BN：棕，BU：蓝）	接线情况说明
双出线	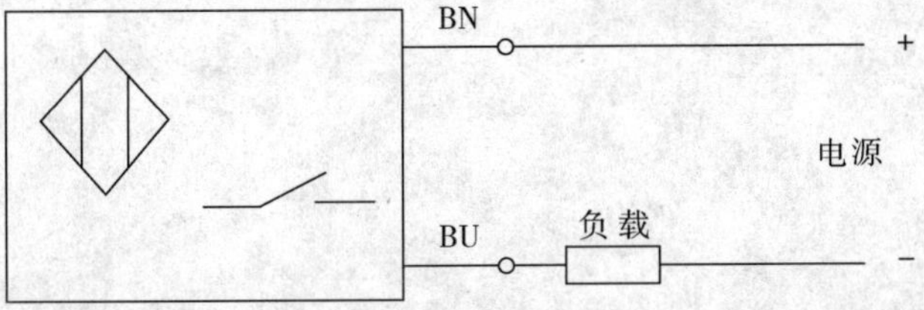 BN　+　电源　BU　负载　−	负载与传感器串联接在电源两端，负载接在蓝线上。当没有感应信号时传感器的触点不动作，负载两端无信号。当有感应信号时传感器的触点动作，负载两端得到信号

如图 7—26 所示，当接通电源，传感器前无感应物体时，指示灯不亮；把感应物体慢慢靠近传感器，当感应物体与传感器感应面的距离为 5 mm 左右时，传感器动作使指示灯亮。

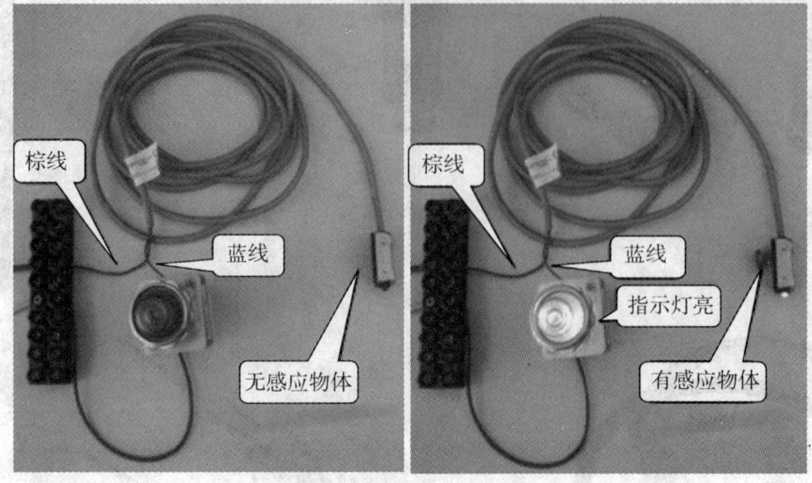

图 7—26　双出线传感器的接线

二、技能拓展

如图 7—27 所示为机床动力头的工作示意图。绘制顺序功能图梯形图，并使用“启—保—停”电路的编程方法将其转换为梯形图。

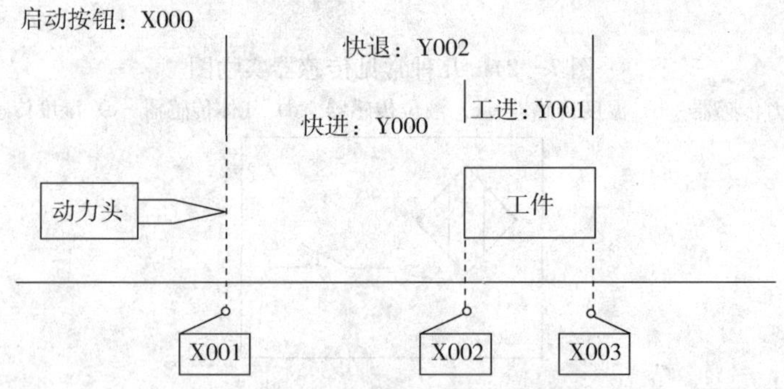

图 7—27　机床动力头的工作示意图

项目八

液体混合控制系统

学习目标

1. 掌握步进顺控指令的用法。
2. 能根据控制要求用状态继电器编写流程图、梯形图，并上机调试。
3. 进一步提高 PLC 的编程能力，将 PLC 与生产过程自动化联系起来。

项目任务

液体混合机在医药、食品、化工等行业中广泛应用。以前的液体混合机的控制系统一般都采用继电器控制系统，但使用继电器控制不易适应这些行业耐热、防潮、抗震等特殊生产环境的要求。因此以 PLC 为核心的液体混合控制系统具有其优势。另外，采用 PLC 系统控制还可以大大降低工人的劳动强度，减少操作误差，提高产品质量。图 8—1 所示为液体自动混合装置。

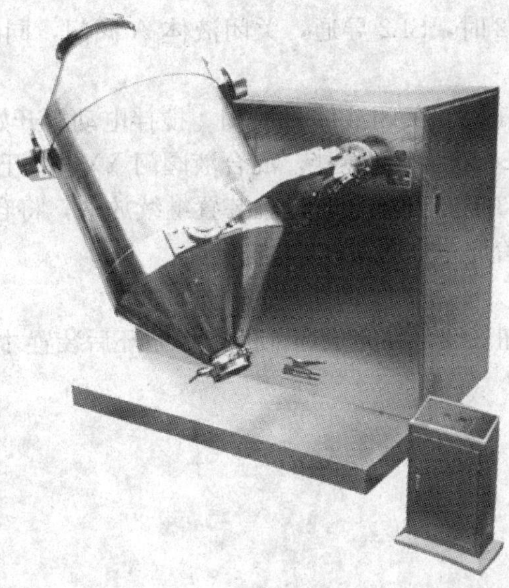

图 8—1　液体混合机

本项目的主要内容是以图 8—1 所示的液体（药剂）混合机为例，运用 PLC 的顺序控制设计中的步进顺控指令编程法，完成对液体自动混合装置的电气控制。

图 8—2 所示为液体自动混合装置的示意图，其控制要求如下：

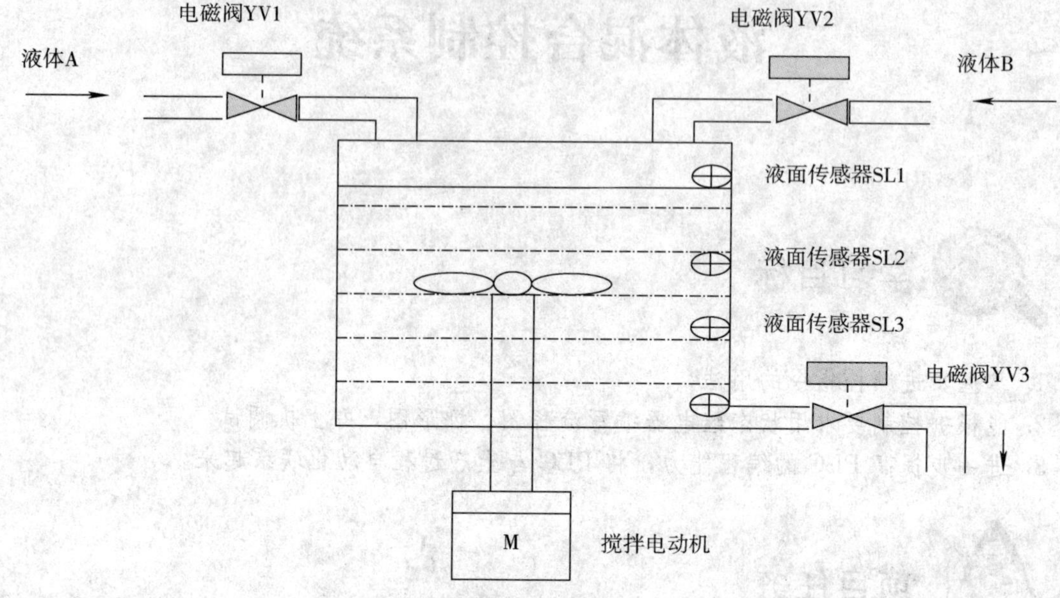

图 8—2　液体自动混合装置的示意图

1. 初始状态

液体自动混合装置投入运行时，液体 A、B 阀门关闭，容器为放空关闭状态。

2. 周期操作

按下混合装置启动按钮 SB1，液体自动混合装置开始按以下顺序工作：

（1）液体 A 阀门打开，液体 A 流入容器，液位上升。

（2）当液位上升到 SL2 时，SL2 导通，关闭液体 A 阀门，同时打开液体 B 阀门，液体 B 开始流入容器。

（3）当液位上升到 SL1 时，关闭液体 B 阀门，搅拌电动机开始搅拌。

（4）搅拌电动机工作 20 s 后停止搅拌，混合液阀门 YV3 打开，放出混合液体。

（5）当液位下降到 SL3 时，开始计时，且装置继续放液，将容器放空，计时满 20 s 后，混合液阀门关闭，自动开始下一个周期。

3. 停止操作

按下混合装置停止按钮 SB2，在完成当前的工作循环后装置才停止操作。

一、编程元件

状态继电器 S 用于记录系统的运行状态，是编制顺序控制程序的重要编程元件。状态继电器应与步进顺控指令 STL 配合使用。FX_{2N}系列 PLC 内部的状态继电器共有 1 000 个，其类型和编号见表 8—1。

表 8—1　状态继电器的类型和地址编号

类型	地址编号	数量（个）	用途及特点
初始状态继电器	S0～S9	10	供初始化使用
回零状态继电器	S10～S19	10	供返回原点使用
通用状态继电器	S20～S499	480	没有断电保持功能，但是可以用程序将它们设定为有断电保持功能
断电保持功能状态继电器	S500～S899	400	具有停电保持功能，断电再启动后，可继续执行
报警用状态继电器	S900～S999	100	用于故障诊断和报警

在使用状态继电器时，需要注意以下几个方面：

1. 状态继电器的编号必须在指定的类别范围内使用。
2. 状态继电器与辅助继电器一样有很多常开和常闭触点。
3. 不使用步进顺控指令时，状态继电器可与辅助继电器一样使用。
4. 供报警用的状态继电器可用于外部故障诊断的输出。
5. 通用状态继电器和断电保持状态继电器的地址编号分配可通过改变参数来设置。

二、步进顺控指令（STL、RET）

1. 指令功能

（1）STL

步进开始指令，与母线直接连接，表示步进顺控开始。STL 的操作元件为 S0～S899。

（2）RET

步进结束指令，表示步进顺控结束，用于状态流程图结束返回主程序。

RET 无操作元件。

2. 编程实例

使用 STL 指令的状态继电器的常开触点称为 STL 触点。从图 8—3 所示可以看出顺序功能图、步进梯形图和指令表的对应关系。

3. 指令使用说明

（1）每一个状态继电器具有三种功能，即对负载的驱动处理、指定转换条件和指定转换目标，如图 8—3a 所示。

（2）STL 触点与左母线连接，与 STL 相连的起始触点要使用 LD 或 LDI 指令。使用 STL 指令后，相当于母线右移至 STL 触点的右侧，形成子母线，一直到出现下一条 STL 指令或者出现 RET 指令为止。RET 指令使右移后的子母线返回原来的母线，表示顺控结束。使用 STL 指令为新的状态置位，前一状态自动复位。步进触点指令只用于常开触点。

每一状态的转换条件由指令 LD 或 LDI 引入，当转换条件有效时，该状态由置位指令激

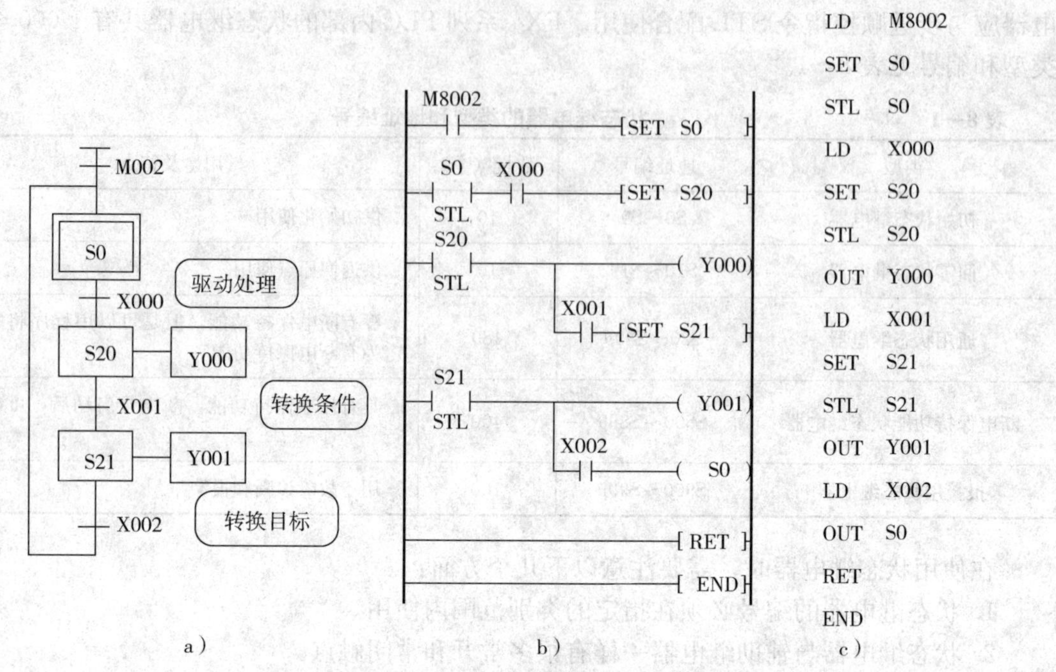

图 8—3　顺序功能图、步进梯形图和指令表

a）顺序功能图　b）步进梯形图　c）指令表

活，并由步进指令进入该状态，接着列出该状态下的所有基本顺控指令及转换条件。在 STL 指令后出现 RET 指令，则表明步进顺控过程结束。

（3）STL 触点可以直接驱动或通过别的触点驱动 Y、M、S、T 等元件的线圈和应用指令。

（4）由于 CPU 只执行活动步对应的电路块，所以使用 STL 指令时允许双线圈输出，即不同的 STL 触点可以分别驱动同一编程元件的一个线圈。但是，同一元件的线圈不能在同时为活动步的 STL 区内出现，在有并行序列的顺序功能图中，应特别注意这一问题。

（5）在步进顺控程序中使用定时器时，不同状态内可以重复使用同一编号的定时器，但相邻状态不可以使用。

三、步进顺控指令的单序列结构的编程方法

如图 8—3 所示，该系统一个周期由 3 步组成。它们可分别对应 S0、S20 和 S21，步 S0 代表初始步。

当 PLC 通电进入 RUN 状态，初始化脉冲 M8002 的常开触点闭合一个扫描周期，梯形图第一行的 SET 指令将初始步 S0 置为活动步。除初始状态外，其余的状态必须用 STL 指令来引导。

在梯形图中，每一个状态的转换条件由指令 LD 或 LDI 引入，当转换条件有效时，该状态由置位指令 SET 激活，并由步进指令进入该状态，接着列出该状态下的所有基本顺控指令及转换条件。

在梯形图的第二行，S0 的 STL 触点与转换条件 X000 的常开触点组成的串联电路，代表转换实现的两个条件。当初始步 S0 为活动步，X000 的常开触点闭合，转换实现的两个条件同时满足，置位指令 SET S20 被执行，后续步 S20 变为活动步，同时 S0 自动复位为不活动步。

S20 的 STL 触点闭合后，该步的负载被驱动，Y000 线圈得电。转换条件 X001 的常开触点闭合时，转换条件得到满足，下一步的状态继电器 S21 被置位，同时状态继电器 S20 被自动复位。S21 的 STL 触点闭合后，该步的负载被驱动，Y001 线圈得电。当转换条件 X002 的常开触点闭合时，用 OUT S0 指令使 S0 变为 ON 并保持，系统返回到初始步。

注意，在上述程序中的一系列 STL 指令之后要有 RET 指令，意为步进顺控结束，返回主程序。

项目实施

一、确定 I/O 地址分配

通过对本项目控制要求分析，可确定 PLC 需要 6 个输入点，4 个输出点，其 I/O 通道分配见表 8—2。

表 8—2　I/O 通道地址分配表

输入			输出		
元件代号	作用	输入继电器	元件代号	作用	输出继电器
SL2	液面传感器	X0	YV1	A 液电磁阀	Y0
SL3	液面传感器	X1	YV2	B 液电磁阀	Y1
SL1	液面传感器	X2	KM	搅拌电动机控制	Y2
SB1	启动按钮	X3	YV3	混合液电磁阀	Y3
SB2	停止按钮	X4			
SA	单周/周期	X5			

二、画出 PLC 接线图

PLC 接线图（I/O 接线图）如图 8—4 所示。

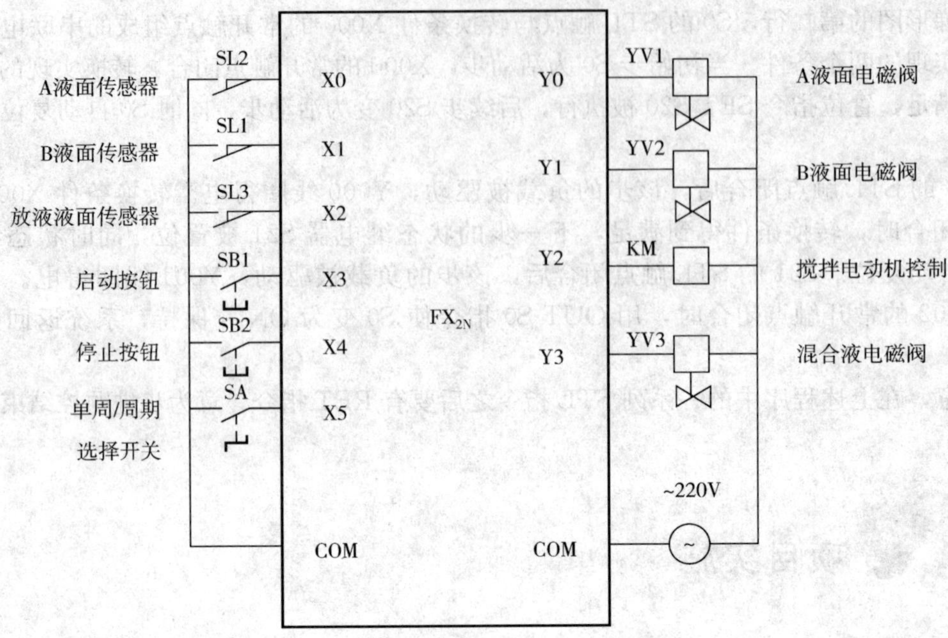

图 8—4　液体混合自动控制装置的 I/O 接线图

三、程序设计

根据 I/O 通道地址分配表及项目控制要求分析，画出本项目控制的状态流程图。

顺序功能图（Sequential Function Chart）也称状态转移图，简称 SFC，在项目七中已有介绍，只是在本项目内容中，顺序功能图中的步使用的是状态继电器（S）。

分析本项目内容控制要求，可将液体自动混合装置控制工作过程划分为：原位（SB1）、进 A 液体（SL2）、进 B 液体（SL1）、搅拌、放液 5 步；各步电磁阀 YV1、YV2、YV3 和接触器 KM 的状态见表 8—3。

1. 液体自动混合装置初始状态：液体排空。
2. 按下 SB1：进 A 液体。
3. 当液位达到传感器 SL2 的高度：进 B 液体。
4. 当液位达到传感器 SL1 的高度：搅拌机开始搅拌。
5. 搅拌电动机工作 20 s 后：放液。
6. 当液面下降到 SL3 时，SL3 由接通变成断开，再过 20s 后，容器放空，混合液阀门关闭，返回初始状态开始下一个周期。

表 8—3　液体自动混合装置控制工作过程电磁阀和接触器的状态表

序号	工作过程	YV1	YV2	YV3	KM	转换主令
1	原位（停止）	—	—	—	—	SB1
2	进 A 液体	+	—	—	—	SL2
3	进 B 液体	—	+	—	—	SL1
4	搅拌	—	—	—	+	T0
5	放液	—	—	+	—	SL3、T1

7. 状态转移图中步的确定与绘制

（1）步序的确定

原位（初始状态）、进 A 液体、进 B 液体、搅拌、放液。

初始步激活：特殊继电器 M8002。

S0～S13：原位（初始状态）、进 A 液体、进 B 液体、搅拌、放液。

（2）状态转移图中步的绘制

根据上述的步序确定进行步的绘制，如图 8—5 所示。

（3）转换条件和动作的绘制

根据控制要求分析，将各步的转换条件和输出继电器的动作在状态流程图中进行绘制，如图 8—6 所示。

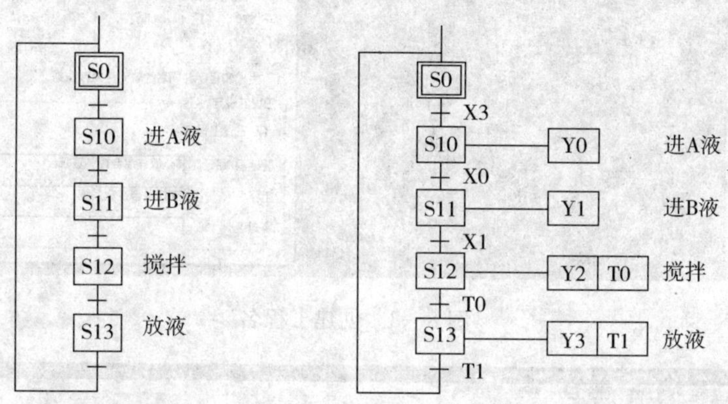

图 8—5　步的绘制　　图 8—6　转换条件和动作的绘制

（4）初始条件的确定

当 PLC 刚进入程序运行状态时，由于 S0 的前步 S13 还未曾得电，S0 无法得电，其所有的后续步均无法工作。因此，刚开始时应该给初始步一个激活信号，且此信号在激活初始步以后就不能再出现，否则会同时出现两个活动步。

初始激活信号可以用 M8002，或其他满足要求的脉冲信号，如图 8—7 所示。

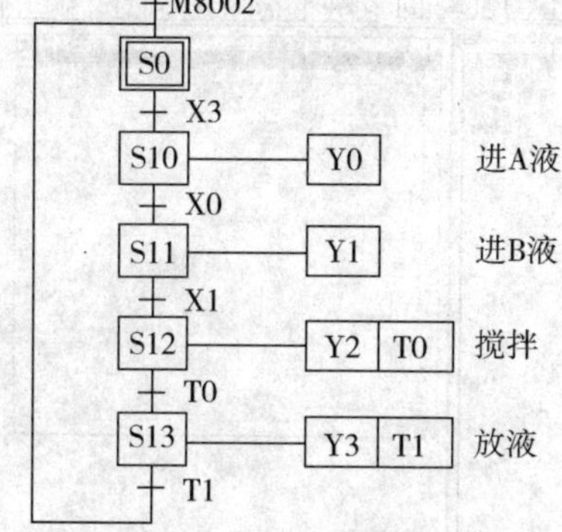

图 8—7　液体混合自动控制装置的状态流程图

四、程序输入及仿真运行

本项目的程序输入有别于前面所有项目所介绍的程序输入方法，它所采用的编程输入是状态流程图输入法，即 SFC 块输入法。现通过对本项目的编程来说明 SFC 块输入法的应用。

1. 程序输入

（1）工程名的建立

启动 MELSOFT 系列 GX Developer 编程软件，如图 8—8 所示。首先选择 PLC 的类型为“FX2N”，在程序类型框内选择“SFC”，创建新文件名，并在“工程名”项输入“液体混合控制系统”；然后单击对话框内的“确定”按钮，进入如图 8—9 所示 SFC 块画面。

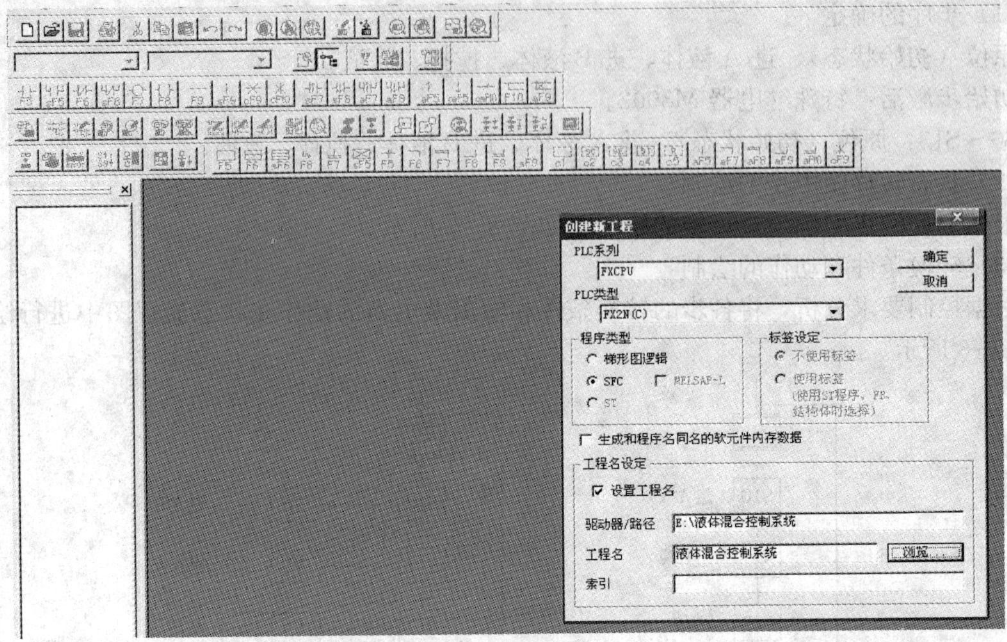

图 8—8　创建工程名

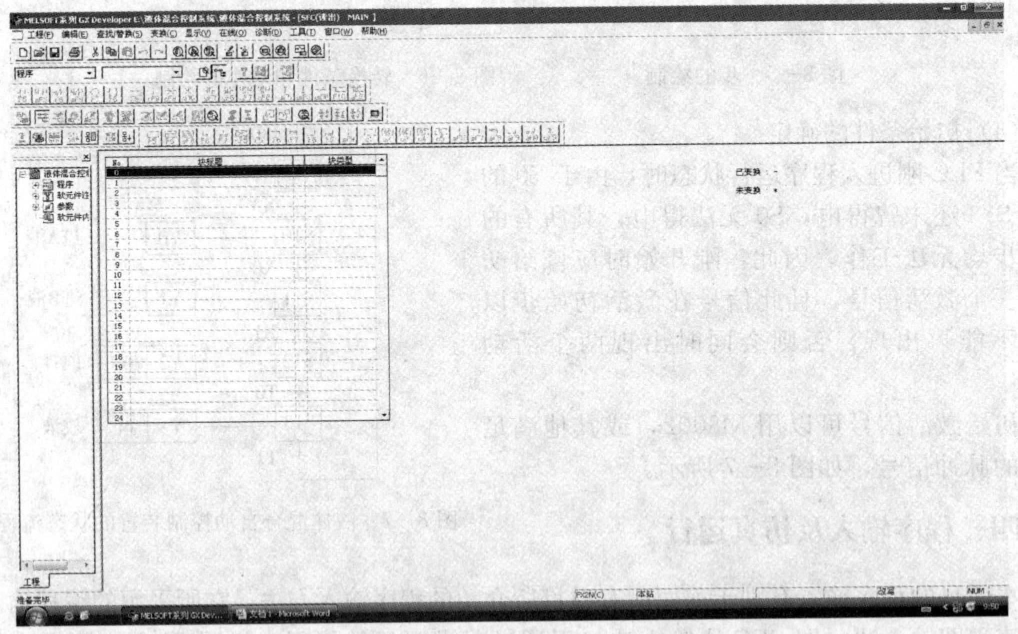

图 8—9　进入 SFC 块画面

(2) 程序初始化的建立

双击图 8—9 所示中的块标题里的黑色框，在弹出图 8—10 所示的“块信息设置”对话框中，设置“块标题”项名称为“程序初始化”，并在“块类型”项中选择“梯形图块”，然后单击“执行”按钮，进入如图 8—11 所示的界面。

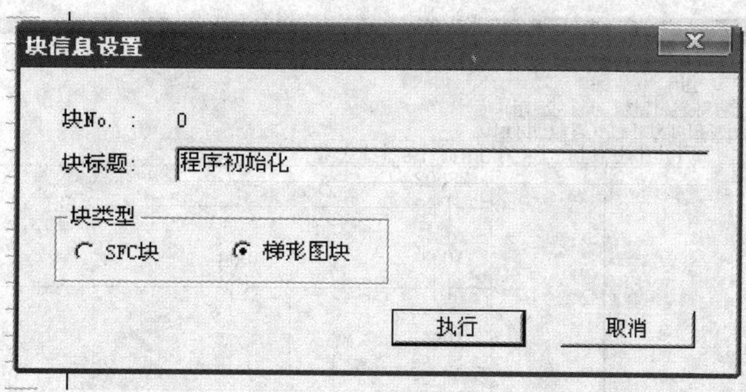

图 8—10　“块信息设置”对话框

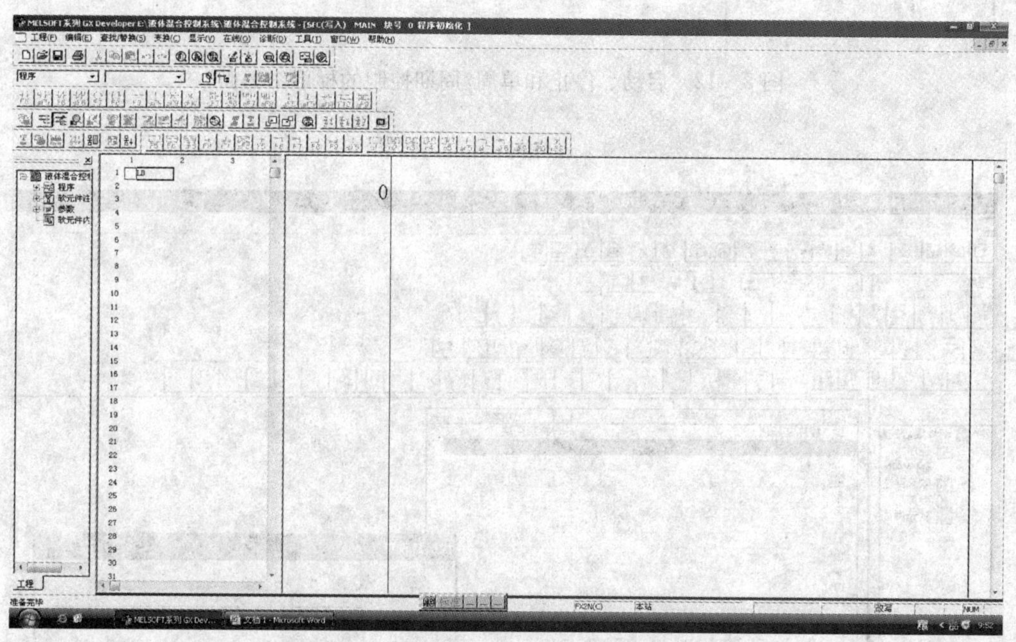

图 8—11　程序初始化梯形图编程界面

在图 8—11 所示右边的梯形图编程画面中，输入初始化脉冲指令 M8002 及置位指令 SET S0。利用“启—保—停”编程方法，输入本项目控制系统的启动、停止和单周/周期控制的梯形图，如图 8—12 所示。

(3) 状态流程图的输入

1) 状态流程图（SFC 块）的命名。双击图 8—12 所示的界面中左侧的“管理窗口”栏的“程序”下的“MAIN”按钮，出现如图 8—13 所示的界面。然后，双击“块标题”栏中的“NO. 1”的黑色框，会出现“NO. 1”的“块信息设置”对话框。在“块标题”项内输入“自动混合控制”名称，然后单击“执行”按钮，进入如图 8—14 所示的界面。

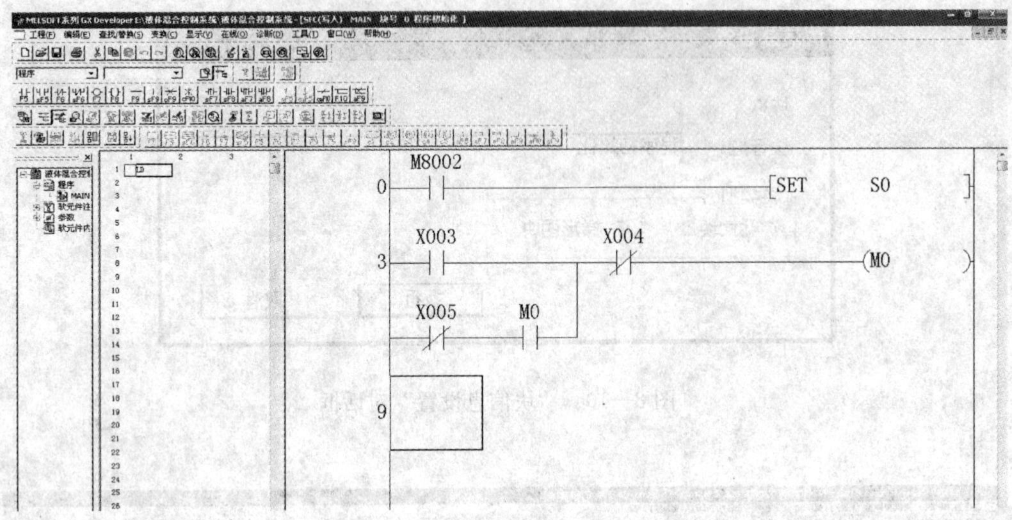

图 8—12　启动、停止和单周/周期控制的梯形图画面

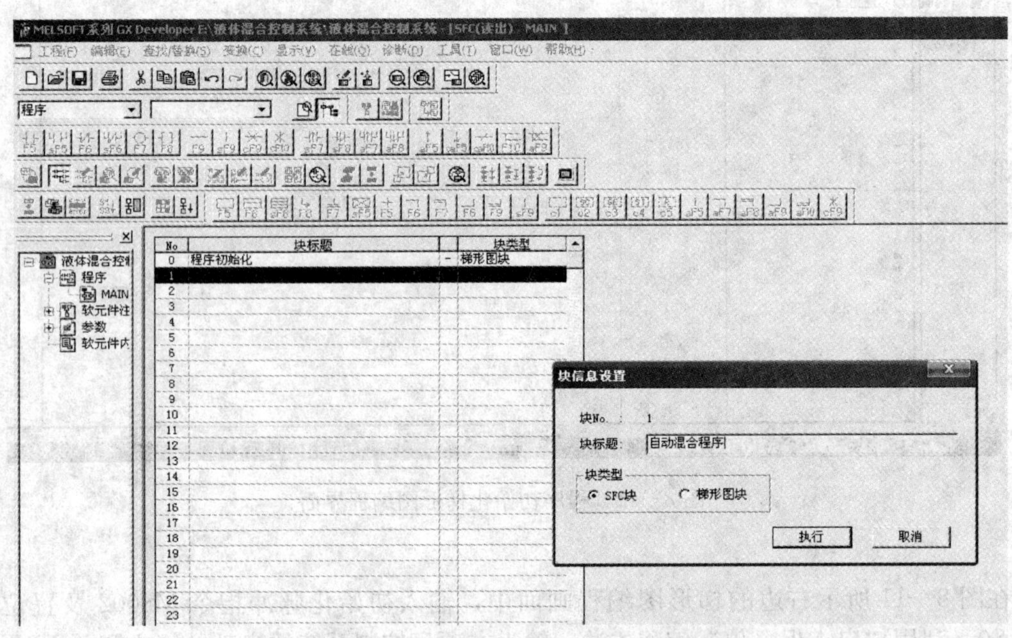

图 8—13　状态流程图（SFC 块）的界面

2）SFC 块的步（STEP）符号的输入。将光标移至图 8—14 所示画面中的 SFC 块的第 4 行，然后双击（或用单击快捷工具栏中的“F5”按钮，或者按下键盘上的快捷键“F5”），弹出图 8—15 所示的“SFC 符号输入”对话框，在其“图标号”项内输入“STEP”等，单击“确定”按钮，完成步符号的输入。

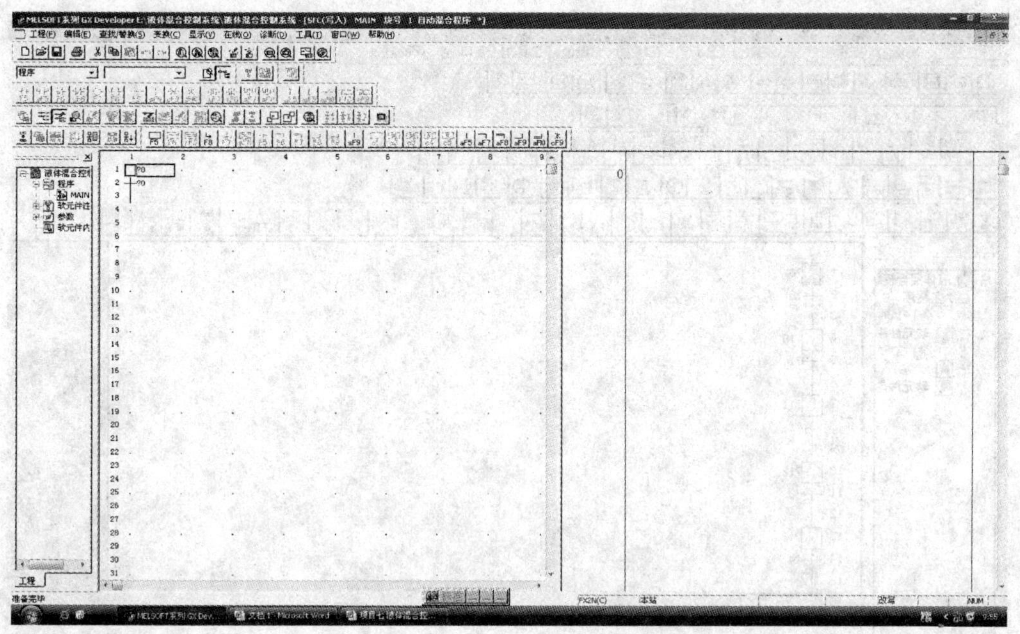

图 8—14　SFC 块的编程界面

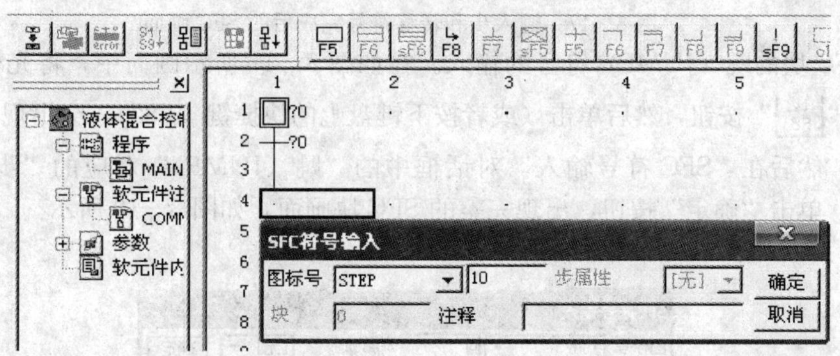

图 8—15　“SFC 符号输入”对话框

3）SFC 块的转移（TR）符号的输入。将光标移至 SFC 块的第 5 行蓝色线条框内，然后双击（或用光标点击快捷工具栏中的“F5”按钮，或者按下键盘上的快捷键“F5”），弹出“SFC 符号输入”对话框，如图 8—16 所示，在其“图标号”项内“TR”等单击“确定”按钮，完成转移符号的输入。

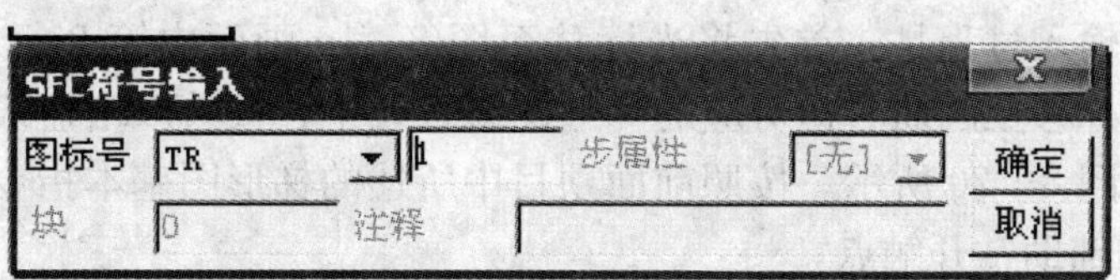

图 8—16　SFC 块的转移符号输入画面

4）运用上述输入法，将本项目任务所需的各步和转移符号输入完毕，如图 8—17 所示。

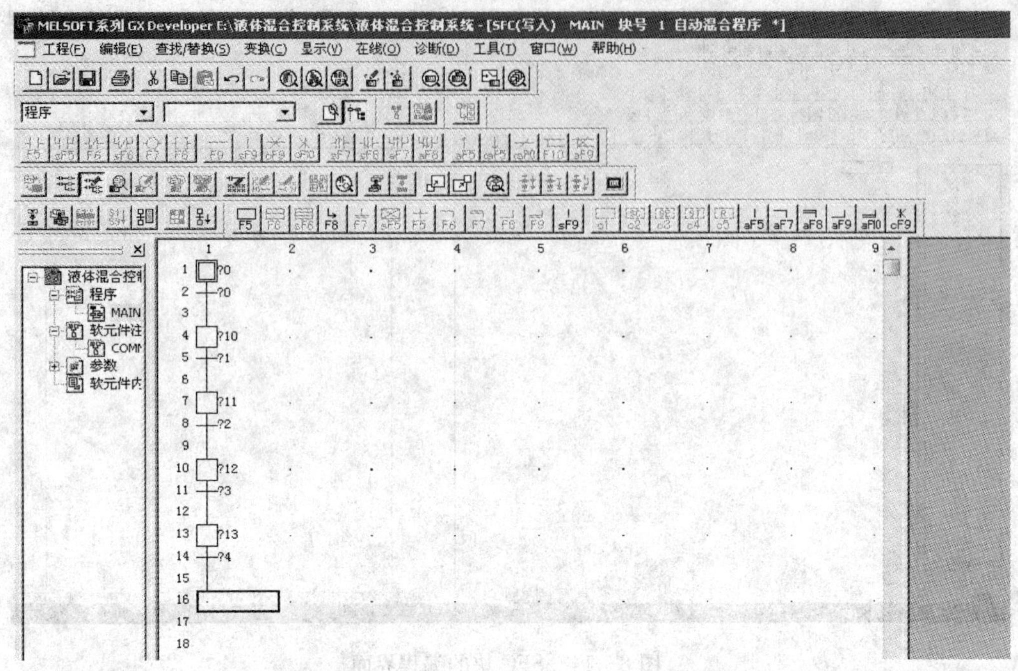

图 8—17　输入步和转移符号完成后的 SFC 画面

5）SFC 块的跳（JUMP）符号的输入。在如图 8—17 所示画面中，将光标移至快捷工具栏中的“F8”按钮，然后单击（或者按下键盘上的快捷键“F8”），会出现如图 8—18 所示的画面，然后在“SFC 符号输入”对话框中的“跳（JUMP）”对应的“步属性”框内，输入“0”，单击“确定”按钮，出现完整的 SFC 块画面，如图 8—19 所示。

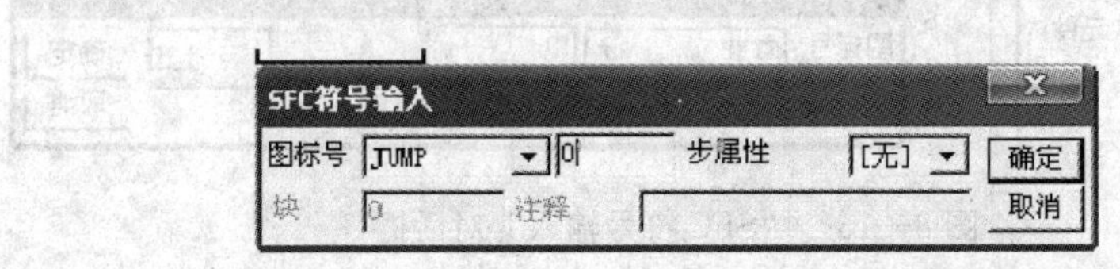

图 8—18　SFC 块的跳符号的输入画面

（4）SFC 块各步及转移条件对应的梯形图的输入

1）启动转移条件梯形图的输入。由于启动转移条件是通过辅助继电器 KM 的常开触点闭合来实现的，所以，只要在第一个转移条件中输入辅助继电器 KM 的常开触点的梯形图即可。其梯形图的输入过程是：首先将光标移至图 8—19 画面中第 2 行的“2 十?0”转移位置，然后再将光标移至画面右边对应的梯形图编程栏中，接着双击蓝线框，出现“梯形图输入”对话框，如图 8—20 所示。按照前面项目中所述的梯形图基本指令的编程方法，输入辅助继电器 KM 的辅助常开触点。

单击如图 8—20 所示“梯形图输入”对话框里的“确定”按钮，然后再将光标移至画面中快捷工具栏中的应用指令图标“F8”单击（或者按下键盘上的快捷键“F8”），弹出如图 8—21 所示的对话框。

再单击“梯形图输入”对话框里的“确定”按钮（或按下回车键），然后单击鼠标右键，

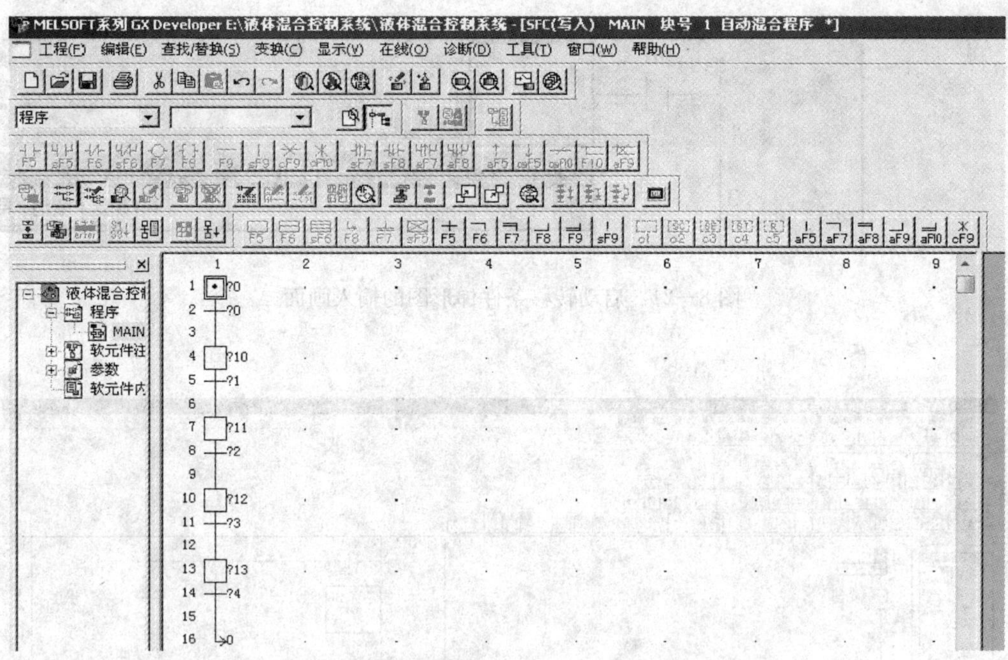

图 8—19 完整的 SFC 块输入画面

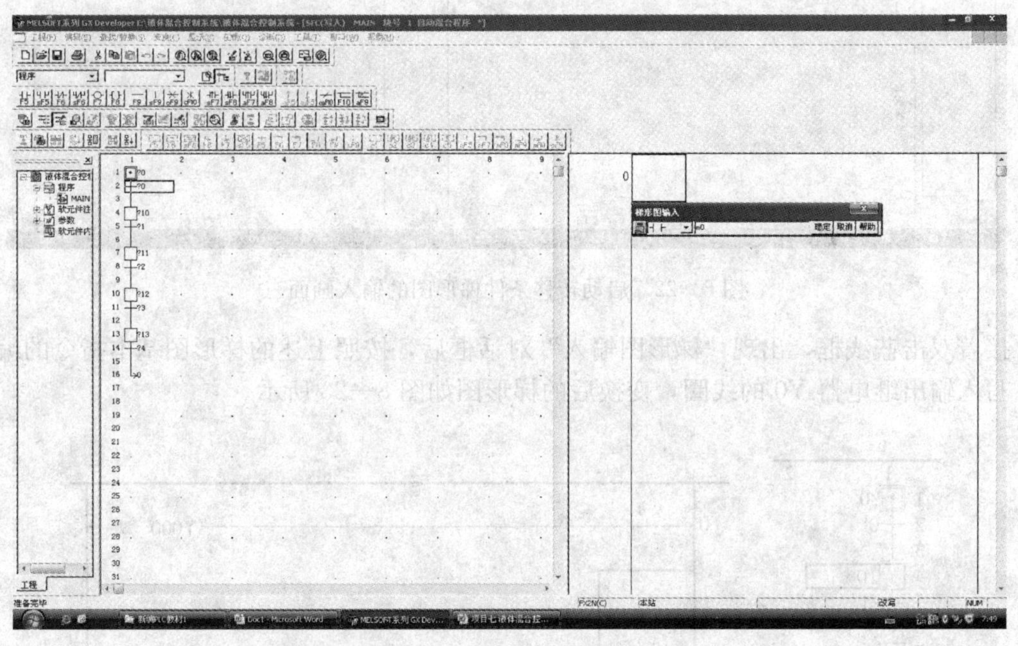

图 8—20 启动转移条件梯形图的输入画面一

出现快捷菜单（见图 1—25），选择菜单下的“变化（C）”（或按下快捷键“F4”），启动转移条件的梯形图即输入完毕，如图 8—22 所示。

2）驱动 A 液体电磁阀打开，流入 A 液体的梯形图的输入。首先将光标移至如图 8—22 画面中的第 4 行的“4 □?10”步的位置，然后再将光标移至画面右边对应的梯形图编程栏

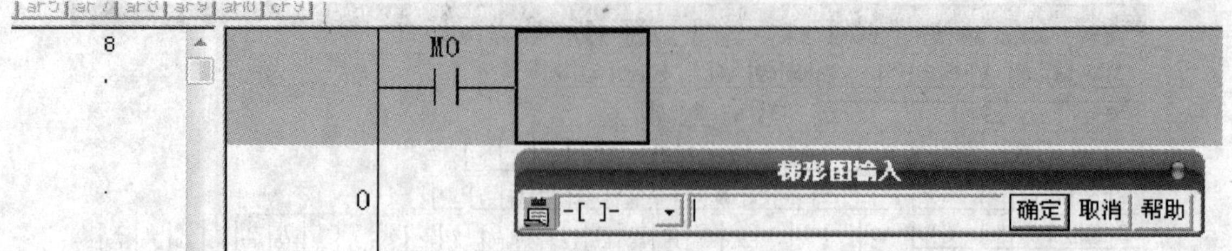

图 8—21　启动转移条件梯形图的输入画面二

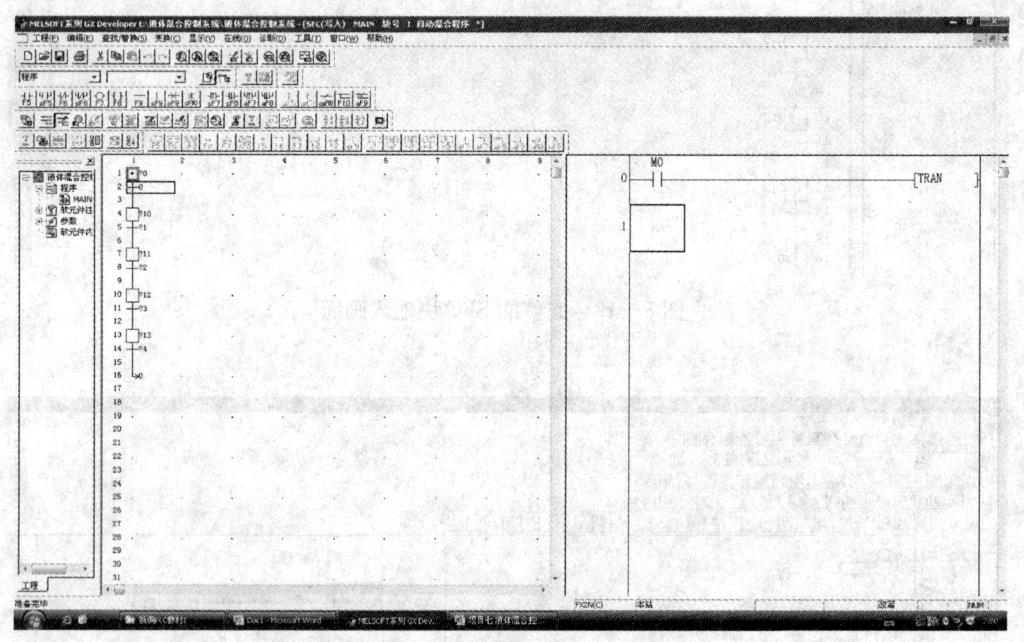

图 8—22　启动转移条件梯形图的输入画面三

中，接着双击蓝线框，出现“梯形图输入”对话框后，按照上述的梯形图基本指令的编程方法，写入输出继电器 Y0 的线圈，变换后的梯形图如图 8—23 所示。

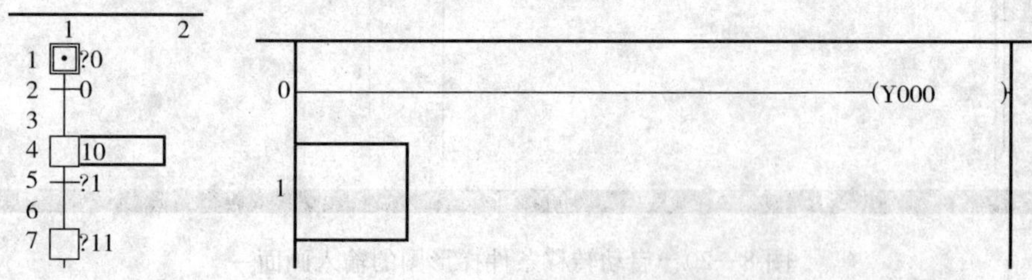

图 8—23　A 液体电磁阀（Y0）梯形图的输入画面

3）用上述输入法，输入以流入的 A 液体到达 A 液面传感器 SL2 为转换条件的梯形图，如图 8—24 所示。

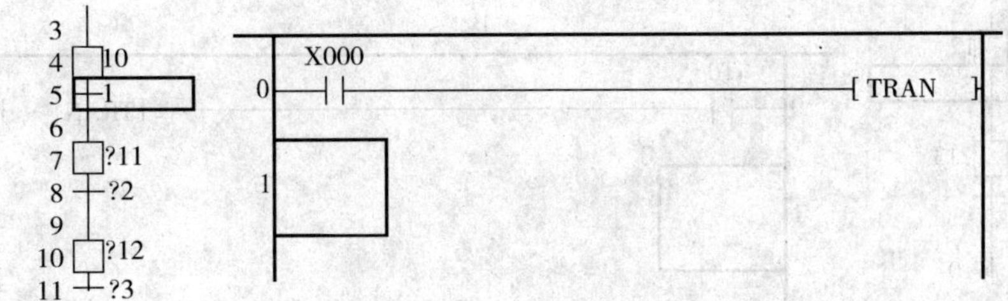

图 8—24　A 液面传感器 SL2 为转换条件的梯形图输入画面

4）输入驱动 B 液体电磁阀打开，流入 B 液体的梯形图，如图 8—25 所示。

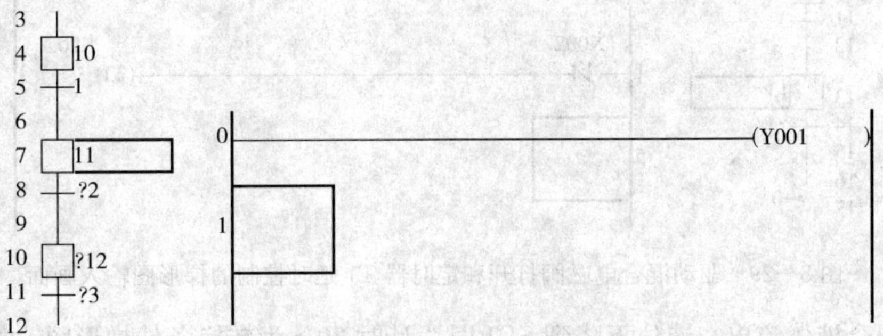

图 8—25　B 液体电磁阀（Y1）梯形图的输入画面

5）输入流入 B 液体到达液面传感器 SL3 时的梯形图，如图 8—26 所示。

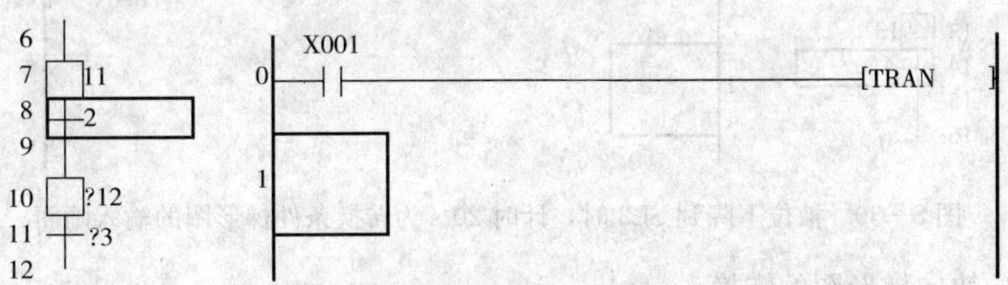

图 8—26　液面传感器 SL3 为转换条件的梯形图输入画面

6）输入驱动搅拌机搅拌和定时器控制的梯形图，如图 8—27 所示。

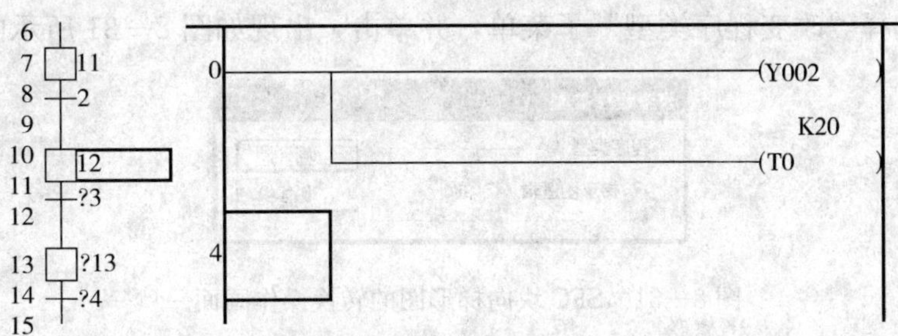

图 8—27　驱动搅拌机搅拌和定时器控制的梯形图输入画面

7）输入搅拌计时 20 s 为转换条件的梯形图，如图 8—28 所示。

8）驱动混合电磁阀打开和定时器 T1 延时控制的梯形图，如图 8—29 所示。

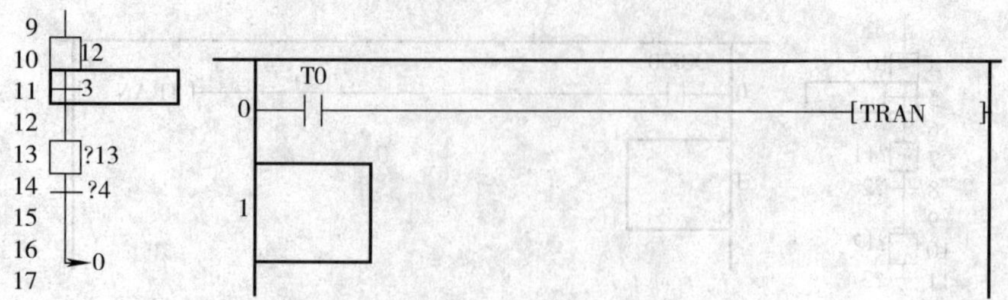

图 8—28　搅拌计时 20 s 为转换条件的梯形图输入画面

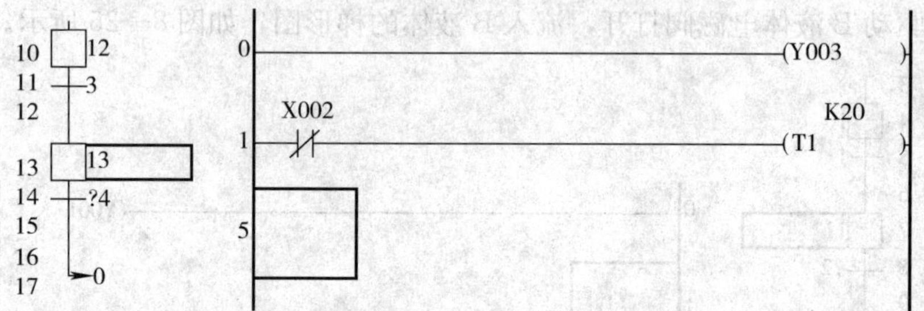

图 8—29　驱动混合电磁阀打开和定时器 T1 延时控制的梯形图输入画面

9）当混合液体流出，液位下降到 SL1 时，计时 20 s 为转换条件梯形图，如图 8—30 所示。

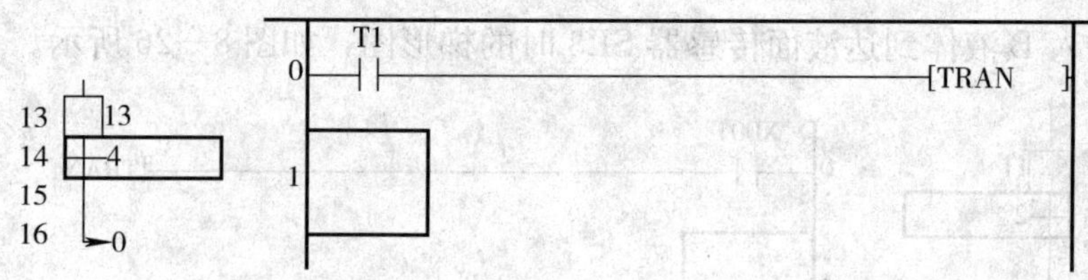

图 8—30　液位下降到 SL3 时，计时 20 s 为转换条件梯形图的输入画面

（5）SFC 块向梯形图的转换

SFC 块对应的梯形图输入完毕后，单击快捷工具栏中的“程序批量变换/编译”按钮“ ”。在界面左侧的管理窗口中选择“程序”下的“MAIN”，在其上单击鼠标右键，在弹出的菜单中选择“改变程序类型”子菜单，并单击，出现如图 8—31 所示的对话框。

图 8—31　SFC 块向梯形图的转换操作画面一

单击“确定”按钮后，即出现利用 SFC 块编程方法转换成梯形图的界面，如图 8—32 所示。

本项目 PLC 系统控制的完整的梯形图，如图 8—33 所示。

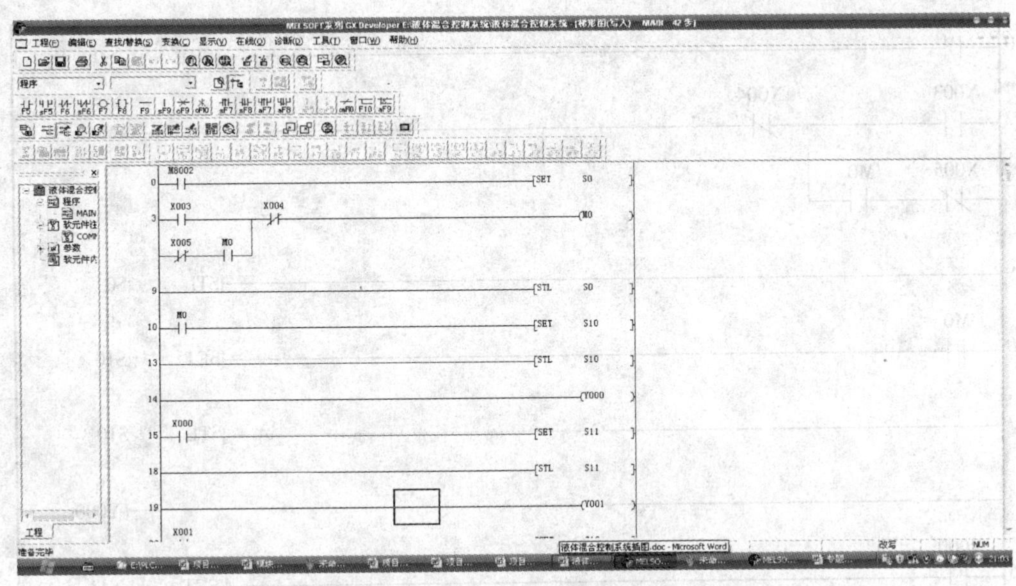

图 8—32 SFC 块向梯形图的转换操作画面二

（6）由梯形图向指令表的转换

单击快捷工具栏中的“梯形图/列表切换”图标，即可将梯形图转换为指令表，如图 8—34 所示。

本项目 PLC 系统控制的完整的步进顺控指令表如图 8—35 所示。

2. 仿真运行

（1）进入初始状态（S0）

将编程画面切换到图 8—32 所示的画面，然后单击画面下拉菜单里的“梯形图逻辑测试启动/结束”的图标“”，启动仿真软件；然后在对话框里的“菜单启动”的子菜单中选择“软元件启动”。当出现软元件测试对话框后，在快捷工具栏中，单击“软元件”图标，接着分别在子菜单中，选择位元件 X、位元件 Y 和位元件 S。再单击快捷工具栏中的窗口图标，在子菜单中选择“并联窗口”的方式，此时会出现系统控制的初始状态画面，如图 8—36 所示。从画面中的 SFC 块的初始状态 S0，因特殊继电器 M8002 的常开触点闭合，扫描一个周期，使状态继电器 S0 置位接通，SFC 块的 S0 变成蓝色框；同时在“S 位元件窗口”中位元件 S0 的黄色指示灯亮。

（2）按下启动按钮 SB1，A 液体电磁阀打开，进行流入 A 液体的仿真

在如图 8—36 所示的画面中，双击 X003（按下启动按钮 SB1），接通输入继电器 X003 线圈，X003 灯亮，此时 SFC 块中的初始状态 S0 的蓝色框会自动跳到 S10 状态；同时，位元件窗口的 S0 灯熄灭，S10 灯亮，输出继电器 Y0（A 液体电磁阀 YV1）线圈得电，阀门打开灯亮。再双击 X003（松开启动按钮 SB1），断开输入继电器 X003 线圈，X003 灯熄灭，而 S10 和 Y0 处于自保状态，灯继续保持亮的状态。这时仿真画面如图 8—37 所示。

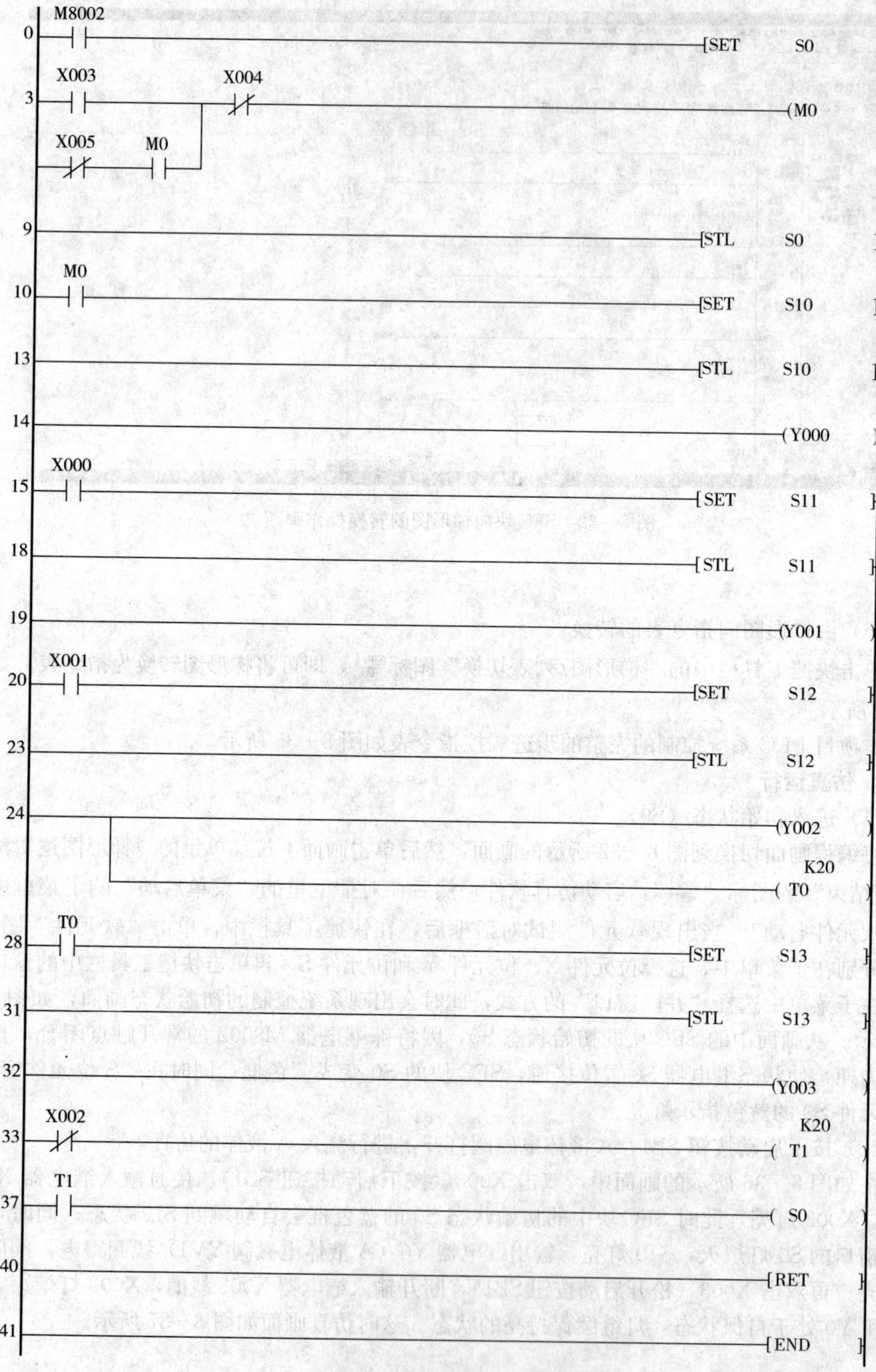

图 8—33 液体混合自动控制装置梯形图

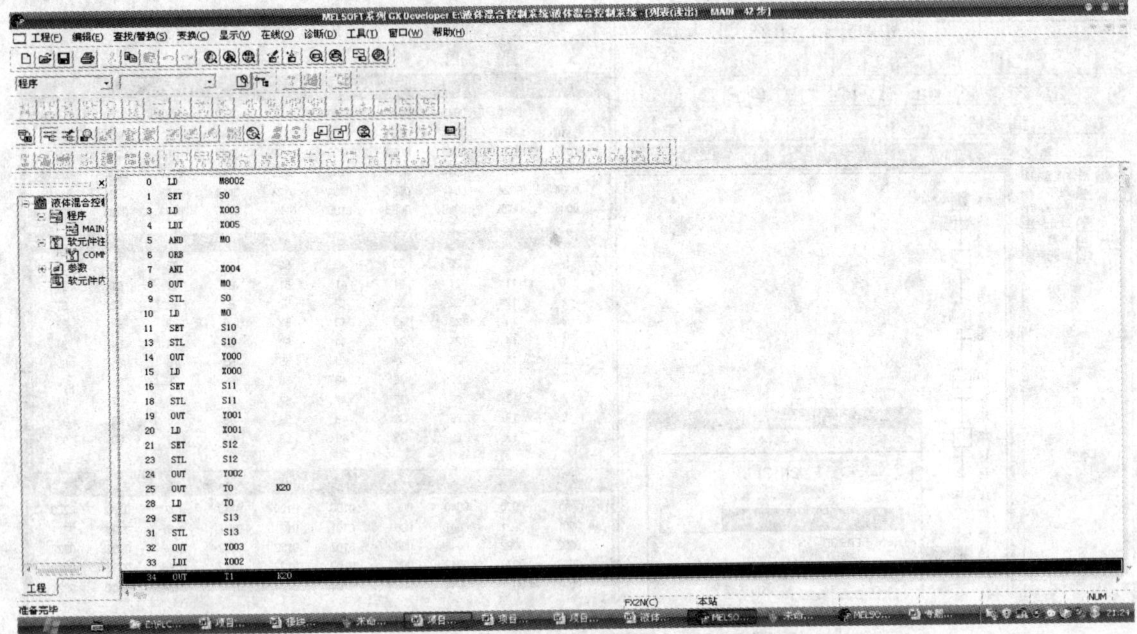

图 8—34 由梯形图转换成指令表的画面

步	指令	元件	常数
0	LD	M8002	
1	SET	S0	
3	LD	X003	
4	LDI	X005	
5	AND	M0	
6	ORB		
7	ANI	X004	
8	OUT	M0	
9	STL	S0	
10	LD	M0	
11	SET	S10	
13	STL	S10	
14	OUT	Y000	
15	LD	X000	
16	SET	S11	
18	STL	S11	
19	OUT	Y001	
20	LD	X001	
21	SET	S12	
23	STL	S12	
24	OUT	Y002	
25	OUT	T0	K20
28	LD	T0	
29	SET	S13	
31	STL	S13	
32	OUT	Y003	
33	LDI	X002	
34	OUT	T1	K20
37	LD	T1	
38	OUT	S0	
40	RET		
41	END		

图 8—35 液体混合自动控制装置的指令表

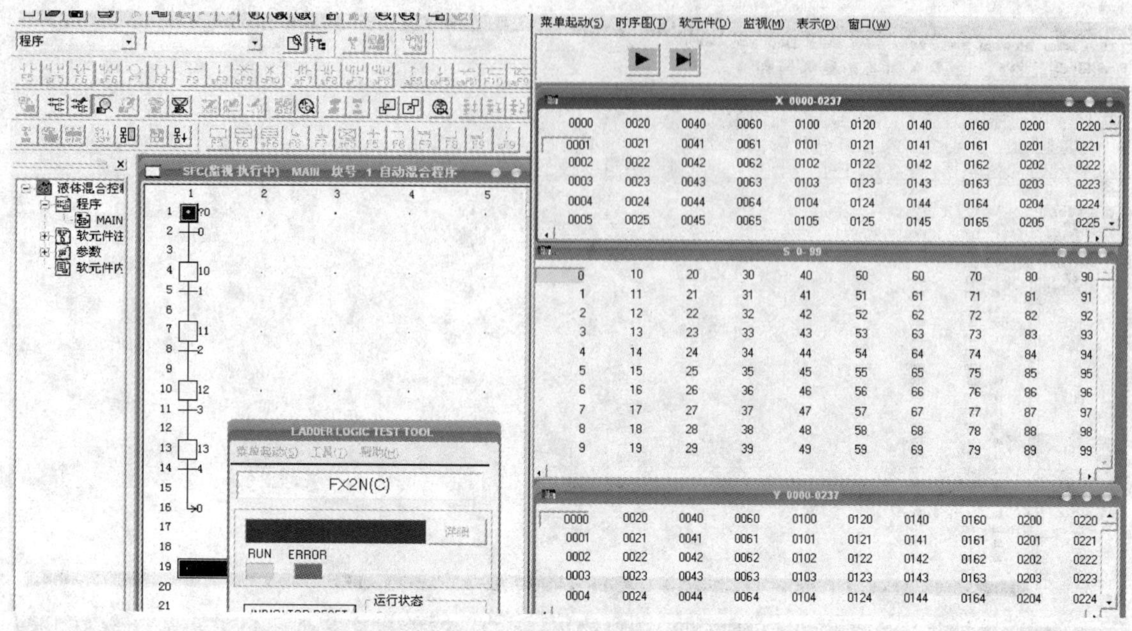

图 8—36　初始状态（S0）仿真画面

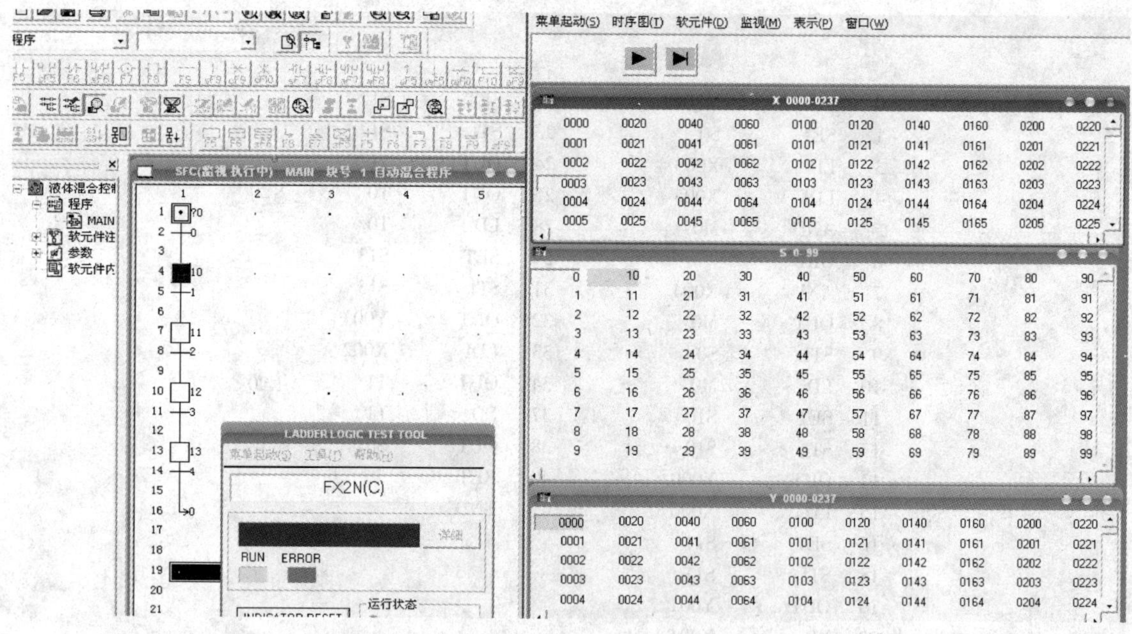

图 8—37　流入 A 液体仿真画面

（3）流入 B 液体的仿真

在图 8—40 所示的画面中，双击 X000（接通 A 液面传感器 SL2），接通输入继电器 X000 线圈，X000 灯亮，此时 SFC 块中的状态 S10 的蓝色框会自动跳到 S11 状态；同时，位元件窗口的 S10 灯熄灭，S11 灯亮，输出继电器 Y0（A 液体电磁阀 YV1）线圈断电，阀门关闭灯熄灭，而输出继电器 Y1（B 液体电磁阀 YV2）线圈得电，阀门打开灯亮。这时仿真画面如图 8—38 所示。

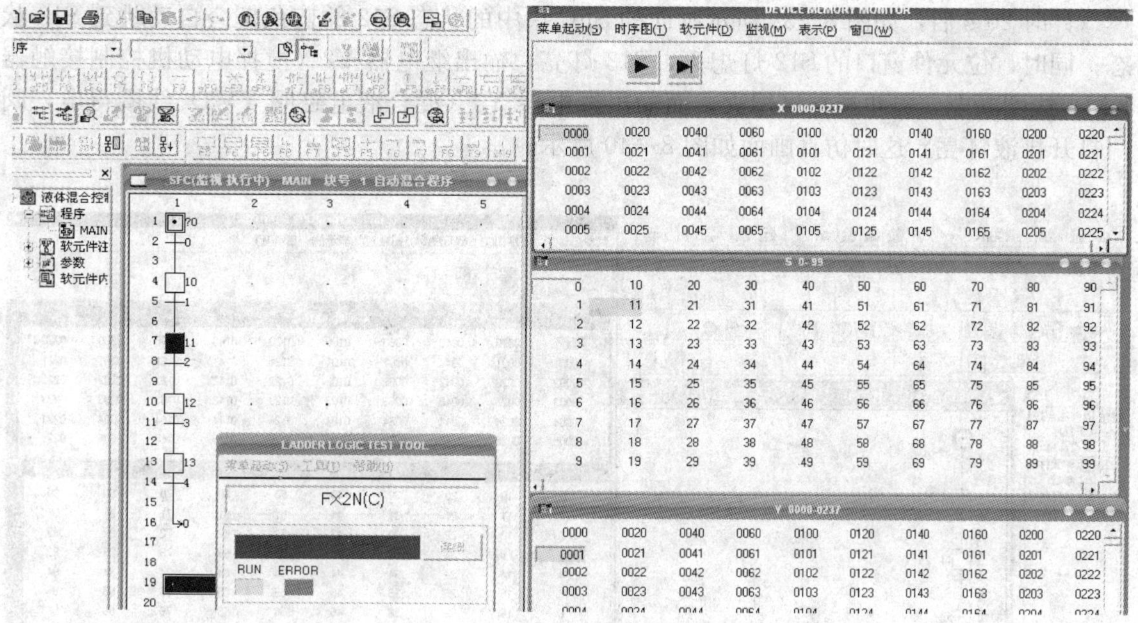

图 8—38　流入 B 液体仿真画面

（4）驱动搅拌机开始搅拌并计时 20 s 的仿真

在如图 8—39 所示的画面中，双击 X001（接通 B 液面传感器 SL3），接通输入继电器 X001 线圈，X001 灯亮，此时 SFC 块中的状态 S11 的蓝色框会自动跳到 S12 状态；同时，位元件窗口的 S11 灯熄灭，S12 灯亮，输出继电器 Y1（B 液体电磁阀 YV1）线圈断电，阀门关闭灯熄灭，而输出继电器 Y2（搅拌电动机控制接触器 KM）线圈得电，电动机搅拌灯亮。这时仿真画面如图 8—39 所示。

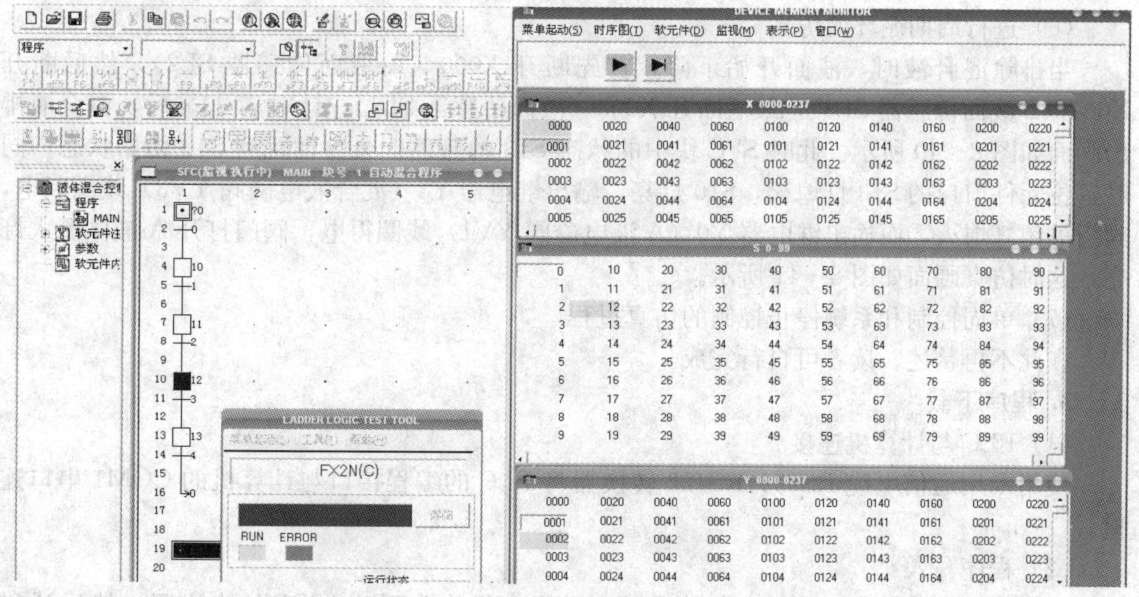

图 8—39　驱动搅拌机开始搅拌仿真画面

（5）混合液排出的仿真

计时 20 s 后，如图 8—39 所示画面的 SFC 块中的状态 S12 的蓝色框会自动跳到 S13 状态；同时，位元件窗口的 S12 灯熄灭，S13 灯亮，输出继电器 Y2（搅拌电动机控制接触器 KM）线圈断电，停止搅拌灯熄灭，而输出继电器 Y3（混合液电磁阀 YV3）线圈得电，阀门打开排液灯亮。这时仿真画面如图 8—40 所示。

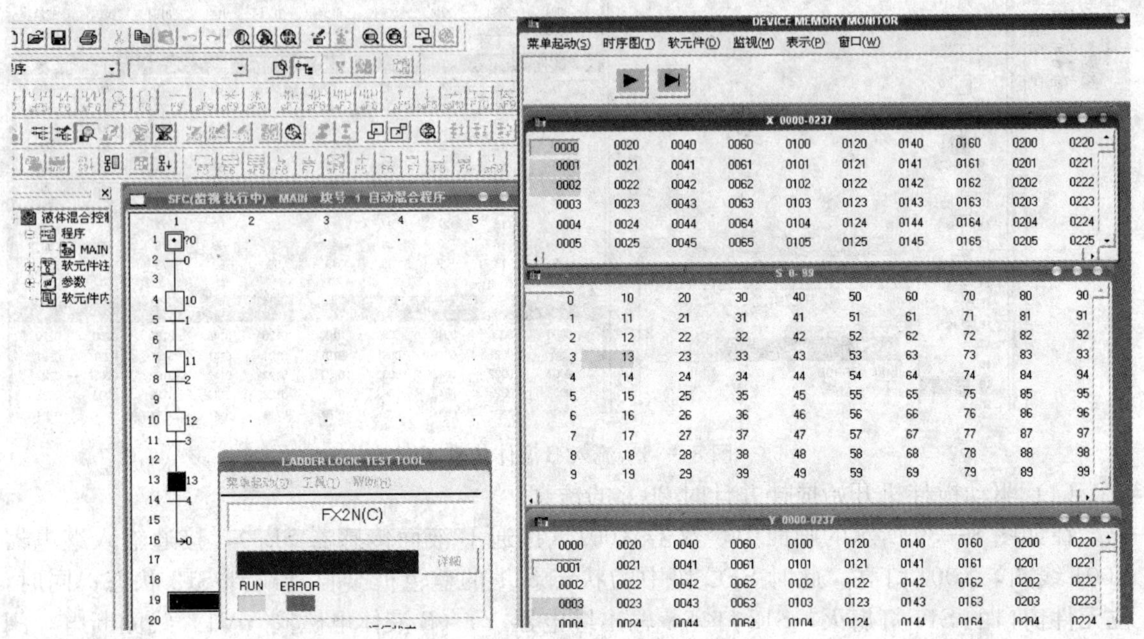

图 8—40　混合液排出仿真画面

（6）进行周期循环的仿真

当排除混合液时，液面开始下降，首先断开 X000（A 液面传感器 SL2），然后断开 X001（B 液面传感器 SL3），最后断开 X003（液面传感器 SL1），计时满 20 s 后，混合液排出画面如图 8—40 所示。此时 SFC 块中的状态 S13 的蓝色框会自动跳到 S10 初始状态；同时，位元件窗口的 S13 灯熄灭，S10 灯亮，输出继电器 Y3（混合液电磁阀 YV3）线圈断电，阀门关闭灯熄灭，而输出继电器 Y0（A 液电磁阀 YV1）线圈得电，阀门打开 A 液体流入灯亮。这时仿真画面如图 8—41 所示。

（7）单周控制和系统停止控制的仿真过程

在此不再赘述，读者可自行完成。

3. 程序下载

（1）PLC 与计算机连接

使用专用通信电缆 RS232/RS422 转换器将 PLC 的编程接口与计算机的 COM1 串口连接。

（2）程序写入

首先接通系统电源，将 PLC 的 RUN/STOP 开关拨到“STOP”的位置，然后通过 MELSOFT 系列 GX Developer 软件中的“PLC”菜单的“在线”栏的“PLC 写入”，就可

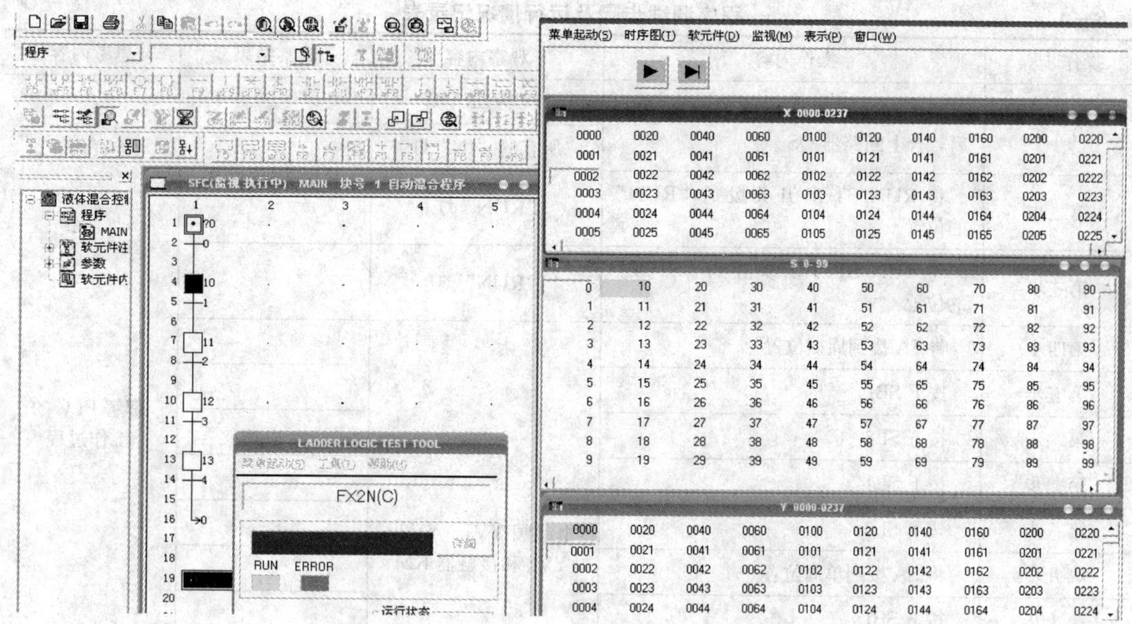

图 8—41　进行周期循环的仿真画面

以把仿真成功的程序写入到 PLC 中。

五、线路安装与调试

1. 识读接线图根据 I/O 接线图了解元件及线路连接。

2. 安装电路

(1) 检查元器件

根据表 8—2 配齐元器件，检查元器件的规格是否符合要求，并用万用表检测元器件是否合格。

(2) 固定元器件

固定好本项目所需元器件。

(3) 配线安装

根据配线原则和工艺要求，进行配线安装。

(4) 自检

对照接线图检查接线是否无误，再使用万用表检测电路的阻值是否与设计相符。

3. 通电调试

(1) 经自检无误后，在指导教师的指导下方可通电调试。

(2) 首先接通系统电源开关 QS，将 PLC 的 RUN/STOP 开关拨到“RUN”的位置，然后通过计算机上的 MELSOFT 系列 GX Developer 软件中的“监控/测试”监视程序的运行情况，再按照表 8—4 进行操作，观察系统运行情况并做好记录。如出现故障，应立即切断电源，分析原因，检查电路或梯形图，排除故障后方可进行重新调试，直到系统功能调试成功为止。

表 8—4　　　　　　　　　　　　　　程序调试步骤及运行情况记录表

操作步骤	操作内容	观察内容	观察结果	思考内容
第一步	将仿真成功后的程序下载到 PLC 后，合上断路器 QS	“POWER”灯		理解 PLC 的工作过程
		所有的“IN”灯		
第二步	将 RUN/STOP 开关拨到“RUN”的位置	“RUN”灯		
第三步	将 RUN/STOP 开关拨到“STOP”的位置	“RUN”灯		
第四步	将 SA 拨到周期位置	电磁阀 YV1、YV2、YV3 和接触器 KM		
第五步	按下 SB1			
第六步	按下 SL2			
第七步	按下 SL1			
第八步	按下 SL3			
第九步	将 SA 拨到单周位置			
第十步	按下 SB1			
第十一步	按下 SL2			
第十二步	按下 SL1			
第十三步	按下 SL3			

液体混合控制项目中如果电磁阀线圈电压额定值为 DC24V，接触器线圈电压额定值为 AC220V，想一想 PLC 接线图如何表示？进行实际接线训练。

一、理论知识拓展

1. 栈操作指令在 STL 图中的使用

在 STL 触点后不可以直接使用 MPS 栈操作指令，只有在 LD 或 LDI 指令后才可以使用，如图 8—43 所示。

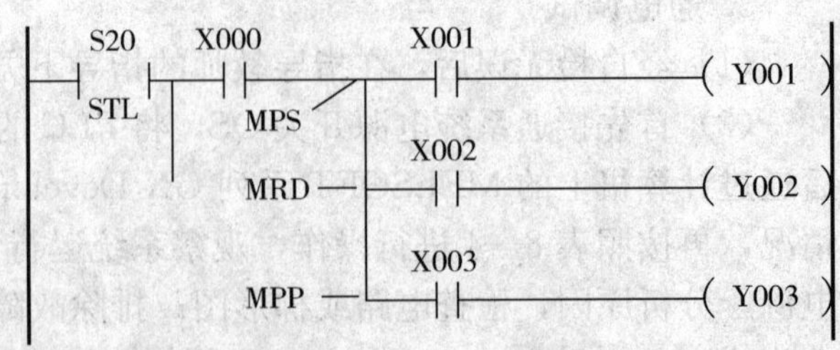

图 8—43　栈操作指令在 STL 图中的使用

2. OUT 指令在 STL 图中的使用

OUT 指令和 SET 指令对 STL 指令后的状态继电器具有相同的功能，都会将原来的活动步对应的状态继电器自动复位。但在 STL 图中，分离状态（非相连状态）的转移必须使用 OUT 指令，如图 8—44 所示。

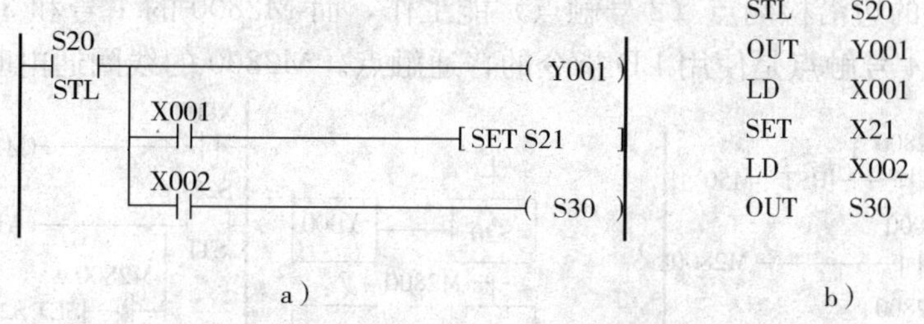

图 8—44　状态的转移使用 OUT 指令

a）梯形图　b）指令表

在 STL 区内的 OUT 指令还用于顺序功能图中闭环和跳步，如果想跳回已经处理过的步，或向前跳过若干步，可对状态继电器使用 OUT 指令，如图 8—45 所示。OUT 指令还可以用于远程跳步，即从顺序功能图中的一个序列跳到另外一个序列。以上情况虽然可以使用 SET 指令，但最好使用 OUT 指令。

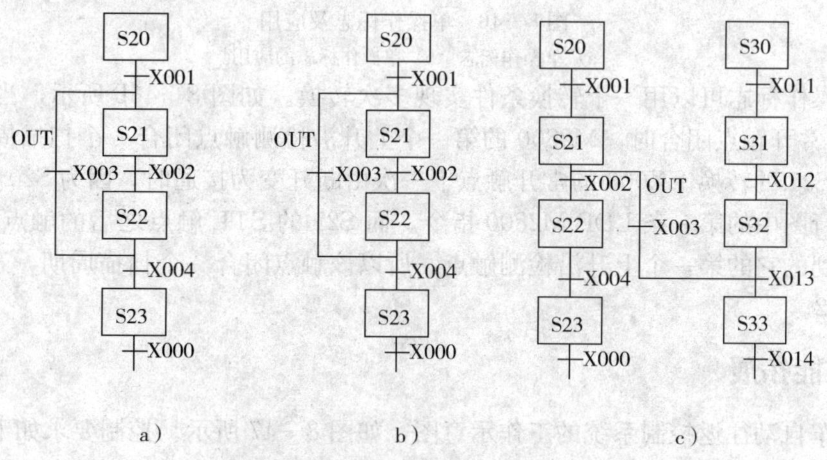

图 8—45　STL 区内的闭环和跳步使用 OUT 指令

a）往前跳步　b）往后跳步　c）远程跳步

3. 用于顺序功能图的特殊辅助继电器

在顺序功能图中，经常会使用一些特殊辅助继电器，其名称和功能见表 8—5。

表 8—5　　用于顺序功能图的特殊辅助继电器

元件编号	名称	功能和用途
M8000	RUN 运行	PLC 在运行中始终接通的继电器，可作为驱动程序的输入条件或作为 PLC 运行状态的显示来使用
M8002	初始脉冲	在 PLC 接通（由 OFF→ON）时，仅在瞬间（1 个扫描周期）接通的继电器，用于程序的初始设定或初始状态的置位/复位
M8040	禁止转移	该继电器接通后，则禁止在所有状态之间转移。在禁止转移状态下，各状态内的程序继续运行，输出不会断开
M8046	STL 动作	任一状态继电器接通时，该继电器自动接通。用于避免与其他流程同时启动或者用于工序的动作标志
M8047	STL 监视有效	该继电器接通，编程功能可自动读出正在工作中的元件状态并加以显示

4. 单操作标志及应用

M2800～M3071 是单操作标志，当如图 8—46 所示的 M2800 的线圈通电时，只有它后面第一个 M2800 的边沿检测点（2 号触点）能工作，而 M2800 的 1 号和 3 号脉冲触点不会动作。M2800 的 4 号触点是使用 LD 指令的普通触点。M2800 的线圈通电时，该触点闭合。

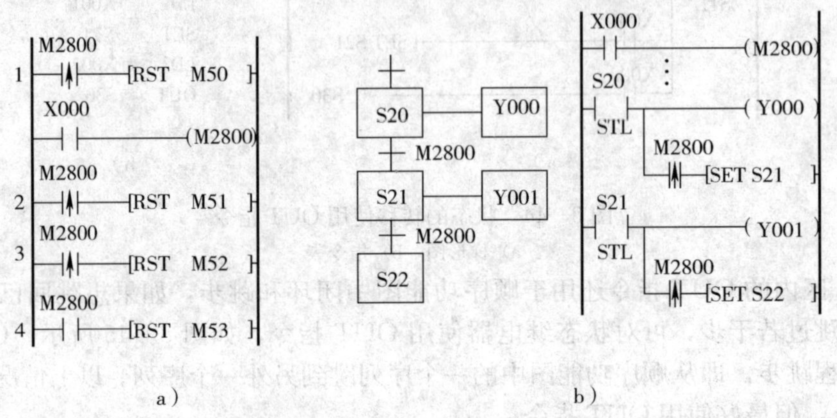

图 8—46　单操作标志及应用

a）单操作标志　b）单操作标志的应用

借助单操作标志可以用一个转换条件实现多次转换。如图 8—46b 所示，当 S20 为活动步，X000 的常开触点闭合时，M2800 的第一个上升沿检测触点闭合一个扫描周期，实现了步 S20 到步 S21 的转换。X000 的常开触点下一次由断开变为接通时，因为 S20 是不活动步，所以没有执行图中的第一条 LDP M2800 指令。而 S21 的 STL 触点之后的触点是 M2800 的线圈之后遇到的它的第一个上升沿检测触点，所以该触点闭合一个扫描周期，系统由步 S21 转换到步 S22。

二、技能拓展

有一台车自动往返控制系统的工作示意图，如图 8—47 所示。控制要求如下：

1. 按下启动按钮 SB0，电动机 M 正转，台车前进；碰到限位开关 SQ1 后，电动机 M 反转，台车后退。

2. 台车后退碰到限位开关 SQ2 后，电动机 M 停转，台车停车 5 s 后，第二次前进，碰到限位开关 SQ3，再次后退。

3. 当后退再次碰到限位开关 SQ2 时，台车停止。

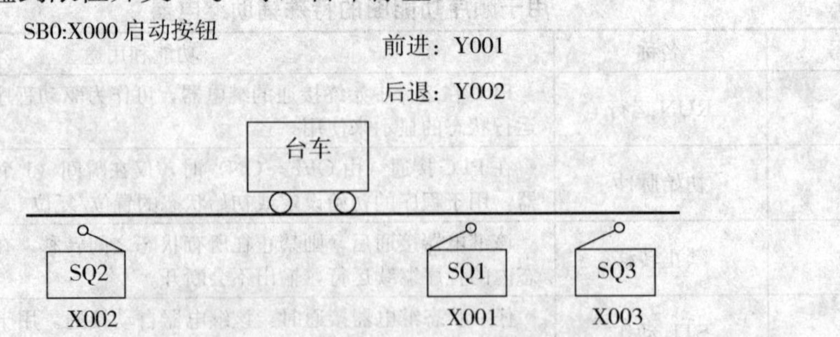

图 8—47　台车自动往返控制系统的工作示意图

对上述台车自动往返控制系统的控制要求进行分析，可以知道其一个工作周期有 5 个工序，每个工序状态继电器的分配、功能与作用以及转换条件见表 8—6。

表 8—6　　每个工序状态继电器的分配、功能与作用以及转换条件

工序	分配的状态继电器	功能与作用	转换条件
0. 初始状态	S0	PLC 上电做好准备	M8002
1. 第一次前进	S20	驱动输出线圈 Y001，M 正转	X000（SB0）
2. 第一次后退	S21	驱动输出线圈 Y002，M 反转	X001（SQ1）
3. 暂停 5 s	S22	驱动定时器 T0 延时 5 s	X002（SQ2）
4. 第二次前进	S23	驱动输出线圈 Y001，M 正转	T0
5. 第二次后退	S24	驱动输出线圈 Y002，M 反转	X003（SQ3）

根据表 8—5 可设计其顺序功能图，如图 8—48 所示。

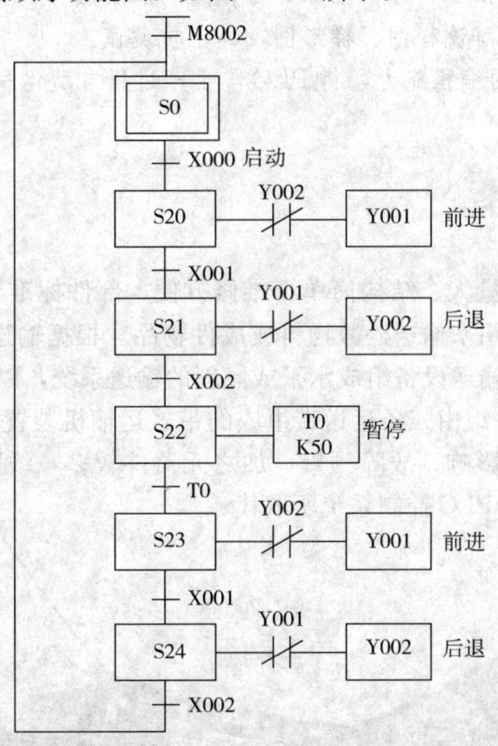

图 8—48　台车自动往返控制系统顺序功能图

试将如图 8—48 的顺序功能图转换成梯形图，并写出指令语句表。

项目九

带式运输机

学习目标

1. 掌握选择性分支与汇合、并行性分支与汇合的应用。
2. 能根据控制要求编写流程图、梯形图，并上机调试。
3. 进一步提高 PLC 的编程能力，将 PLC 与生产过程自动化联系起来。

项目任务

带式输送机具有输送量大、结构简单、维修方便、部件标准化等优点，广泛应用于矿山、冶金、煤炭等行业，用来输送松散物料或成件物品。根据输送工艺要求，可单台输送，也可由多台组成或与其他输送设备组成水平或倾斜的输送系统，以满足不同布置形式的作业线需要。图 9—1 所示是一组由三条运送带组成的带式运输机装置。带式运输机以前采用继电器控制系统，受环境的影响，故障频繁，加之元器件较多，线路复杂，不易维修，随着 PLC 的广泛应用，逐渐被 PLC 控制系统所取代。

图 9—1 带式运输机装置

本项目的主要内容是以图 9—1 的带式运输机装置为例，运用 PLC 的顺序控制设计法中的选择序列及并行序列结构的状态编程法，完成对带式运输机装置的电气控制。

图 1—9 所示的带式运输机装置主要由三台带式运输机带 1、带 2 和带 3 组成，每台带式运输机分别由各自的电动机所驱动，各台运输机之间有着密切的关系，其控制要求如下：

1. 带式运输机装置启动运行时，按下启动按钮后，首先启动运行带 3；经过 5 s 的延时，带 2 自动启动运行；再经 5 s 的延时，带 1 自动启动运行。

2. 带式运输机装置停止时的过程与启动相反，按下停止按钮后，先停止带 1，延时 5 s 后带 2 自动停止，再过 5 s 后带 3 自动停止。

3. 当带式运输机装置中的任意一台带式运输机发生故障时，该台带式运输机前面的带式运输机会立即停止工作，而该台带式运输机后面的带式运输机必须依次延时 5 s 停止运行。例如，M2 发生故障，则 M1、M2 立即停止，而 M3 在 M2 停止运行 5 s 后停止运行。

顺序控制设计法除了在项目七、项目八中所介绍的单序列结构的编程方法外，还有选择序列结构的状态编程法和并行系列结构的状态编程法等。本项目重点介绍选择序列结构的状态编程法的应用。

一、用步进指令实现的选择序列的编程方法

1. 选择序列分支的编程方法

图 9—2 所示的步 S20 之后有一个选择序列分支。当步 S20 为活动步时，如果转换条件 X002 满足，将转换到步 S21；如果转换条件 X003 满足，将转换到步 S22；如果转换条件 X004 满足，将转换到步 S23。

如果某一步的后面有 N 条选择序列的分支，则该步的 STL 触点开始的电路中应有 N 条分别指明各转换条件和转换目标的并联电路。对于图 9—2 中步 S20 之后的这三条支路有三个转换条件 X002、X003 和 X004，可能进入步 S21、步 S22 和步 S23，所以在步 S20 的 STL

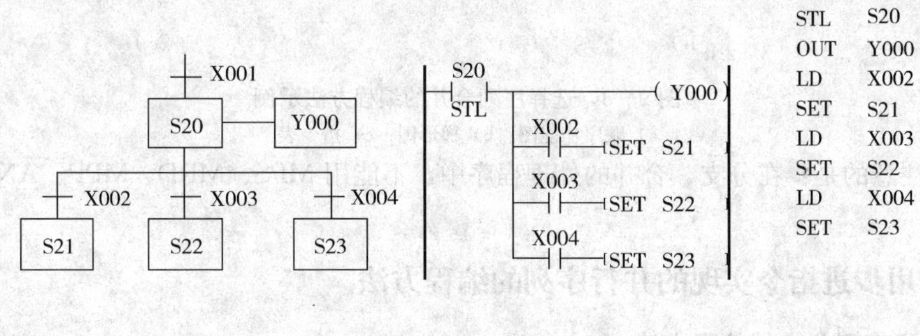

图 9—2　选择序列分支的编程法示例

a）顺序功能图　b）梯形图　c）指令表

触点开始的电路块中，有三条由 X002、X003 和 X004 作为置位条件的串联电路。STL 触点具有与主控指令（MC）相同的特点，即 LD 点移到了 STL 触点的右端，对于选择序列分支对应的电路设计，是很方便的。用 STL 指令设计复杂系统梯形图时，更能体现其优越性。

2. 选择序列合并的编程方法

图 9—3 所示的步 S24 之前有一个由三条支路组成的选择序列的合并。当步 S21 为活动步，转换条件 X001 得到满足；或者步 S22 为活动步，转换条件 X002 得到满足；或者步 S23 为活动步，转换条件 X003 得到满足时，都将使步 S24 变为活动步，同时将步 S21、步 S22 和步 S23 变为不活动步。

在梯形图中，由 S21、S22 和 S23 的 STL 触点驱动的电路块中均有转换目标 S24，对它们的后续步 S24 的置位是用 SET 指令来实现的，对相应的前级步的复位是由系统程序自动完成的。其实在设计梯形图时，没有必要特别留意如何处理选择序列的合并，只要正确地确定每一步的转换条件和转换目标，就能自然地实现选择序列的合并。

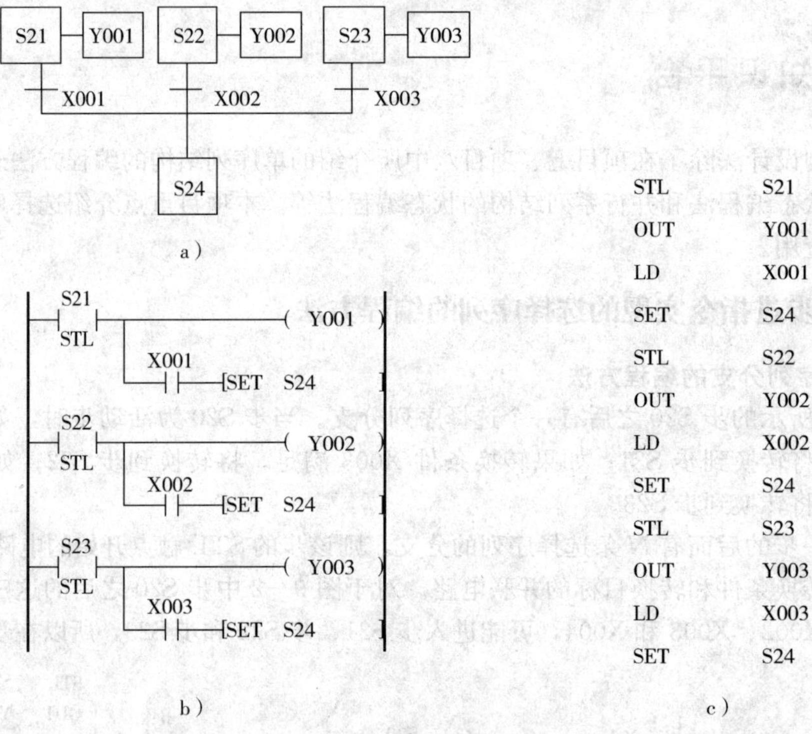

图 9—3　选择序列合并的编程方法示例

a）顺序功能图　b）梯形图　c）指令表

值得注意的是：在分支、合并的处理程序中，不能用 MPS、MRD、MPP、ANB、ORB 指令。

二、用步进指令实现的并行序列的编程方法

1. 并行序列分支的编程方法

在图 9—4 所示的功能图中，步 S20 之后有一个并行序列的分支即 S21、S31 和 S41。当步 S20 是活动步时，且转换条件 X000 满足，步 S21、步 S31 和步 S41 同时变为活动步，这

三个序列同时开始工作。在梯形图中，用 S20 的 STL 触点和 X000 的常开触点组成的串联电路控制 SET 指令对 S21、S31 和 S41 同时置位，同时系统程序将前级步 S20 变为不活动步。

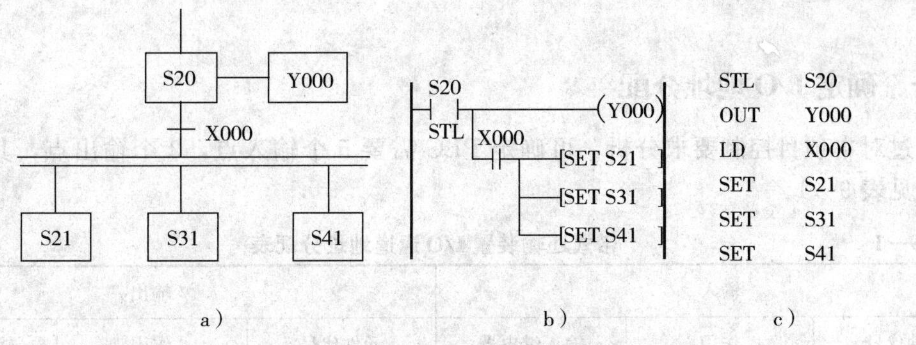

图 9—4 并行序列分支的编程方法示例

a）顺序功能图 b）梯形图 c）指令表

2. 并行序列合并的编程方法

图 9—5 所示的并行序列合并处的转换有三个前级步 S21、S31 和 S41，根据转换实现的基本原则，当它们均为活动步，并且转换条件 X010 得到满足时，将实现并行序列合并。在梯形图中，用 S21、S31 和 S41 所对应的 STL 触点和 X010 的常开触点组成串联电路使 S42 置位。在图 9—5 所示中，S21、S31 和 S41 的 STL 触点均出现了两次，如果不涉及并行序列合并，同一状态继电器的 STL 触点只能在梯形图中使用一次。串联的 STL 触点的个数不能超过八次，也就是说，一个并行序列中的序列数不能超过八个。

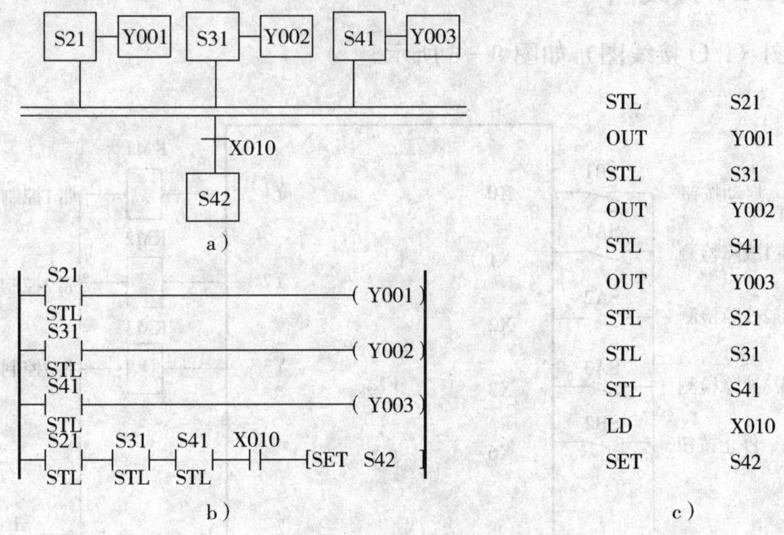

图 9—5 并行序列合并的编程方法示例

a）顺序功能图 b）梯形图 c）指令表

一、确定 I/O 地址分配

通过对本项目控制要求分析，可确定 PLC 需要 5 个输入点，3 个输出点，其 I/O 通道分配表见表 9—1。

表 9—1　　带式还输装置 I/O 通道地址分配表

输入			输出		
元件代号	作用	输入继电器	元件代号	作用	输出继电器
SB1	启动按钮	X0	KM1	带 1 控制	Y1
SA1	带 1 故障检测	X1	KM2	带 2 控制	Y2
SA2	带 2 故障检测	X2	KM3	带 3 控制	Y3
SA3	带 3 故障检测	X3			
SB2	停止按钮	X6			

二、画出 PLC 接线图

PLC 接线图（I/O 接线图）如图 9—6 所示。

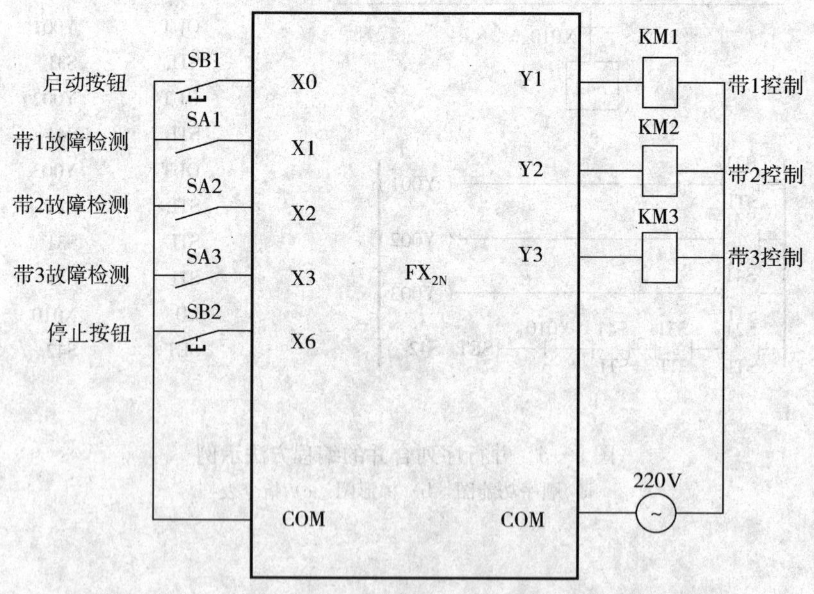

图 9—6　带式运输机装置 I/O 接线图

三、程序设计

根据I/O通道地址分配表及项目控制要求分析，画出本项目控制的状态流程图，并写出指令语句表，再转换成对应的梯形图。

1. 状态流程图

根据项目控制要求分析，采用单序列结构和选择序列分支的编程方法，画出本项目的状态流程图。

（1）带式运输机装置的正常启动和停止的程序设计

根据对项目任务的控制要求分析可知，装置中的带式运输机是典型的逆起顺停的顺序控制，可用前面项目中所述的单序列结构的编程方法，画出其顺序功能图，如图 9—7 所示。

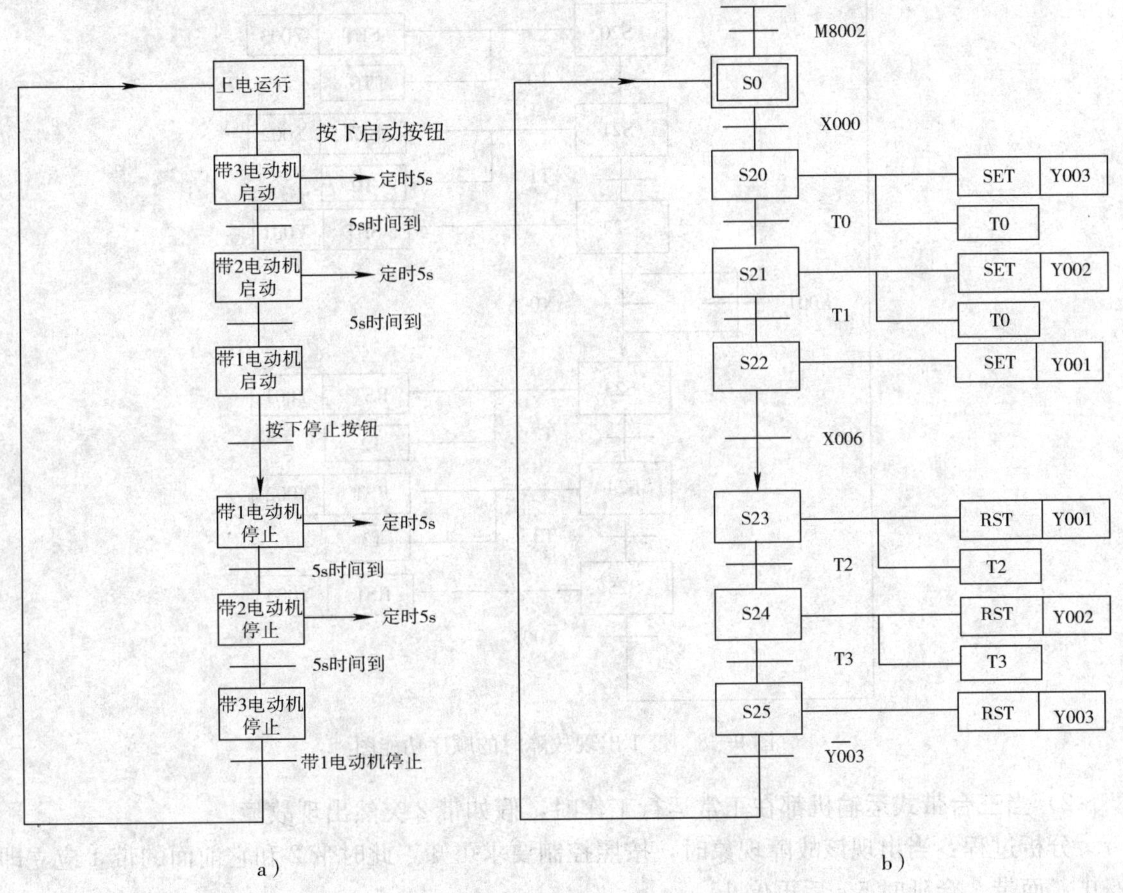

图 9—7 带式运输机装置功能框图与顺序功能图对照

a）功能框图 b）顺序功能图

（2）带式运输机装置的非正常（出现故障）停止的程序设计

通过对项目任务的控制要求分析可知，带式运输机装置出现非正常（即任何一台带式运输机出现故障）停止时，其他两台将按照控制要求进行停止，对此可用选择序列分支的编程方法进行程序设计。其分析设计过程应考虑以下几种情况：

1）当三台带式运输机都在正常运行工作时，假如带 1 突然出现故障。

分析过程：当出现该故障现象时，按照控制要求可知，此时带 1 应立即停止，而带 2、带 3 会依次延时 5 s 停止。

从图 9—7 中可知，三台带式运输机都在正常运行工作时，系统处于步 S22 状态，即 S22 为活动步。如果带 1 出现故障，检测开关 SA1（X001）闭合，转换条件 X001 得到满足，将转换到步 S23，这一过程和正常停止时一样，所以只要将 X001 和停止按钮 X006 的常开触点并联即可。其顺序功能图如图 9—8 所示。

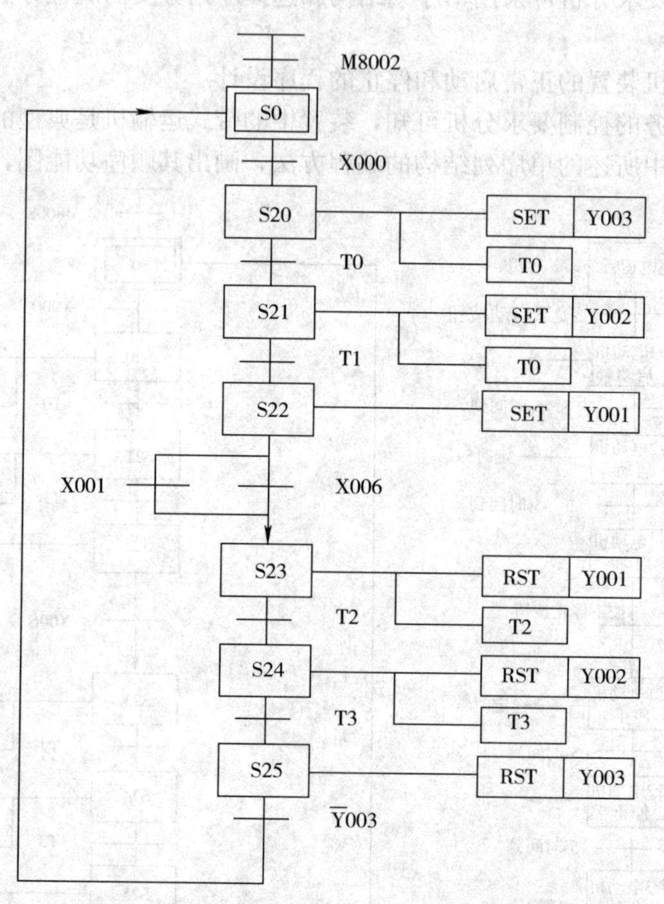

图 9—8 带 1 出现故障时的顺序功能图

2）当三台带式运输机都在正常运行工作时，假如带 2 突然出现故障。

分析过程：当出现该故障现象时，按照控制要求可知，此时带 2 和它前面的带 1 应立即停止，而带 3 会延时 5 s 后再停止。

从图 9—8 中可知，三台带式运输机都在正常运行工作时，系统处于步 S22 状态，即 S22 为活动步。如果带 2 出现故障，检测开关 SA2（X002）闭合，转换条件 X002 得到满足，将转换到步 S26，这时采用选择序列分支进行编程。其顺序功能图如图 9—9 所示。

无论是带 1 或者是带 2 发生故障停止，都要回到初始状态 S0，也就是说在 S0 之前有前级步 S25、S27，这时 S25、S27 为活动步，只要转换条件 Y003 常闭触点得到满足，将使初始步 S0 变为活动步，而将步 S25、S27 变为不活动步，这时运用选择序列合并编程方法。其顺序功能图如图 9—10 所示。

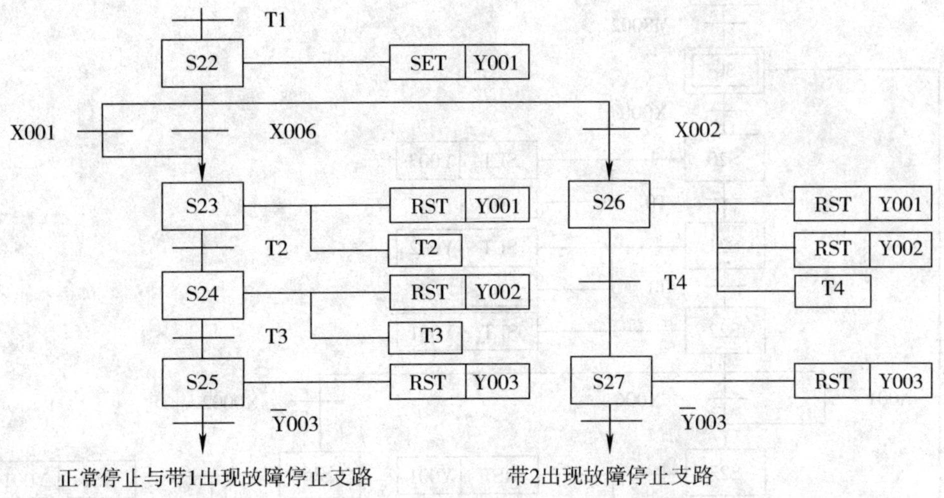

图 9—9　带 1、带 2 任何一台出现故障时的选择序列分支顺序功能图

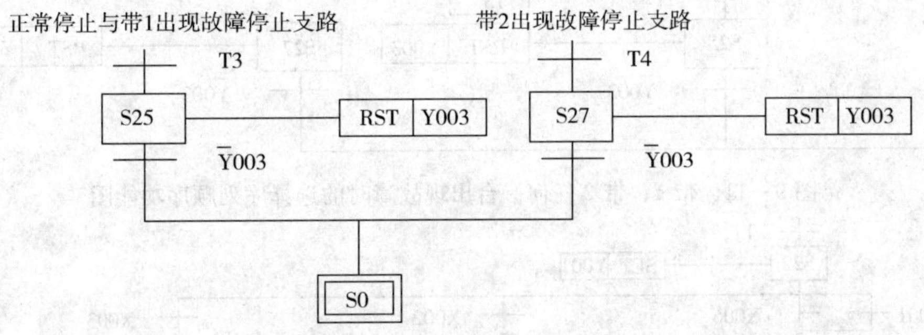

图 9—10　带 1、带 2 任何一台出现故障时的选择序列合并顺序功能图

从图 9—9 和图 9—10 可得到带 1、带 2 任何一台出现故障时的顺序功能图，如图 9—11 所示。

3）当三台带式运输机都在正常运行工作时，假如带 3 突然出现故障。

分析过程：当出现该故障现象时，按照控制要求可知，此时带 3 和它前面的带 2、带 1 应立即全部停止。

从图 9—11 中可知，三台带式运输机都在正常运行工作时，此时处于步 S22 状态，即 S22 为活动步。如果带 3 出现故障，检测开关 SA3（X003）闭合，转换条件 X003 得到满足，将转换到步 S28，此处采用选择序列分支进行编程。其顺序功能图如图 9—12 所示。

如采用选择序列合并进行编程，顺序功能图如图 9—13 所示。

从图 9—14 可以看出，当步 S22 为活动步时，如果转换条件 X001（带 1 故障）满足，将转换到步 S23；如果转换条件 X002（带 2 故障）满足，将转换到步 S26；如果转换条件 X003（带 3 故障）满足，将转换到步 S28。

对于图 9—14 中步 S22 之后的这三条支路有三个转换条件 X001、X002 和 X003，可能进入步 S23、步 S26 和步 S28，所以在步 S22 的 STL 触点开始的电路块中，有三条由 X001、X002 和 X003 作为置位条件的串联电路。

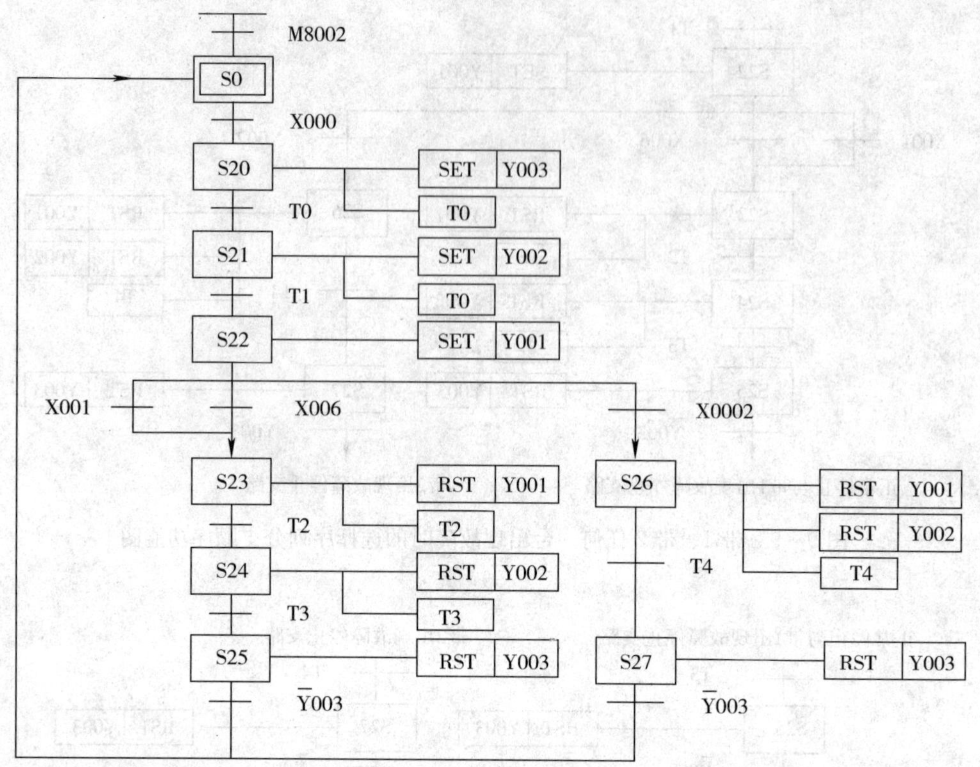

图 9—11　带 1、带 2 任何一台出现故障时的选择序列顺序功能图

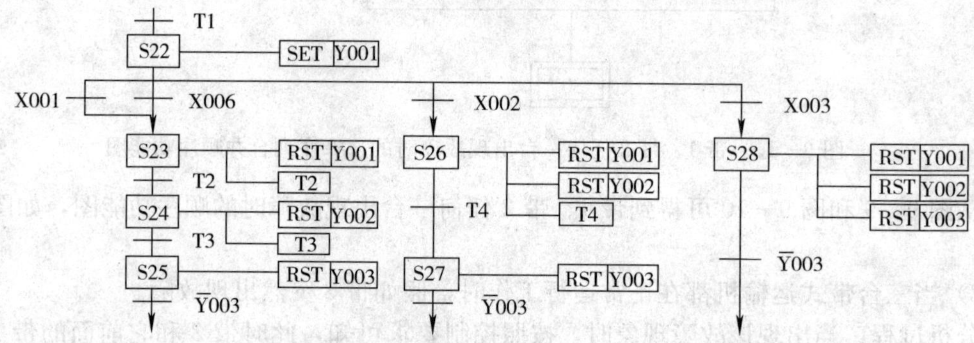

图 9—12　带 1、带 2 和带 3 任何一台出现故障时的选择序列分支顺序功能图

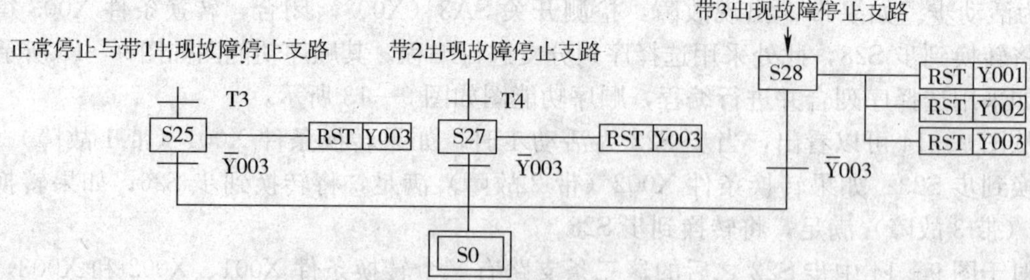

图 9—13　带 1、带 2 和带 3 任何一台出现故障时的选择序列合并的顺序功能图

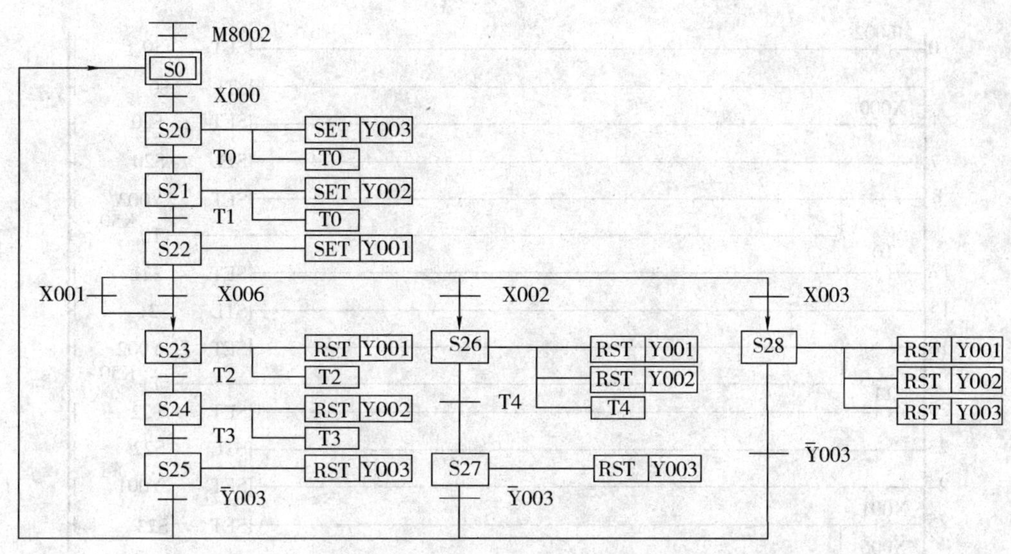

图 9—14　带 1、带 2 和带 3 无论任何一台出现故障时的顺序功能图

另外，从图 9—14 还可以看出，在步 S0 之前有一个由三条支路组成的选择序列的合并。当步 S25 为活动步，转换条件 Y003 得到满足；或者步 S27 为活动步，转换条件 Y003 得到满足；或者步 S28 为活动步，转换条件 Y003 得到满足时，都将使步 S0 变为活动步，同时将步 S25、步 S27 和步 S28 变为不活动步。

2. 指令表

根据图 9—14 所示的状态流程图，运用选择序列分支的指令编写方法，本项目的指令语句编写如图 9—15 所示。

3. 梯形图

根据图 9—15 所示的指令表，可将其转换为梯形图，如图 9—16 所示。

0	LD	M8002	
1	SET	S0	
3	STL	S0	
4	LD	X000	
5	SET	S20	
7	STL	S20	
8	SET	Y003	
9	OUT	T0	K50
12	LD	T0	
13	SET	S21	
15	STL	S21	
16	SET	Y002	
17	OUT	T1	K50
20	LD	T1	
21	SET	S22	
23	STL	S22	
24	SET	Y001	
25	LD	X001	
26	OR	X006	
27	SET	S23	
29	LD	X002	
30	SET	S26	
32	LD	X003	
33	SET	S28	
35	STL	S23	
36	RST	Y001	
37	OUT	T2	K50
40	LD	T2	
41	SET	S24	
43	STL	S24	
44	RST	Y002	
45	OUT	T3	K50
48	LD	T3	
49	SET	S25	
51	STL	S25	
52	RST	Y003	
53	LDI	Y003	
54	OUT	S0	
56	STL	S26	
57	RST	Y001	
58	RST	Y002	
59	OUT	T4	K50
62	LD	T4	
63	SET	S27	
65	STL	S27	
66	RST	Y003	
67	LDI	Y003	
68	OUT	S0	
70	STL	S28	
71	RST	Y001	
72	RST	Y002	
73	RST	Y003	
74	LDI	Y003	
75	OUT	S0	
77	RET		
78	END		

图 9—15　带式运输机装置指令表

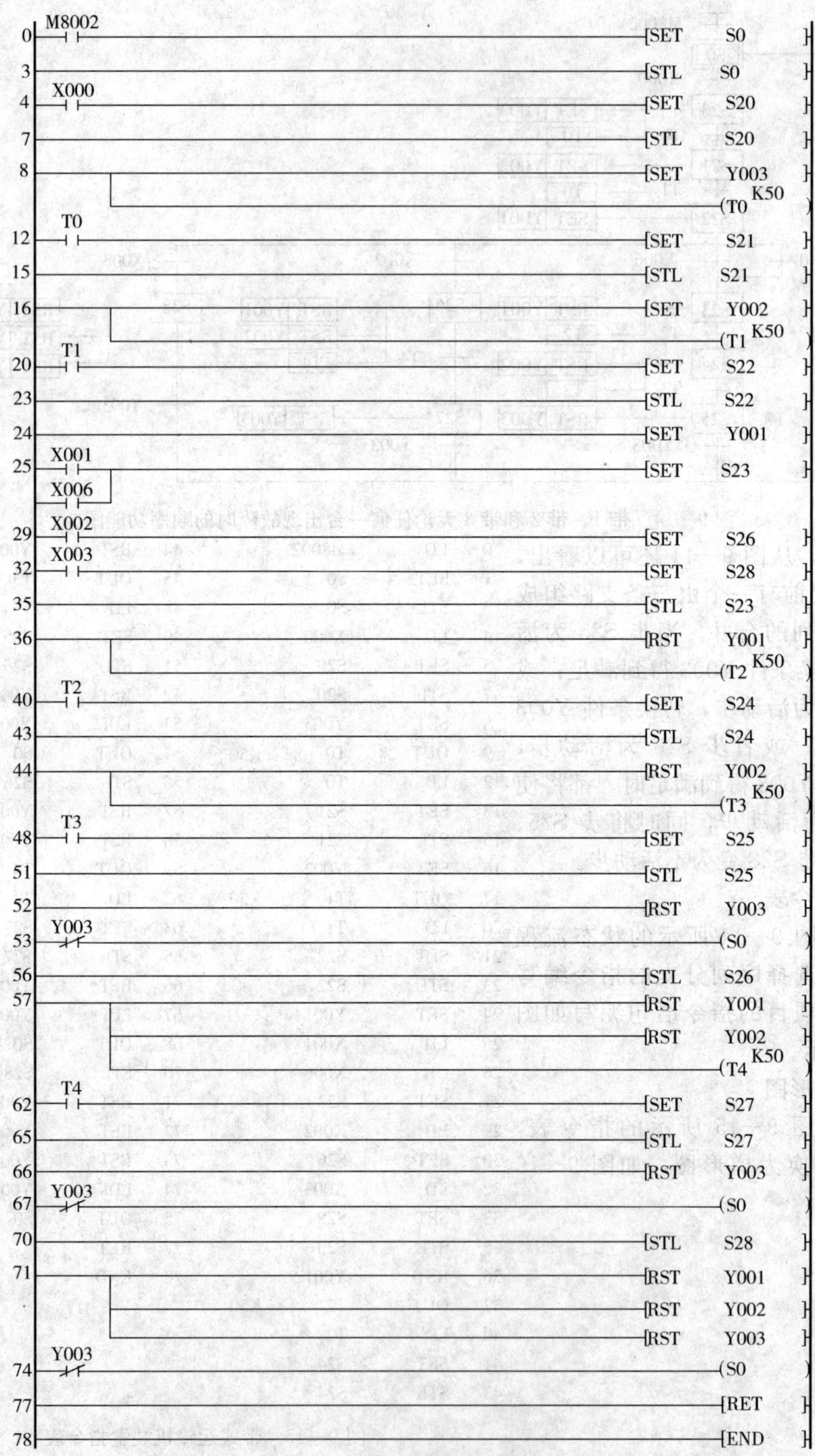

图 9—16　带式运输机装置梯形图

四、程序输入及仿真运行

本项目的程序输入有三种方法，即梯形图输入法、指令表输入法和状态流程图输入法。读者可根据自己的习惯采用不同的输入法。在进行步进顺序控制编程设计时，采用状态流程图输入法的较多，因为采用状态流程图输入法，用 STL 指令设计复杂系统梯形图时更能体现其优越性。

1. 程序输入

(1) 工程名的建立

启动 MELSOFT 系列 GX Developer 编程软件，如图 8—8 所示。首先选择 PLC 的类型为“FX2N (C)”，在程序类型框内选择“SFC”，创建新文件名，并在“工程名”项输入“带式运输机装置控制”；然后单击对话框内的“确定”按钮，进入如图 9—17 所示 SFC 块画面。

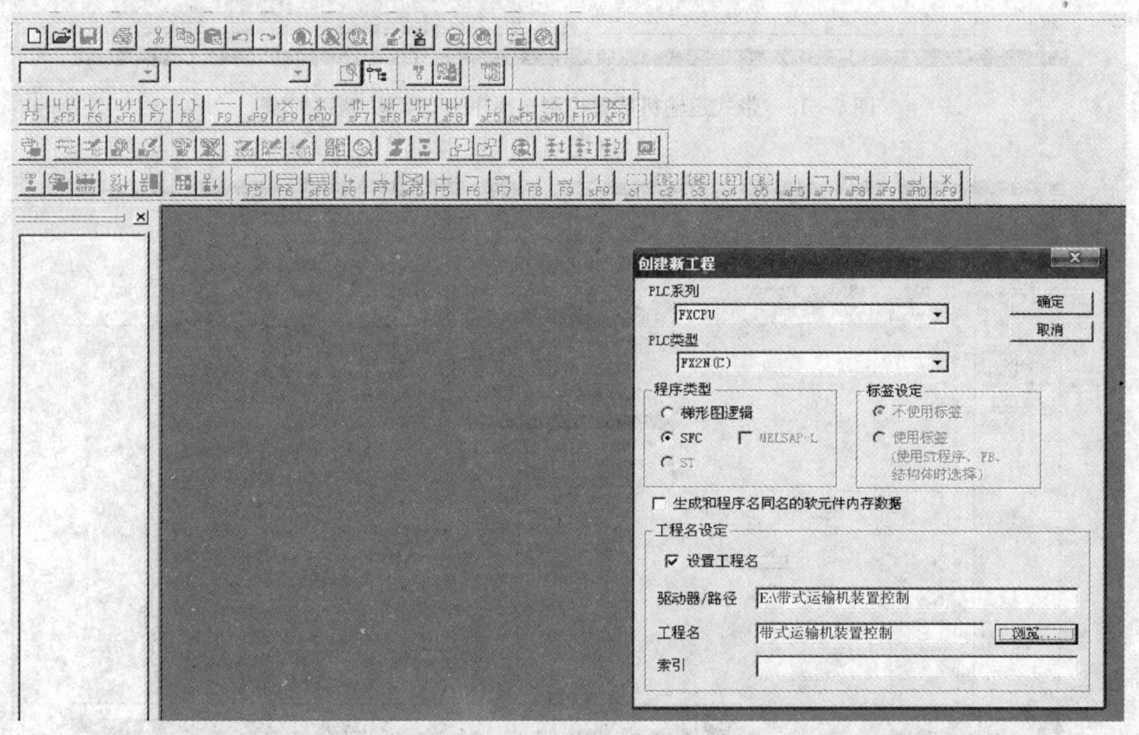

图 9—17　创建工程名画面

(2) 状态流程图输入法

运用项目八介绍的状态流程图输入法，将图 9—14 所示状态流程图（顺序功能图）通过编程软件输入计算机，输入过程在此不再赘述。输入完毕的状态流程图画面如图 9—18 所示。

SFC 块向梯形图的转换时，将光标移至如图 9—18 所示的管理窗口中的“程序”下的“MAIN”，然后在其上单击鼠标右键，出现选择菜单，再将光标移至菜单中的“改变程序类型”子菜单，并单击“梯形图逻辑”，出现如图 9—19 所示的画面。

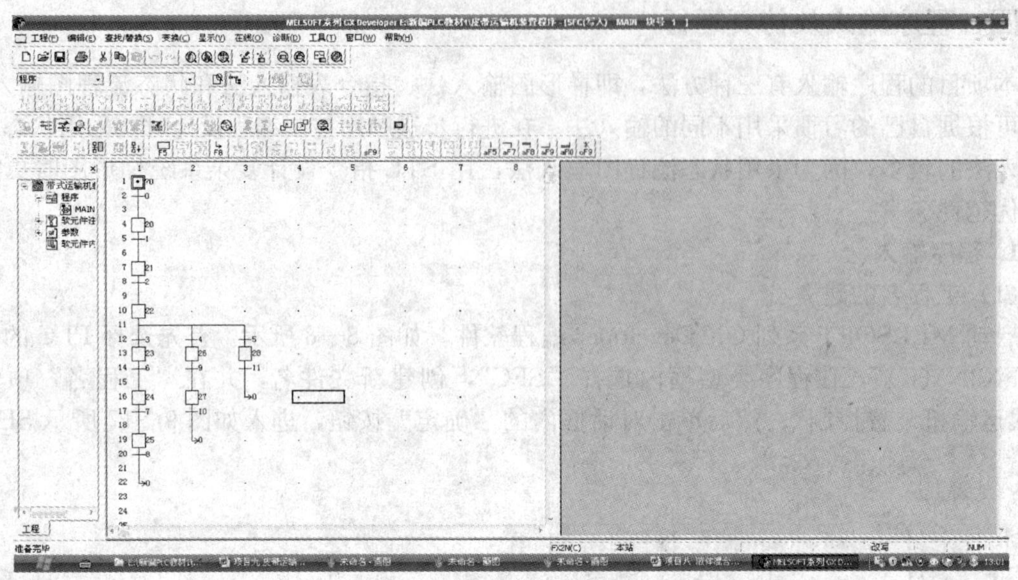

图 9—18　带式运输机装置控制选择序列 SFC 块编程画面

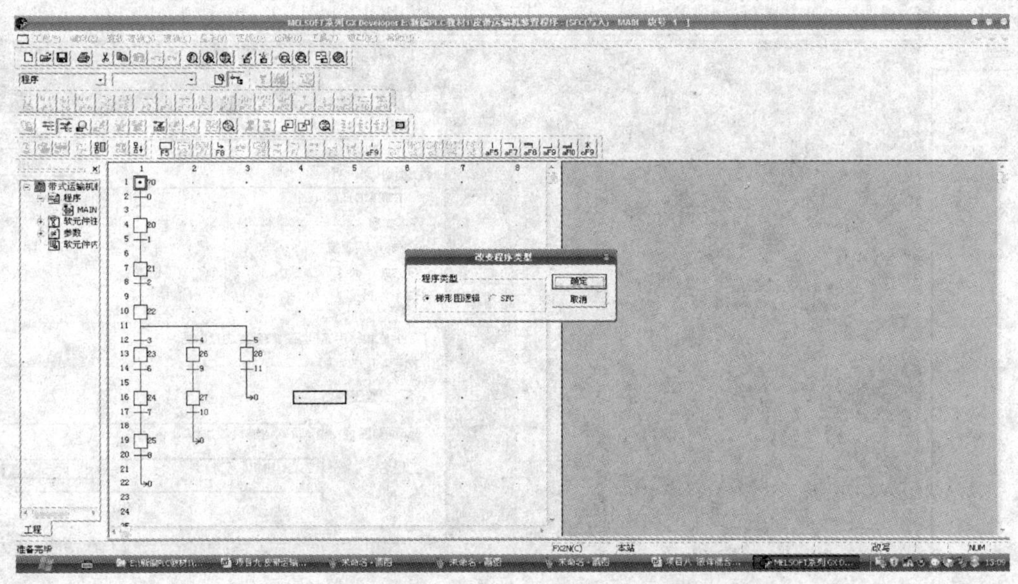

图 9—19　SFC 块向梯形图的转换操作画面一

单击图 9—19 所示中“改变程序类型”对话框中的“确定”按钮，出现利用 SFC 块编程方法转换成梯形图的画面，如图 9—20 所示。

由梯形图向指令表的转换时，将光标移至图 9—20 中的下拉菜单里的“梯形图/列表切换”图标“ ”，并单击，就会出现由梯形图向指令表转换的画面，如图 9—21 所示。

（3）指令表输入法

用项目二中所述的指令表输入法，将图 9—15 所示指令表中的指令语句，通过编程软件输入计算机，得到如图 9—21 的画面。然后在完成由指令表向梯形图的转换时，将光标移至

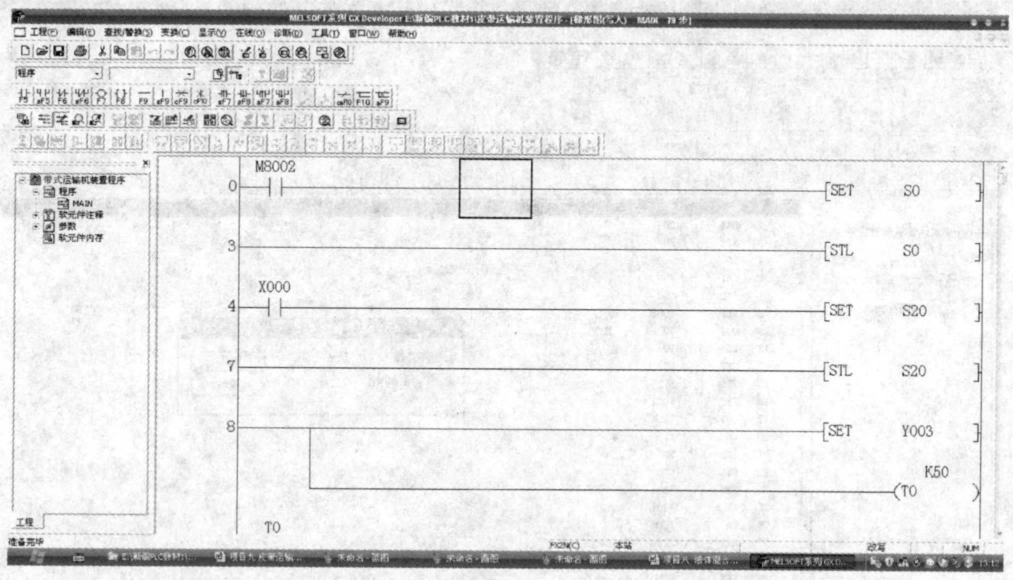

图 9—20 SFC 块向梯形图的转换操作画面二

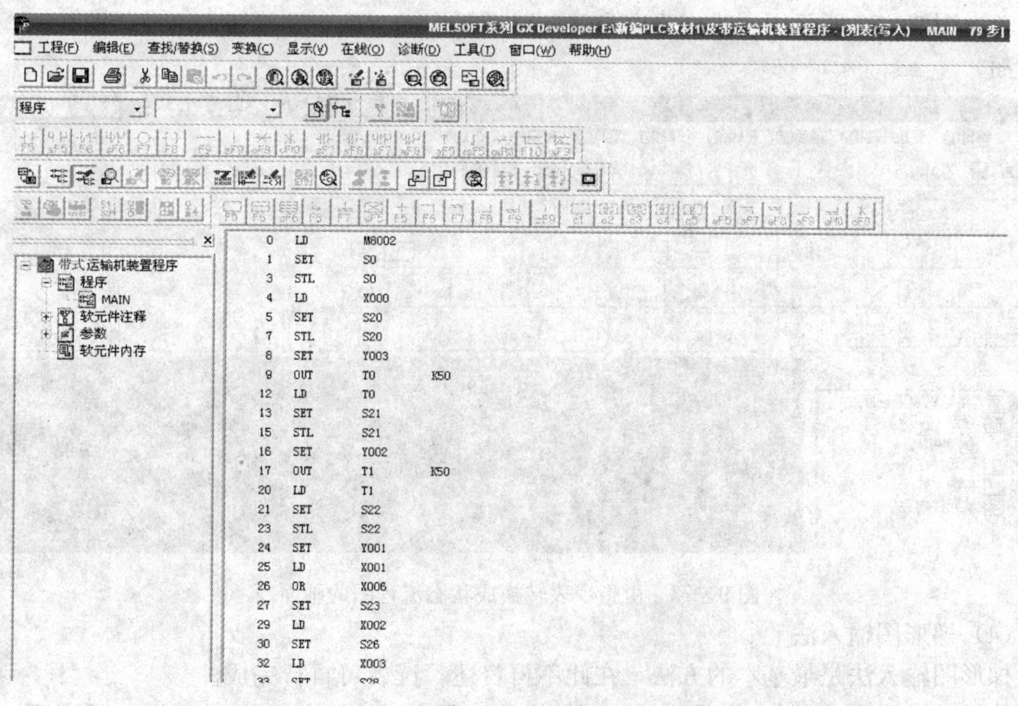

图 9—21 由梯形图转换成指令表的画面

图 9—21 中的下拉菜单里的“梯形图/列表切换”图标“”，并单击，就会出现由指令表向梯形图转换的画面，如图 9—20 所示。

由指令表直接转换成状态流程图时，只需将光标移至如图 9—21 的管理窗口中的“程序”下的“MAIN”，然后在其上单击鼠标右键，出现选择菜单，再将光标移至菜单中的“改变程序类型”子菜单并单击“SFC”，出现如图 9—22 所示的画面。

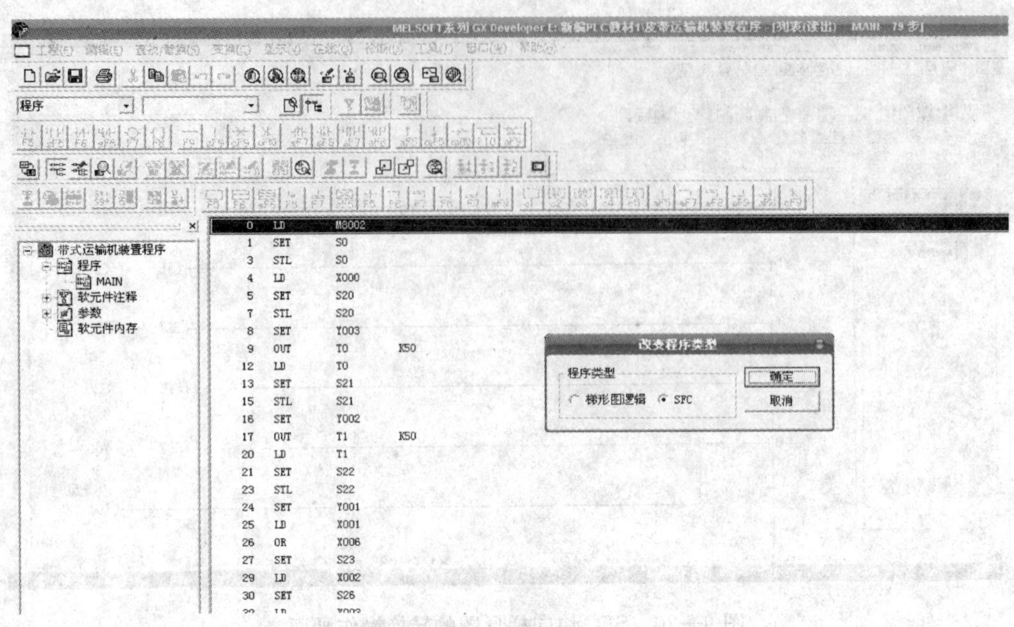
图 9—22　由指令表转换成状态流程图的画面一

单击图 9—22 所示中“改变程序类型”对话框中的“确定”按钮，出现如图 9—23 所示的画面。

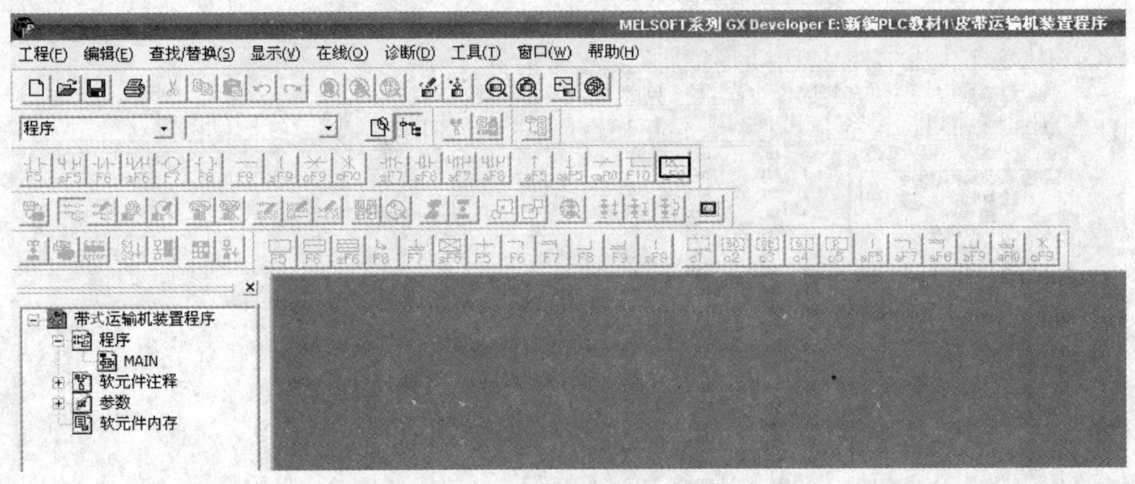
图 9—23　由指令表转换成状态流程图的画面二

（4）梯形图输入法

梯形图输入法是最基本的方法，在此不再赘述，读者可自行完成。

值得一提的是，在这三种输入法相互转换的过程中，只能实现：“指令表→梯形图→状态流程图”的转换；“指令表→梯形图”的转换；“指令表→状态流程图”的转换；“梯形图→状态流程图”的转换；“梯形图→指令表”的转换；“状态流程图→梯形图”的转换和“状态流程图→梯形图→指令表”的转换。而不能实现“状态流程图→指令表”的直接转换。

2. 仿真运行

按照项目八所述的状态流程图的仿真监控方法进行仿真运行，在此不再赘述，读者可自行完成。

3. 程序下载

把 PLC 与计算机连接，将程序写入 PLC 中。

五、线路安装与调试

1. 识读接线图

根据 I/O 接线图在模拟实物控制配线板上进行线路连接。

2. 安装电路

（1）检查元器件

根据表 9—1 配齐元器件，检查元器件的规格是否符合要求，并用万用表检测元器件是否合格。

（2）固定元器件

固定好本项目所需元器件。

（3）配线安装

根据配线原则和工艺要求，进行配线安装。

（4）自检

对照接线图检查接线是否无误，再使用万用表检测电路的阻值是否与设计相符。

3. 通电调试

（1）经自检无误后，在指导教师的指导下方可通电调试。

（2）首先接通系统电源开关 QS，将 PLC 的 RUN/STOP 开关拨到“RUN”的位置，然后通过计算机上的 MELSOFT 系列 GX Developer 软件中的“监控/测试”监视程序的运行情况，再按照表 9—2 进行操作，观察系统运行情况并做好记录。如出现故障，应立即切断电源，分析原因，检查电路或梯形图，排除故障后方可进行重新调试，直到系统功能调试成功为止。

表 9—2　程序调试步骤及运行情况记录表

操作步骤	操作内容	观察内容	观察结果	思考内容
第一步	将仿真成功后的程序下载到 PLC 后，合上断路器 QS	“POWER”灯		理解 PLC 的工作过程
		所有的“IN”灯		
第二步	将 RUN/STOP 开关拨到“RUN”的位置	“RUN”灯		
第三步	将 RUN/STOP 开关拨到“STOP”的位置	“RUN”灯		
第四步	将 SA 拨到周期位置	接触器 KM1、KM2 和 KM3		
第五步	按下 SB1			
第六步	三台运输机启动完毕后，按下 SB2			
第七步	三台运输机启动完毕后，按下 SA1			
第八步	三台运输机启动完毕后，按下 SA2			
第九步	三台运输机启动完毕后，按下 SA3			

在本项目控制中，增加紧急停止（X004），即按下紧急停止按钮 SB3，带式运输机装置的三台带式运输机会立即停止，试画出其状态流程图和梯形图。

一、理论知识拓展

1. 各种停止的实现

在步进顺控应用中，停止的处理比较复杂，可分为普通停止和紧急停止两种。

（1）普通停止

普通停止在此约定是指在执行完当前运行周期后停止。

图 9—24a 所示是两盏灯交替点亮控制的 SFC 图。控制系统使用一个开关（X000）控制启、停。当 X000 为 ON 时，系统运行；若 X000 为 OFF，系统则在执行完当前周期后停止输出，X000 在这里实现了普通停止。若系统使用一个启动按钮（X000），使用一个停止按钮（X001），对应的 SFC 图如图 9—24b 所示。在图 9—24b 中，初始状态 M0 一直处于激活状态，启动时，按下按钮，X001 为 ON，状态 M1 激活。由于初始状态 M0 之前的转换条件变成了 M8000，其在 PLC 运行期间一直为 ON，故 T0 延时时间到，M2 激活，M1 变为非激活态；当 T1 延时时间到时，T1 常开触点变为 ON。由于停止按钮没有按下，X001 为 OFF，故 M100 为 ON，其常开触点闭合，M2 到 M1 的转换条件 T1×M100 为 ON，转换正常进行，系统处于运行状态。若某个时刻 X001 变为 ON，则转换条件不能成立，系统不能正常转换，在执行完当前周期后停止，为普通停止。

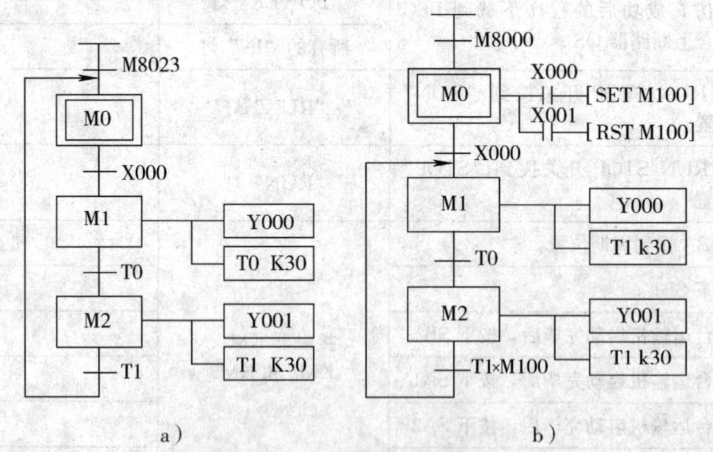

图 9—24 普通停止的处理

a）普通停止 SFC 图 1 b）普通停止 SFC 图 2

（2）紧急停止

紧急停止在此约定是指立即结束当前系统的运行，所有状态复位。紧急停止一般使用保持型输入元件，如开关、带保持功能的按钮等，并且一般使用常闭触点。在上述例子中，添加一个紧急停止按钮（带保持），接在输入 X002 上，使用常闭触点，其 SFC 图如图 9—25 所示。当 X002 为 OFF 时，除初始状态 M0 外，其他状态都复位，实现了紧急停止。

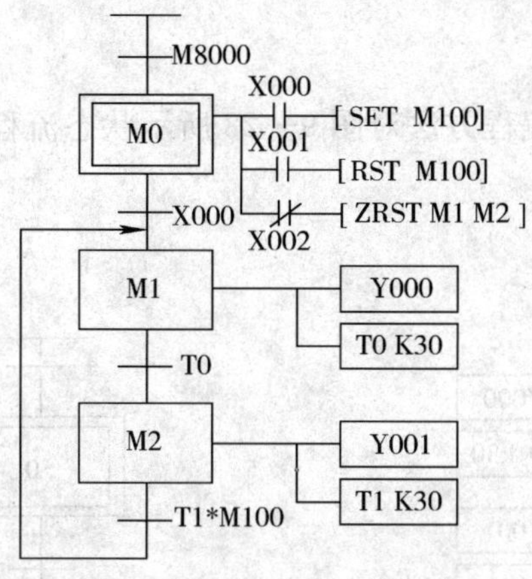

图 9—25　紧急停止的处理

以上仅对基于 M 的 SFC 停止情况作了介绍，基于 S 的 SFC 停止处理与此类似，读者可自行分析。

2. 以转换为中心的 SFC 编程方法

本书在前文中以“启—保—停”电路为重点，介绍了 SFC 的编程方法。正如 SET、RST 指令可以完成“启—保—停”电路的功能一样，可以使用 SET、RST 指令实现步进顺控指令编程，这种编程方法称为以转换为中心的步进顺控编程法。现以图 9—26 所示的两个电路为例，说明该方法的使用。

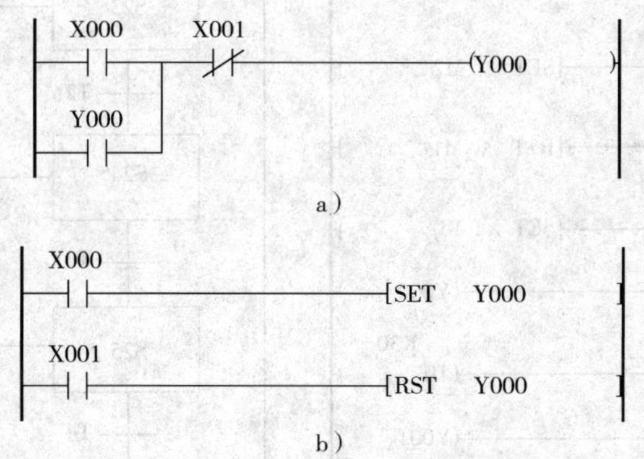

图 9—26　两种连续运行电路的比较

a）使用“启—保—停”电路　b）使用 SET/RST 电路

在图 9—26a 中，当 X000 接通，Y000 得电自锁，当 X001 接通，Y000 失电断开。在图 9—26b 中，当 X000 接通，对 Y000 置位并保持，Y000 得电运行；当 X001 接通，对 Y000

复位并保持，Y000 停止。这两个电路是等效的，图 9—26b 中用图 9—26a 中的启动条件作为输出的置位条件，用停止条件的常开触点作为输出的复位条件，实现了相同的功能。

现以图 9—27 为例介绍这种步进顺控编程方法。图 9—27a 所示的状态 M1 激活后，首先应该复位前面的状态 M0，然后处理向下的转换，最后处理输出，对应的梯形图如图 9—27b 所示。

二、技能拓展

用以转换为中心的 SFC 编程方法对图 9—28 所示状态流程图进行梯形图转换。

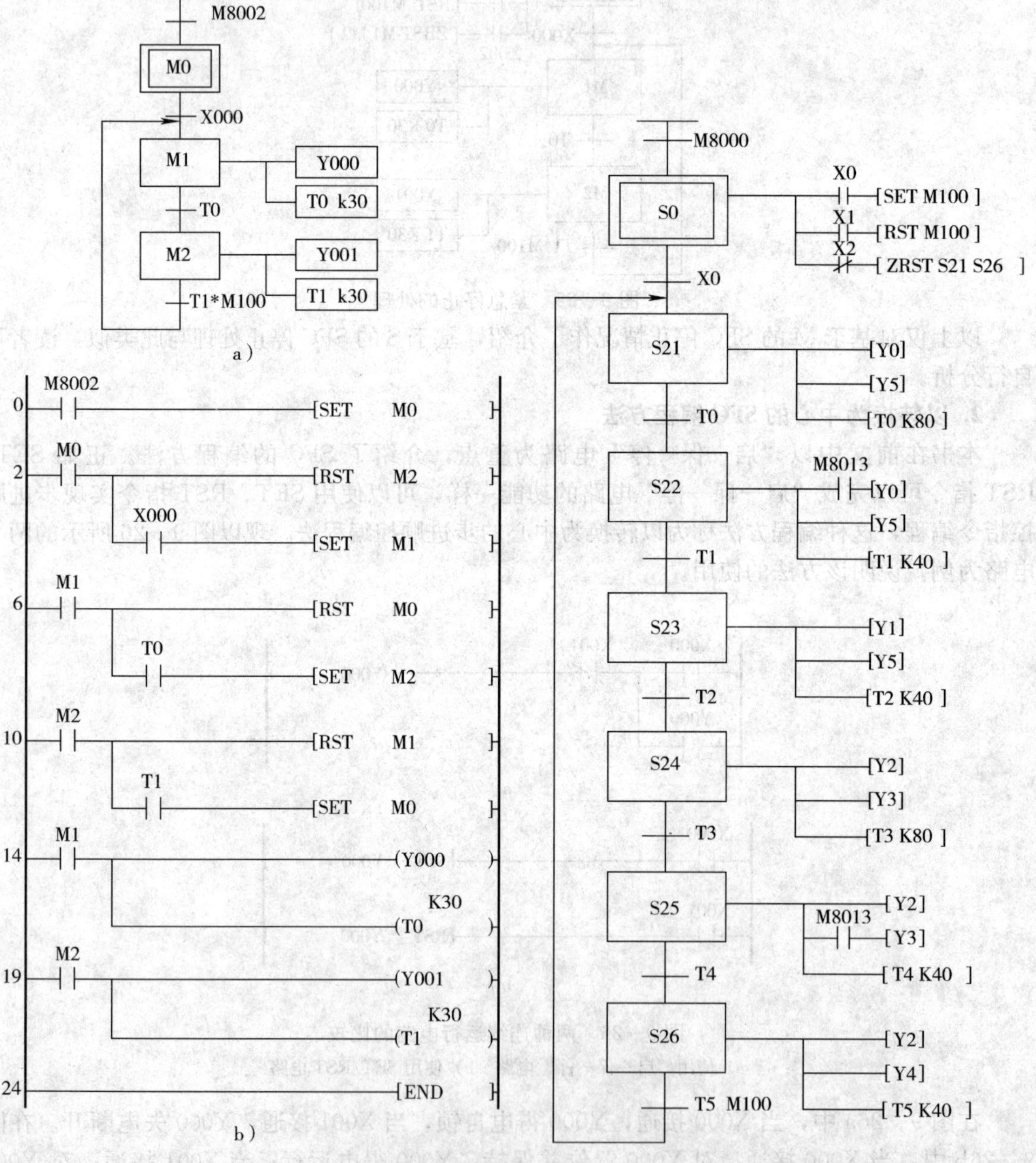

图 9—27　以转换为中心的 SFC 编程方法图例

图 9—28　状态流程图

项目十

十字路口交通灯控制

学习目标

1. 根据控制要求编写并行序列结构流程图、梯形图，并上机调试。
2. 通过对综合项目的练习，进一步提高 PLC 的编程能力，并掌握应用。

项目任务

汽车数量的不断增加给交通管理带来了较大的困难，因此对十字路口交通灯的控制要求也越来越高。用 PLC 控制系统能准确地实现十字路口交通灯的交通控制，图 10—1 所示是某十字路口交通灯示意图。

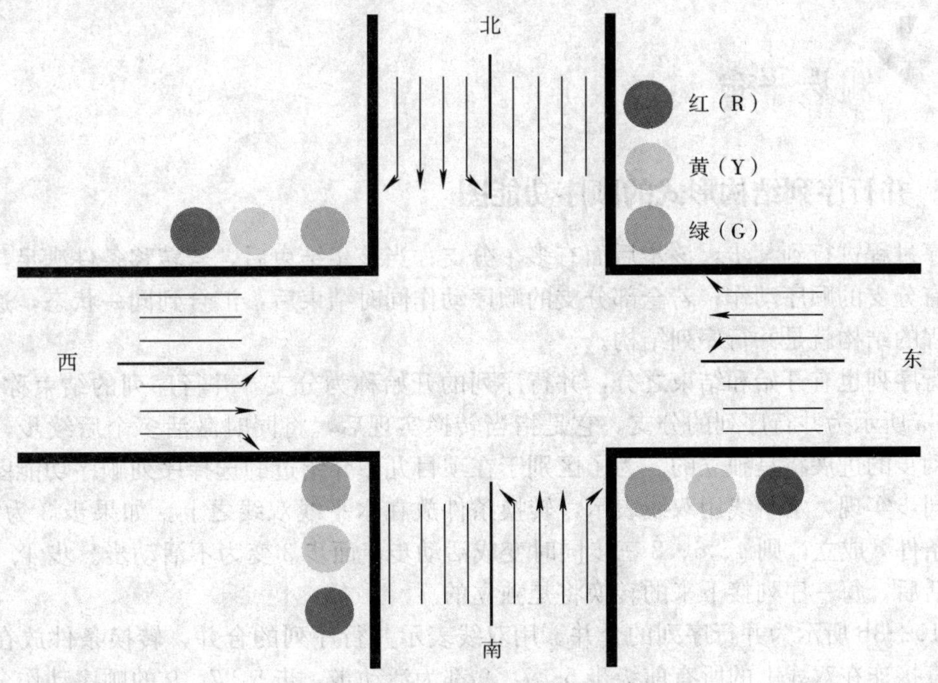

图 10—1　路口交通灯示意图

当 PLC 运行后，东西、南北方向的交通信号灯按照图 10—2 所示的时序运行，东西方向，绿灯亮 8 s，闪动 4 s 后熄灭，接着黄灯亮 4 s 后熄灭，红灯亮 16 秒后熄灭；与此同时，南北方向，红灯亮 16 s 后熄灭，绿灯亮 4 s，闪动 4 s，接着黄灯亮 4 s 后熄灭，如此循环下去。

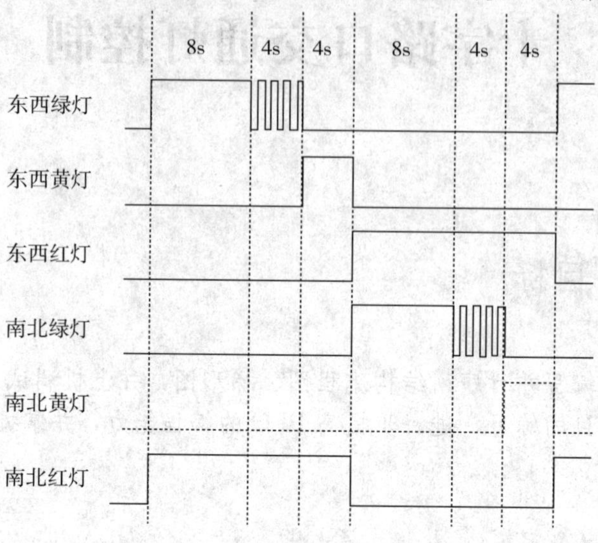

图 10—2　交通信号灯时序图

根据控制要求可以看出，十字路口交通灯的控制是一个典型的由时间控制的顺序进行的循环过程，可以使用多种方法实现控制要求。

本项目任务的主要内容，是用 PLC 顺序控制设计法中的并行序列结构编程方法进行十字路口交通信号灯控制系统的设计。

一、并行序列结构形式的顺序功能图

顺序过程进行到某步，该步后面有多个分支；当该步结束后，若转移条件满足，则同时开始所有分支的顺序动作；若全部分支的顺序动作同时结束后，汇合到同一状态，这种顺序控制过程的结构就是并行序列结构。

并行序列也有开始和结束之分，并行序列的开始称为分支，并行序列的结束称为合并。图 10—3a 所示为并行序列的分支。它是指当转换实现后，将同时激活多个后续步，每个序列中活动步的进展将是独立的。为了区别于在项目九中介绍过的选择序列顺序功能图，强调转换的同步实现，水平线用双线表示，转换条件放在水平线双线之上。如果步 3 为活动步，且转换条件 c 成立，则 4、6、8 三步同时变成活动步，而步 3 变为不活动步。步 4、6、8 被同时激活后，每一序列接下来的转换将是独立的。

图 10—3b 所示为并行序列的合并。用双线表示并行序列的合并，转换条件放在双线之下。当直接连在双线上的所有前级步 5、7、9 都为活动步，步 5、7、9 的顺序动作全部执行完成后，且转换条件下 d 成立，才能使转换实现。即步 10 变为活动步，而步 5、7、9 同时

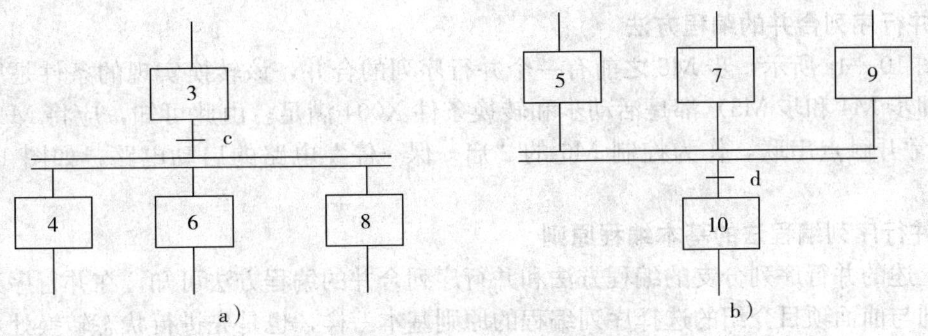

图 10—3 并行序列结构

a）并行序列的分支 b）并行序列的合并

变为不活动步。

二、用“启—保—停”电路实现的并行序列的编程方法

1. 并行序列分支的编程方法

并行序列中各单序列的第一步应同时变为活动步。对控制这些步的“启—保—停”电路使用同样的启动电路，就可以实现这一要求。如图 10—4a 所示，步 M1 之后有一个并行序列的分支，当步 M1 为活动步并且转换条件满足时，步 M2 和步 M3 同时变为活动步，即 M2 和 M3 应同时名为 ON。如图 10—4b 所示，步 M2 和步 M3 的启动电路相同，都为逻辑关系式 M1×X001。

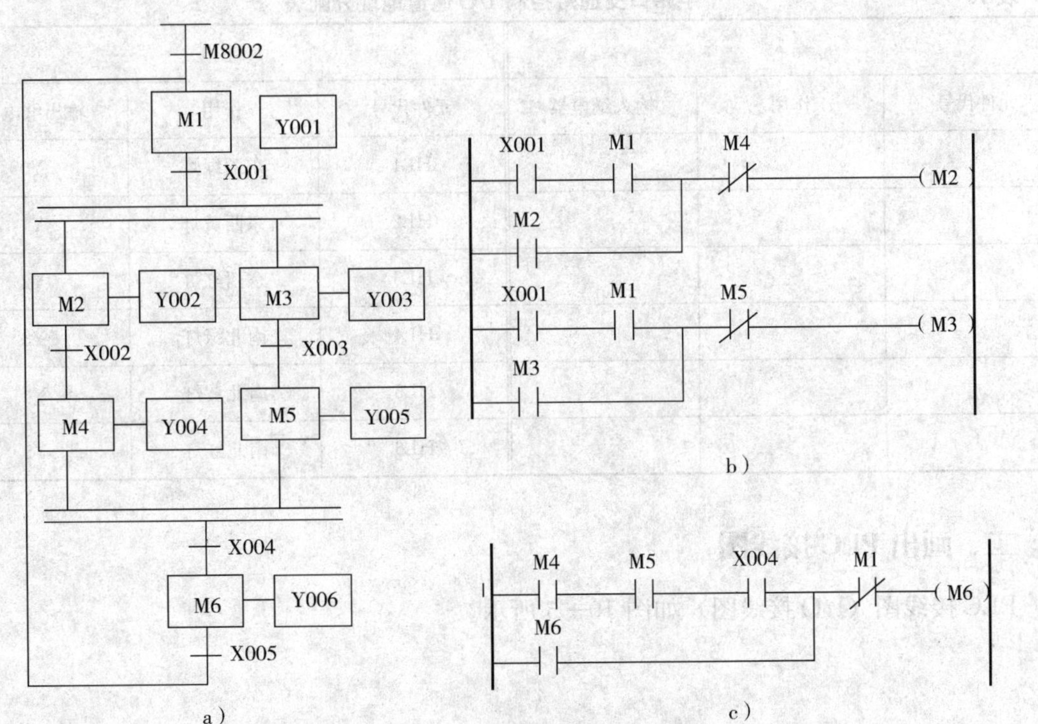

图 10—4 并行序列的编程方法实例

a）顺序功能图 b）并行序列分支的启动梯形图 c）并行序列合并的启动梯形图

2. 并行序列合并的编程方法

如图 10—4a 所示，步 M6 之前有一个并行序列的合并，该转换实现的条件是所有的前级步（即步 M4 和步 M5）都是活动步和转换条件 X004 满足。由此可知，应将 M4、M5 和 X004 的常开触点串联，作为控制 M6 的“启—保—停”电路的启动电路，如图 10—4c 所示。

3. 并行序列编程法的基本编程原则

从上述的并行序列分支的编程方法和并行序列合并的编程方法可知，在并行序列中，编程的原则与前面项目介绍的选择序列编程的原则基本一样，也是先进行状态转换处理，然后处理动作。在状态转换处理中，先集中处理分支，然后处理分支内部状态转换，最后集中处理合并。

一、确定 I/O 地址分配

通过对本项目控制要求分析，可确定 PLC 不需要输入点，需 6 个输出点，其 I/O 通道分配表见表 10—1。

表 10—1　　十字路口交通灯控制 I/O 通道地址分配表

输入			输出		
元件代号	作用	输入继电器	元件代号	作用	输出继电器
			HL1	东西绿灯	Y0
			HL2	东西黄灯	Y1
			HL3	东西红灯	Y2
			HL4	南北绿灯	Y3
			HL5	南北黄灯	Y4
			HL6	南北红灯	Y5

二、画出 PLC 接线图

PLC 接线图（I/O 接线图）如图 10—5 所示。

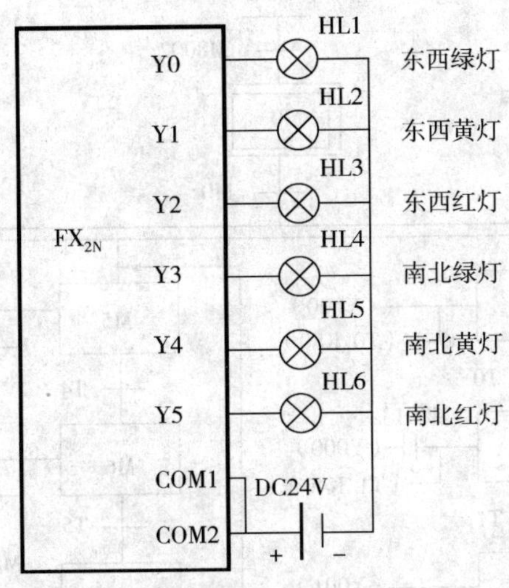

图 10—5　十字路口交通灯控制 I/O 接线图

三、程序设计

根据 I/O 通道地址分配表及项目控制要求分析，画出本项目控制的状态流程图，并写出指令语句表，再转换成对应的梯形图。

1. 状态流程图

根据项目控制要求分析，采用单序列结构和并行序列选择分支的编程方法，画出本项目的状态流程图。

根据项目的控制要求和如图 10—2 所示的时序图，可以列出表 10—2 和表 10—3 所示的交通灯运行时序表。

表 10—2　　十字路口交通灯东西方向控制状态表

东西方向	状态 1	状态 2	状态 3	状态 4
灯状态	绿灯亮	绿灯闪	黄灯亮	红灯亮
编程元件	M1	M2	M3	M4
编程元件	S21	S22	S23	S24

表 10—3　　十字路口交通灯南北方向控制状态表

东西方向	状态 1	状态 2	状态 3	状态 4
灯状态	绿灯亮	绿灯闪	黄灯亮	红灯亮
编程元件	M5	M6	M7	M8
编程元件	S25	S26	S27	S28

从表 10—2 和表 10—3 上可以看到，东西方向和南北方向两个方向交通灯是在满足配合关系的前提下独立并行工作的。其中东西方向交通灯的状态转换规律为：绿灯亮→绿灯闪→黄灯亮→红灯亮，然后循环；与此同时，南北方向交通灯的状态转换规律为：红灯亮→绿灯亮→绿灯闪→黄灯亮，然后循环。

两个方向交通灯的灯是并行工作的，可以分别作为一个分支。根据表 10—2 和表 10—3，可以绘制出系统的基于 M 的顺序功能图和基于 S 的顺序功能图，如图 10—6 所示。

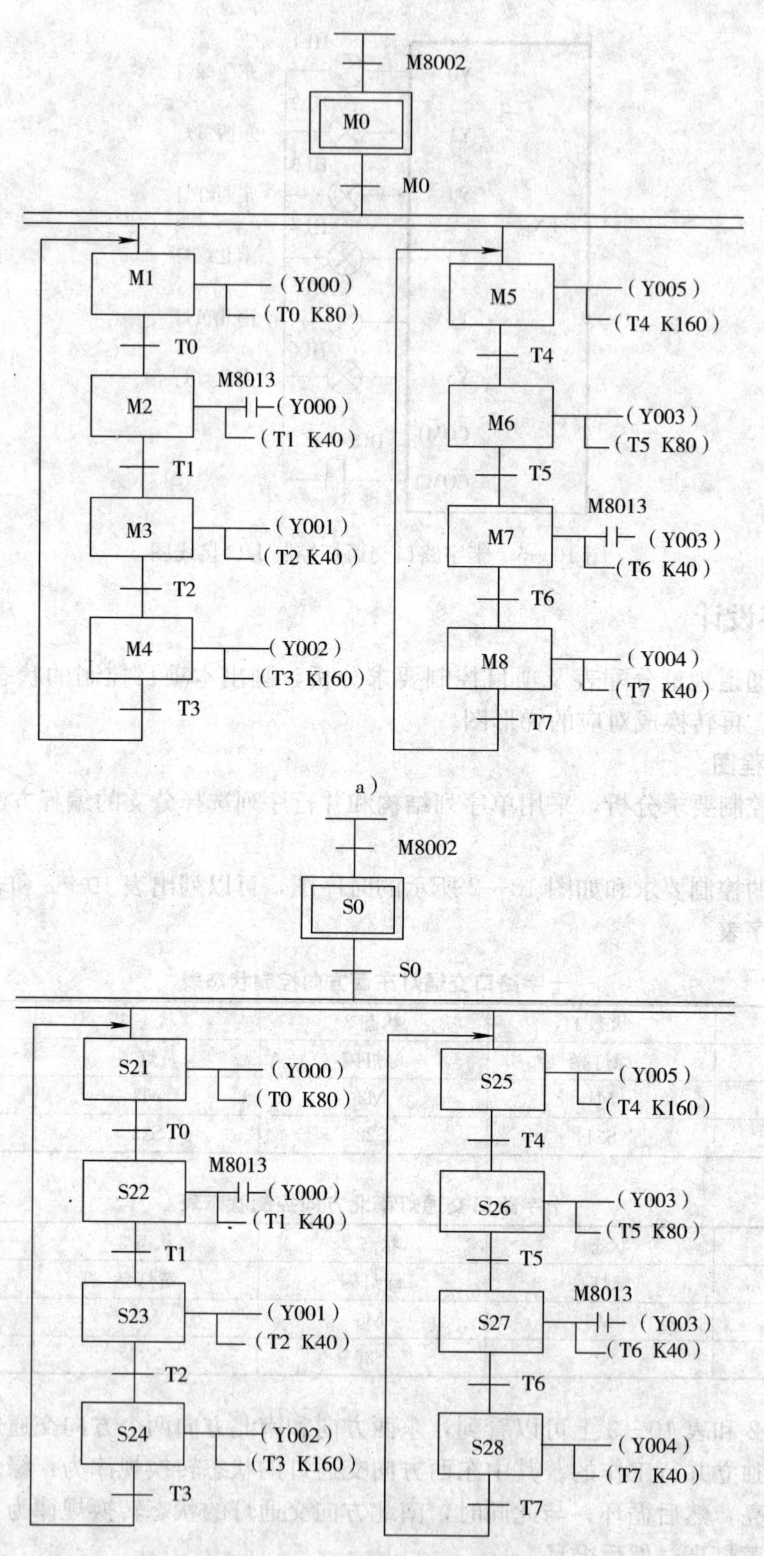

图 10—6　交通灯控制的 SFC 图

a）基于 M 的并行 SFC 图　b）基于 S 的并行 SFC 图

梯形图的绘制可以按照本文前述的方法进行，这里不再给出。需要说明的是，上述的 SFC 中只有并行分支，没有合并，这在实践中是可以的。如果严格按照并行序列 SFC 的结构进行设计，可以在两个序列之后添加一个空状态用来作为合并的目标状态，合并后的转换条件可以使用该状态元件的普通常开触点或者使用“＝1”无条件转换。

2. 指令表

根据图 10—6 所示的状态流程图，运用并行序列的指令编写方法，读者自行编写指令语句，不再赘述。

3. 梯形图

根据图 10—6 所示的顺序功能图，将其转换为梯形图，读者自行转换，不再赘述。

四、程序输入及仿真运行

1. 程序输入

（1）工程名的建立

启动 MELSOFT 系列 GX Developer 编程软件，如图 8—8 所示。首先选择 PLC 的类型为“FX2N”，在程序类型框内选择“SFC”，创建新文件名，并在“工程名”项输入“十字路口交通灯的并行序列结构控制”余后不再表述。

（2）程序输入

读者可自行输入，在此不再赘述。

2. 仿真运行

读者可自行进行仿真，在此不再赘述。

3. 程序下载

把 PLC 与计算机连接，将程序写入 PLC 中。

五、线路安装与调试

1. 识读接线图

根据图 10—5 所示 I/O 接线图和图 10—7 所示模拟实物控制配线板，了解元件安装及线路连接。

2. 安装电路

（1）检查元器件

根据表 10—1 配齐元器件，检查元器件的规格是否符合要求，并用万用表检测元器件是否合格。

（2）固定元器件

固定好本项目所需元器件。

（3）配线安装

根据配线原则和工艺要求，进行配线安装。

（4）自检

对照接线图检查接线是否无误，再使用万用表检测电路的阻值是否与设计相符。

3. 通电调试

（1）经自检无误后，在指导教师的指导下方可通电调试。

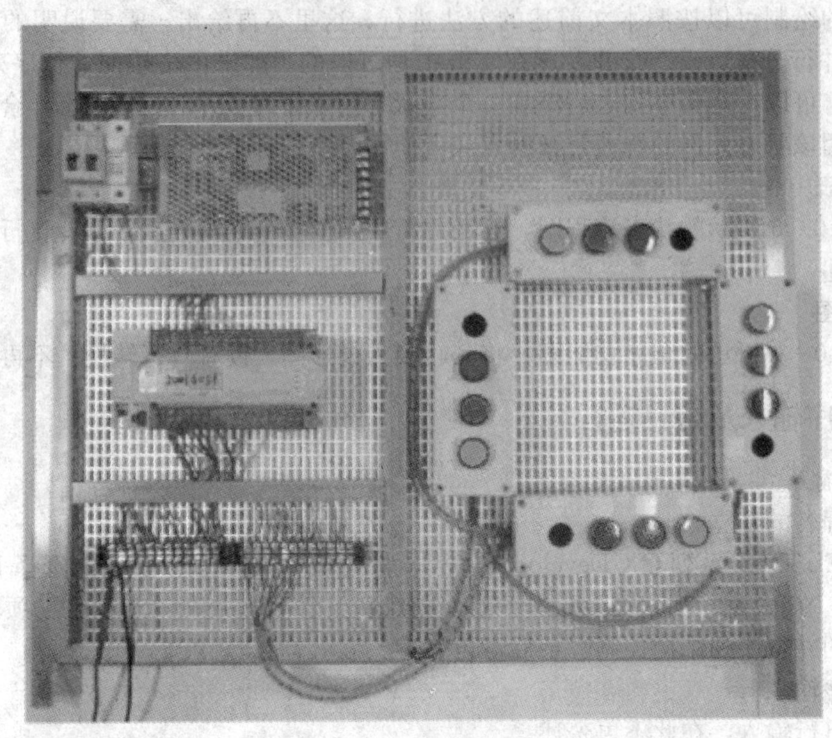

图 10—7　十字路口交通灯模拟实物控制配线板

（2）首先接通系统电源开关 QS，将 PLC 的 RUN/STOP 开关拨到“RUN”的位置，然后通过计算机上的 MELSOFT 系列 GX Developer 软件中的“监控/测试”监视程序的运行情况，再按照表 10—4 进行操作，观察系统运行情况并做好记录。如出现故障，应立即切断电源，分析原因，检查电路或梯形图，排除故障后方可重新进行调试，直到系统功能调试成功为止。

表 10—4　　程序调试步骤及运行情况记录表

<table>
<tr><th>操作步骤</th><th>操作内容</th><th>观察内容</th><th>观察结果</th><th>思考内容</th></tr>
<tr><td rowspan="2">第一步</td><td rowspan="2">将仿真成功的程序下载到 PLC 后，合上断路器 QS</td><td>“POWER”灯</td><td></td><td rowspan="5">理解 PLC 的工作过程</td></tr>
<tr><td>所有的“IN”灯</td><td></td></tr>
<tr><td>第二步</td><td>将 RUN/STOP 开关拨到“RUN”的位置</td><td>“RUN”灯</td><td></td></tr>
<tr><td>第三步</td><td>将 RUN/STOP 开关拨到“STOP”的位置</td><td>“RUN”灯</td><td></td></tr>
<tr><td>第四步</td><td>PLC 通电</td><td>指示灯 HL1、HL2、HL3、HL4、HL5 和 HL6</td><td></td></tr>
</table>

想一想练一练

在道路交通管理中，按钮式人行道交通灯十分常见，如图 10—8 所示。在正常情况下，汽车通行，即 Y003 绿灯灭，Y005 红灯亮。当行人想过马路，就按按钮 SB1 或 SB2。按下按钮 X000（或 X001）之后，主干道交通灯将从绿（5 s）→绿闪（3 s）→黄（3 s）→红（20 s），当主干道红灯亮时，人行道从红灯亮转为绿灯亮，行人抓紧时间通过，绿灯亮 15 s 以后，人行道绿灯开始闪烁，闪烁 5 s 后转入主干道绿灯亮，人行道红灯亮。要求利用 PLC 控制按钮式人行道交通灯，并用并行序列的顺序功能图编程。

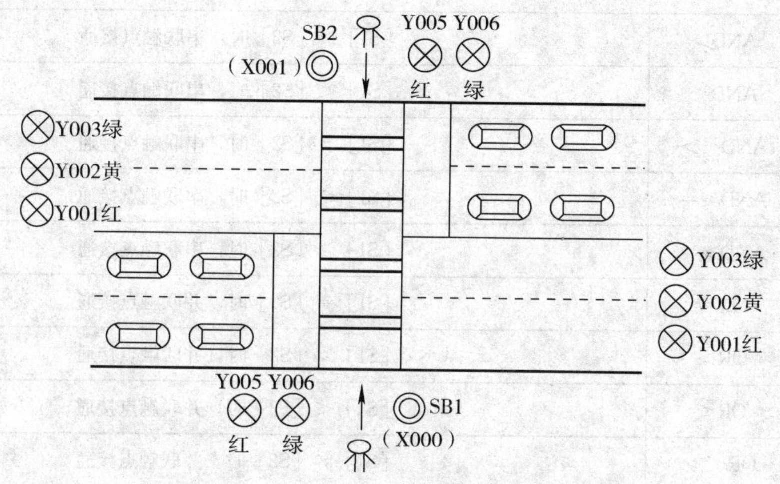

图 10—8　按钮式人行道交通灯示意图

项目拓展

一、理论知识拓展

触点比较类指令：

（1）指令功能

本类指令有多条，具体指令见表 10—5。触点比较指令相当于一个触点，指令执行时，比较两个操作数［S1］、［S2］，满足比较条件则触点闭合。

表 10—5　　　　触点比较指令一览表

分类	指令助记符	指令功能
LD 类	LD=	[S1] = [S2] 时，运算开始的触点接通
	LD>	[S1] > [S2] 时，运算开始的触点接通
	LD<	[S1] < [S2] 时，运算开始的触点接通
	LD<>	[S1] ≠ [S2] 时，运算开始的触点接通
	LD<=	[S1] ≤ [S2] 时，运算开始的触点接通
	LD>=	[S1] ≥ [S2] 时，运算开始的触点接通
AND 类	AND=	[S1] = [S2] 时，串联触点接通
	AND>	[S1] > [S2] 时，串联触点接通
	AND<	[S1] < [S2] 时，串联触点接通
	AND<>	[S1] ≠ [S2] 时，串联触点接通
	AND<=	[S1] ≤ [S2] 时，串联触点接通
	AND>=	[S1] ≥ [S2] 时，串联触点接通
OR 类	OR=	[S1] = [S2] 时，并联触点接通
	OR>	[S1] > [S2] 时，并联触点接通
	OR<	[S1] < [S2] 时，并联触点接通
	OR<>	[S1] ≠ [S2] 时，并联触点接通
	OR<=	[S1] ≤ [S2] 时，并联触点接通
	OR>=	[S1] ≥ [S2] 时，并联触点接通

从表 10—5 可以看出，触点比较指令分为三类：LD 类（包括 LD=、LD>、LD<、LD<>、LD<=、LD>=共六条指令）；AND 类（包括 AND=、AND>、AND<、AND<>、AND<=、AND>=共六条指令）；OR 类（包括 OR=、OR>、OR<、OR<>、OR<=、OR>=共六条指令），其使用格式分别如图 10—9～图 10—11 所示。

[比较运算符 S1 S2]——( )

图 10—9　LD 类触点比较指令使用格式

图 10—10　AND 类触点比较指令使用格式

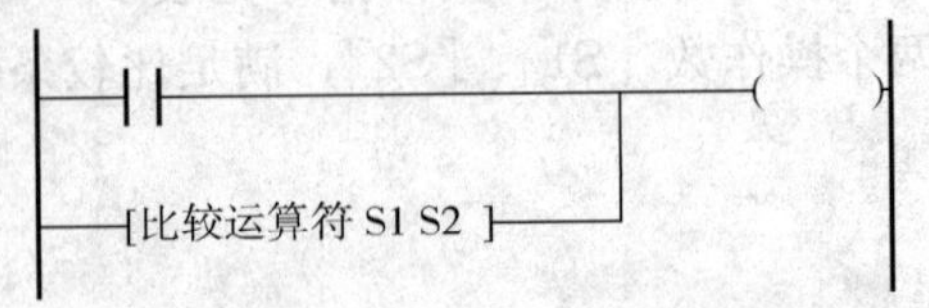

图 10—11　OR 类触点比较指令使用格式

(2) 编程实例

触点比较指令编程实例如图 10—12 所示，当 C10＝K20 时，Y000 被驱动；当 X010＝ON 并且 D100 ＞ K58 时，Y010 被复位；当 X001＝ON 或者 K10 ＞ C0 时，Y001 被驱动。

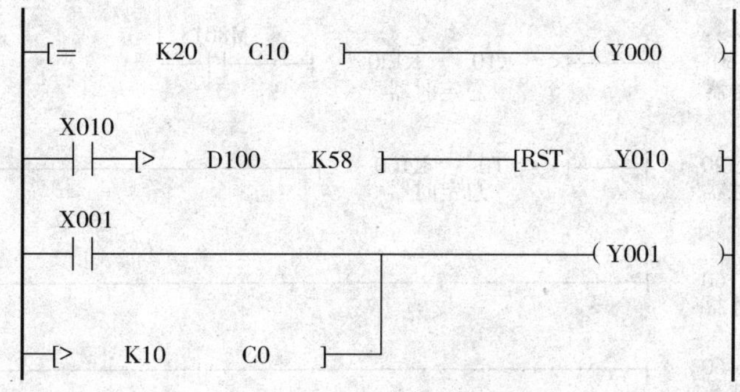

图 10—12　触点比较指令编程实例

(3) 指令使用说明

1) 触点比较指令，当［S1］、［S2］满足比较条件时，触点接通。

2) 比较运算符包括＝、＞、＜、＜＞、＜＝、＞＝共六种形式。

3) 两个操作数［S1］、［S2］的形式可以是：K、H、KnX、KnY、KnS、T、C、D、V/Z 等字元件，以及 X、Y、M、S 等位元件。

4) 在指令前加“D”表示其操作数为 32 位的二进制，在指令后加“P”表示指令为脉冲执行型。

二、技能拓展

用触点比较指令实现对本项目十字路口交通灯的 PLC 系统控制。

从图 10—1 所示和图 10—2 所示的交通灯运行时序图可以看出，交通灯每个周期的运行时间是固定的，可以使用一个定时器来进行控制。并且每个交通灯都是在固定的时间区间里运行的，如东西方向绿灯，在时间区间［0，8］s 内点亮，南北方向红灯在［0，16］s 内点亮等。使用前面介绍的触点比较指令判断定时器的当前值在哪个区间里，从而对其进行控制。

用触点比较指令实现本项目十字路口交通灯的 PLC 系统控制的梯形图，如图 9—13 所示。

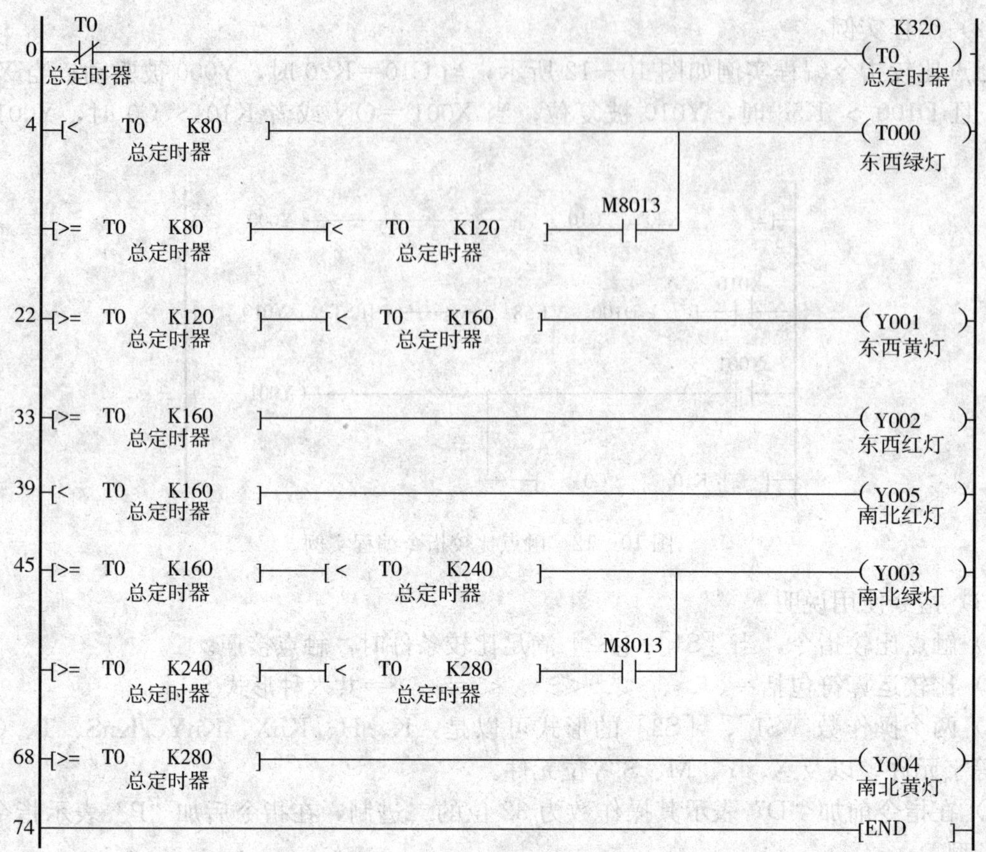

图 10—13 用触点比较指令实现十字路口交通灯控制的梯形图

项目十一

机械手物料传送和分拣装置控制系统

学习目标

1. 通过综合应用项目训练，掌握基本指令和步进顺控指令的综合应用。
2. 能根据控制要求编写控制流程图、状态流程图、梯形图，并联机调试。
3. 进一步提高对中等复杂工控要求的 PLC 的编程能力，满足自动化生产过程的需要。

项目任务

在生产过程中，有时需要对不同材质的材料或不同颜色、不同形状的工件进行分拣，然后再将它们送到不同位置进行加工。能够按照要求完成输送、搬运和分拣的设备，称做物料分拣设备。图 11—1 所示是一机械手物料分拣模拟装置。设备主要部件名称如图 11—2 所示。

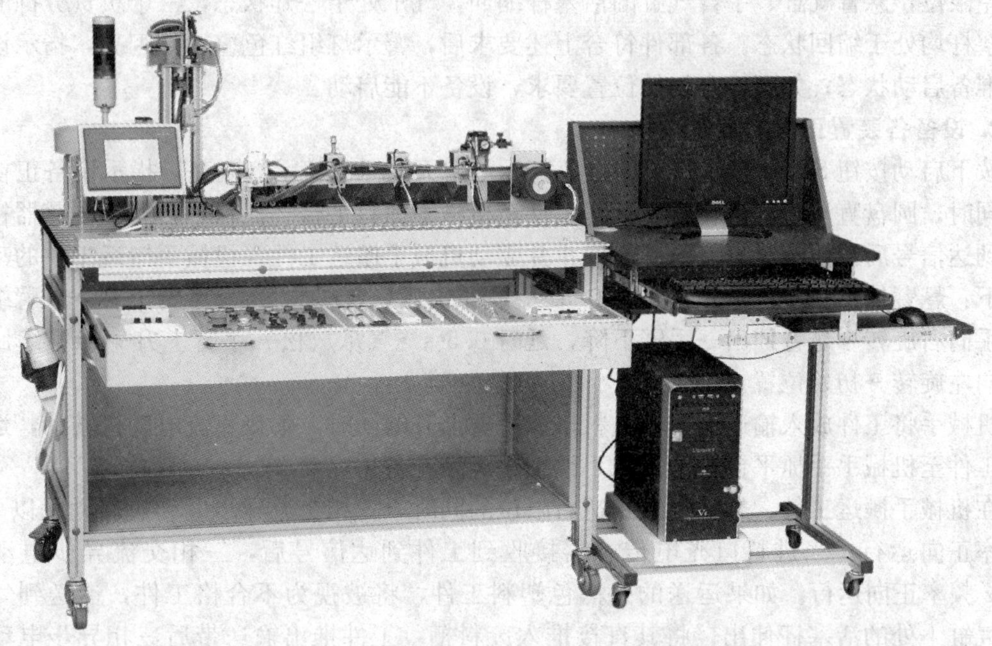

图 11—1　机械手物料传送和分拣模拟装置

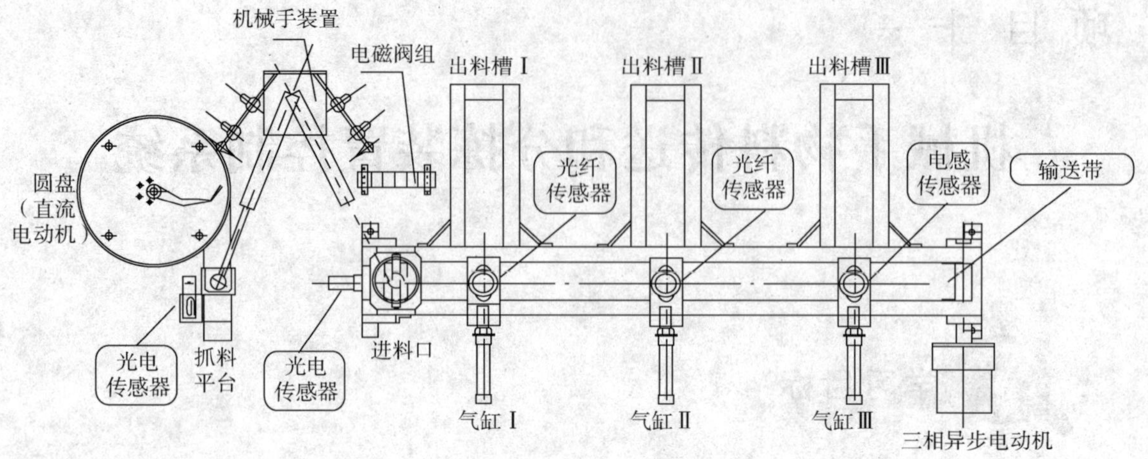

图 11—2　设备各主要部件名称俯视图

该设备由供料装置、机械手搬运装置及物料传送和分拣装置组成。供料装置将圆盘内的工件送到机械手抓料平台，通过机械手搬运，放入分拣装置的输送带进料口。分拣装置能将合格的工件（金属工件和白色塑料工件）进行“清洗”和分类包装，将不合格的工件（黑色塑料工件）直接推入废料槽。

一、项目控制要求

1. 设备启动前状态

该设备在运行前，应检查各部件在初始位置是否能按要求运行。初始位置要求：机械手停在左限位，悬臂气缸、手臂气缸的活塞杆缩回，气爪处于松开状态，三个负责分拣的气缸的活塞杆均处于缩回状态。各部件符合上述要求后，警示灯组红色警示灯闪亮，指示设备已进入准备启动状态；如不符合初始位置要求，设备不能启动。

2. 设备各装置正常的工作流程

按下启动按钮 SB5，警示灯组的红色警示灯熄灭，绿色警示灯闪亮，指示设备正在运行中。同时，圆盘直流电动机转动，运送工件至机械手抓料平台。抓料平台光电传感器检测到工件到达信号后，使圆盘直流电动机停止并驱动机械手搬运工件。机械手搬运工件的动作顺序如下：悬臂伸出→手臂下降，延时 0.5 s→气爪夹紧，延时 0.5 s→手臂上升→悬臂缩回→机械手向右旋转→悬臂伸出→手臂下降，延时 0.5 s→气爪放松→手臂上升→悬臂缩回→机械手向左旋转→初始位置。

机械手将工件放入输送带工件进料口、手臂上升的同时，圆盘直流电动机转动，运送下一个工件至机械手手抓平台，为机械手继续搬运做准备。

在机械手搬运工件、悬臂气缸到达右限位的同时，三相交流异步电动机启动，以 15 Hz 的频率正向运行。当进料口光电传感器接收到工件到达信号后，三相交流异步电动机以 30 Hz 频率正向运行。如果运送的是黑色塑料工件，将被视为不合格工件，运送到气缸Ⅰ处，气缸Ⅰ处的活塞杆伸出，将其直接推入废料槽，工件推出输送带后三相异步电动机停止。如果运送的是金属和白色塑料工件，将被视为合格工件，运送到气缸Ⅱ处，三相交流异步电动机改为以 20 Hz 的频率正向运行。这两种工件必须运送到电感传感器下，三相异步电动机停止，进行合格工件包装前的“清洗”，时间为 3 s。“清洗”完成后，金属工件由气缸Ⅲ的活塞杆伸出，将其推入金属包装槽；如果是白色塑料工件，“清洗”完成后三相交流异步电动机以 20 Hz 的频率反向运行，运送到气缸Ⅱ处，气缸Ⅱ处的活塞杆伸出，将其直接推入白色塑料包装槽，工件推出输送带后，三相交流异步电动机停止。

当任何一条合格工件包装槽内装满三个工件时，需要进行包装，时间为 30 s。白色塑料工件包装时指示灯 HL4 亮，金属工件包装时指示灯 HL5 亮。包装结束后，指示灯熄灭，将工件取走后，计数自动归零。

注意：正在包装时，禁止合格工件推入包装槽。如果有合格工件到达，需要推入时，必须等包装完成后才可推入。

为保证设备的正常运行，有工件在分拣装置的输送带上时，机械手悬臂气缸的活塞杆不能伸出搬运工件。必须等工件推出后，机械手继续运行。

3. 设备的正常停止

该设备运行过程中按下 SB6，圆盘直流电动机立即停止，机械手完成当前工件的搬运后回到初始位置停止，分拣装置须完成输送带上工件的分拣后才能停止。停止后绿色警示灯熄灭、红色警示灯闪亮。

4. 紧急情况的处理

该设备运行过程中如果出现紧急情况，需要立即停止设备时，可按下急停开关 QS，按下急停开关后所有装置都停止运行，绿色指示灯熄灭、指示灯 HL6 每秒闪亮 2 次、蜂鸣器鸣叫。急停开关复位后，指示灯 HL6 由闪亮变为长亮、蜂鸣器停止鸣叫。如要启动设备，再按下启动按钮 SB5，指示灯 HL6 熄灭、绿色警示灯闪亮，设备接着急停时的工作顺序运行。

二、项目完成任务

试根据机械手物料分拣模拟装置的工作要求完成下列工作任务

1. 画出机械手物料传送和分拣模拟装置的电气控制电路图，并按照电气控制电路图连接电路。

2. 编写 PLC 控制机械手物料分拣模拟装置工作程序，设置变频器参数。

3. 运行调试程序，到达机械手物料分拣模拟装置的工作要求。

一、供料装置

机械手物料传送和分拣模拟装置的供料装置主要由放料圆盘、圆盘驱动直流电动机、物料支架和出料口传感器等几部分组成。图 11—3 所示是机械手物料分拣模拟装置的供料装置的结构示意图。

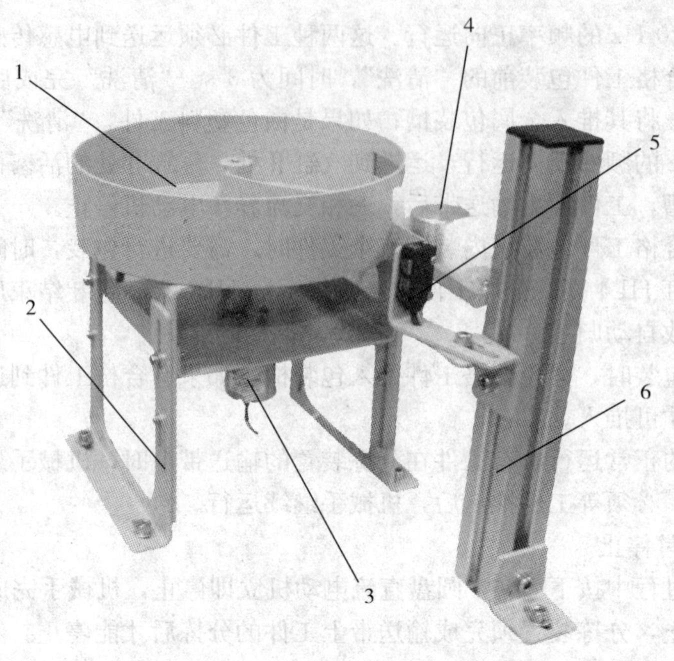

图 11—3　机械手物料分拣模拟装置的供料装置的结构示意图

1—圆盘　2—调节支架　3—直流电动机　4—物料

5—出料口传感器　6—物料检测支架

1. 放料转盘

转盘中共放有金属物料、白色非金属物料和黑色非金属物料三种物料。

2. 圆盘驱动直流电动机

电动机采用 24 V 直流减速电动机，转速 6 r/min，用于驱动放料转盘旋转。

3. 物料支架

将物料有效定位，并确保每次只上一个物料。

4. 出料口传感器

物料检测为光电漫反射型传感器，主要为 PLC 提供一个输入信号，如果运行中光电传感器没有检测到物料，并保持若干秒钟，则应让该设备停止运行，然后报警。

二、机械手搬运装置

整个机械手搬运装置能完成四个自由度动作，手臂伸缩、手臂旋转、手爪上下和手爪松紧，其结构主要由手爪提升气缸、磁性传感器、手爪、旋转气缸、接近传感器、伸缩气缸和缓冲器等部分组成。图 11—4 所示是机械手搬运装置的结构示意图。

1. 手爪提升气缸

提升气缸采用双向电控气阀控制。

2. 磁性传感器

用于气缸的位置检测，检测气缸伸出和缩回是否到位。在前点和后点各设置一个传感器，当检测到气缸准确到位后将给 PLC 发出一个信号（在应用过程中棕色导线接 PLC 主机输入端，蓝色导线接输入的公共端）。

图 11—4　机械手物料分拣模拟装置的机械手搬运装置的结构示意图

1—旋转气缸　2—非标准螺钉　3—气动手爪　4—手爪磁性开关 Y59BLS　5—提升气缸
6—磁性开关 D－C73　7—节流阀　8—伸缩气缸　9—磁性开关 D－Z73　10—左、右限位传感器
11—缓冲阀　12—安装支架

3. 手爪

抓取和松开物料由双电控气阀控制，手爪夹紧磁性传感器有信号输出，指示灯亮。在控制过程中，不允许两个线圈同时得电。

4. 旋转气缸

用于机械手臂的正反转，由双电控气阀控制。

5. 接近传感器

机械手臂正转和反转到位后，接近传感器信号输出（在应用过程中棕色线接直流 24 V 电源“＋”，蓝色线接直流 24 V 电源“－”，黑色线接 PLC 主机的输入端）。

6. 伸缩气缸

机械手臂伸出、缩回，由电控气阀控制。气缸上装有两个磁性传感器，检测气缸伸出或缩回位置。

7. 缓冲器

旋转气缸高速正转和反转时，起缓冲减速作用。

三、物料传送和分拣装置

图 11—5 所示是机械手物料分拣模拟装置的物料传送和分拣装置的结构示意图，主要由落料口传感器、落料孔、料槽、电感式传感器、光纤传感器、三相异步电动机和推料气缸等部分组成。

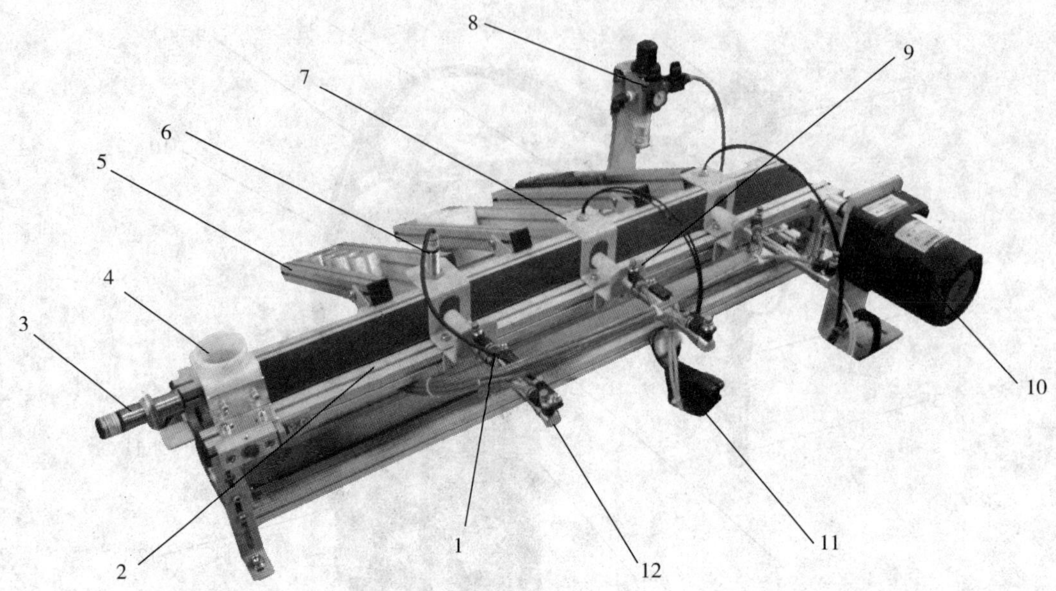

图 11—5 机械手物料分拣模拟装置的物料传送和分拣装置的结构示意图

1—磁性开关 D－C73 2—传送分拣机构 3—落料口传感器 4—落料口 5—料槽
6—电感式传感器 7—光纤传感器 8—过滤调压阀 9—节流阀 10—三相异步电机
11—光纤放大器 12—推料气缸

1. 落料口传感器

检测是否有物料到传送带上，并给 PLC 一个输入信号。

2. 落料孔

用于物料落料位置定位。

3. 料槽

放置物料。

4. 电感式传感器

检测金属材料，检测距离为 3～5 mm。

5. 光纤传感器

用于检测不同颜色的物料，可通过调节光纤放大器来区分不同颜色的灵敏度。

6. 三相异步电动机

驱动输送带转动，由变频器控制。

7. 推料气缸

将物料推入料槽，由电控气阀控制。

四、气动原理

气动是“气压传动与控制”或“气动技术”的简称。气动技术是以压缩空气为工作介质进行能量传递或信号传递的工程技术，是实现各种生产控制、自动控制的手段之一。

1. 气动系统的构成

一个完整的气动系统由能源部件、控制元件、执行元件和辅助装置四部分组成。

用规定的图形符号来表征系统中的元件、元件之间的连接、压缩气体的流动方向和系统实现的功能，这样的图形称为气动系统图或气动回路图，如图 11—6 所示。

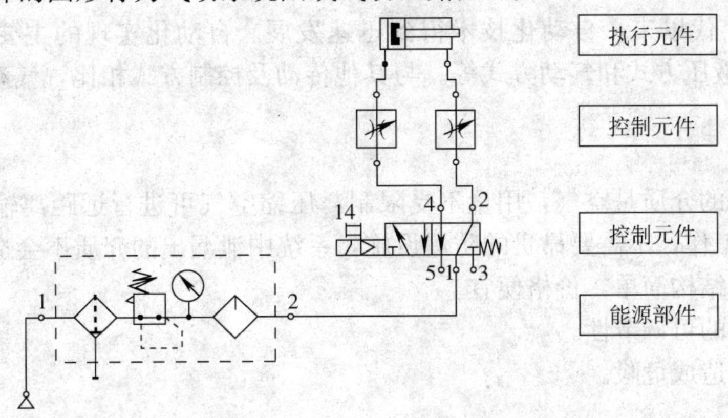

图 11—6　气动系统结构图

本装置气动主要分为两部分：

（1）气动执行元件部分有双作用单出杆气缸、双作用单出双杆气缸、旋转气缸、气动手爪。

（2）气动控制元件部分有单控电磁换向阀、双控电磁换向阀、节流阀、磁性限位传感器。

气动原理图如图 11—7 所示。

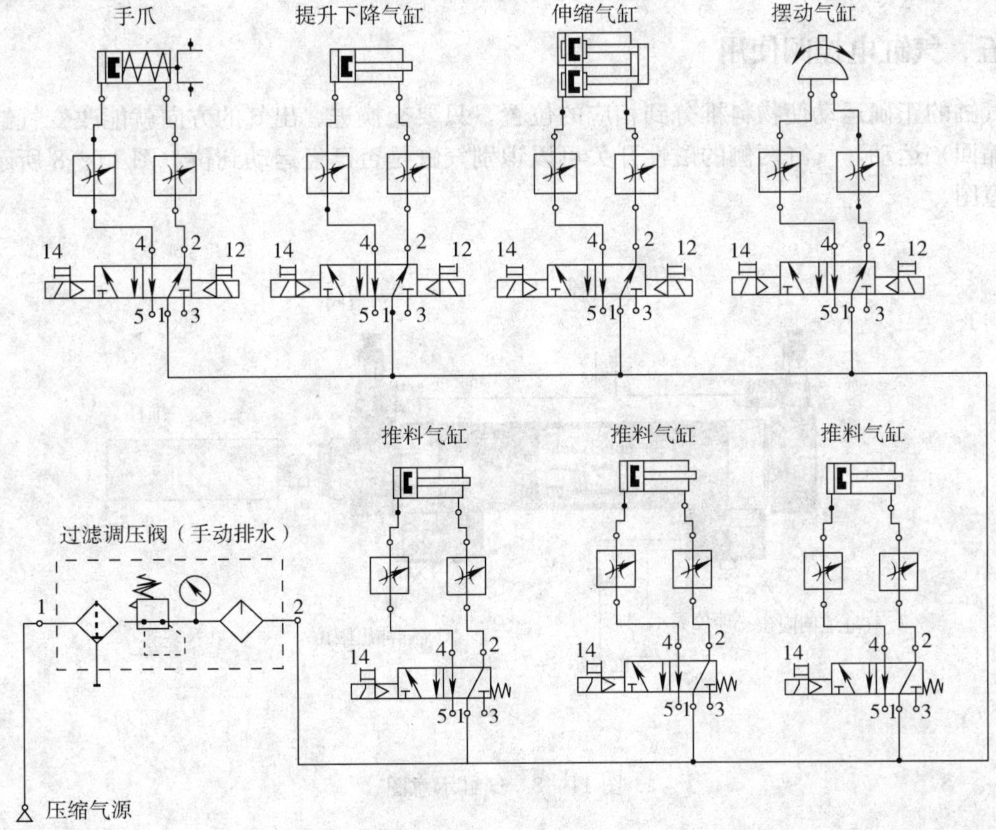

图 11—7　气动原理图

2. 气动系统的特点

20 世纪 80 年代以来，自动化技术得到迅速发展。自动化实现的主要方式有：机械方式、电气方式、液压方式和气动方式等。与其他传动及控制方式相比，气动方式主要有以下特点。

（1）优点

1）气动系统的介质是空气，用量不受限制，压缩空气可进行远距离输送，在极端温度下仍能保证可靠工作，不需要昂贵的防爆设施，系统中泄漏出的介质不会造成污染。

2）气动部件结构简单，价格便宜。

3）具有良好的可调节性。

4）过载不会造成危险。

（2）缺点

1）压缩空气必须经过良好的过滤和干燥，不能含有灰尘和水分等杂质。

2）气动执行元件的工作速度稳定性和定位性能差。

3）不适用于需要高速传递信号的复杂电路。

4）气动元件在工作时噪声较大，因此高速排气时要加消声器。

5）输出力小，通常不大于 1～4 MPa。

6）使用空气压缩机将电能转换为压力能，执行元件将压力能转换为机械能，因而能量转换环节多，能量损失大，整个气动系统的效率低。

五、气缸电控阀使用

气缸的正确运动使物料推分到相应的位置，只要交换进、出气的方向就能改变气缸的伸出（缩回）运动，气缸两侧的磁性开关可以识别气缸是否已经运动到位。图 11—8 所示是气缸示意图。

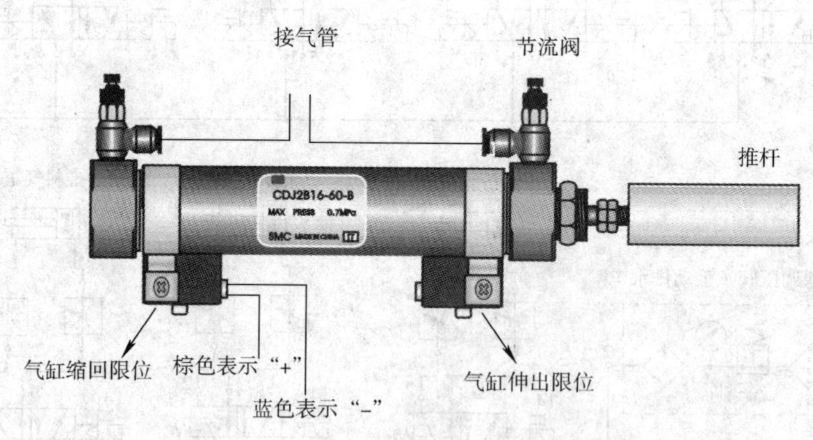

图 11—8　气缸示意图

1. 双向电控阀

双向电控阀用来控制气缸进气和出气，从而实现气缸的伸出、缩回运动。电控阀内装的红色指示灯有正、负极性，如果极性接反了也能正常工作，但指示灯不会亮。图 11—9 所示是双向电磁阀示意图。

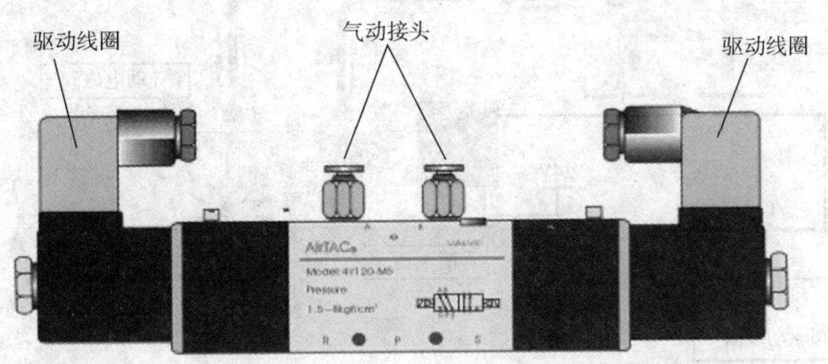

图 11—9　双向电磁阀示意图

2. 单向电控阀

单向电控阀用来控制气缸单个方向运动，实现气缸的伸出、缩回运动。其与双向电控阀的区别在于，双向电控阀初始位置是任意的可以随意控制两个位置，而单控阀初始位置是固定的只能控制一个方向。图 11—10 所示是单向电磁阀示意图。

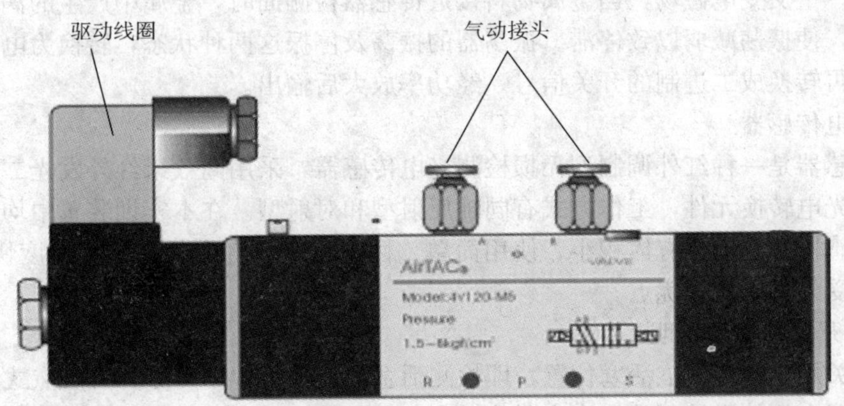

图 11—10　单向电磁阀示意图

3. 气动手爪控制

图 11—11 所示是气动手爪控制示意图。当手爪由单向电控气阀控制时，电控气阀得电，手爪夹紧；电控气阀断电，手爪张开。

当手爪由双向电控气阀控制时，手爪抓紧和松开分别由一个线圈控制，在控制过程中不允许两个线圈同时得电。

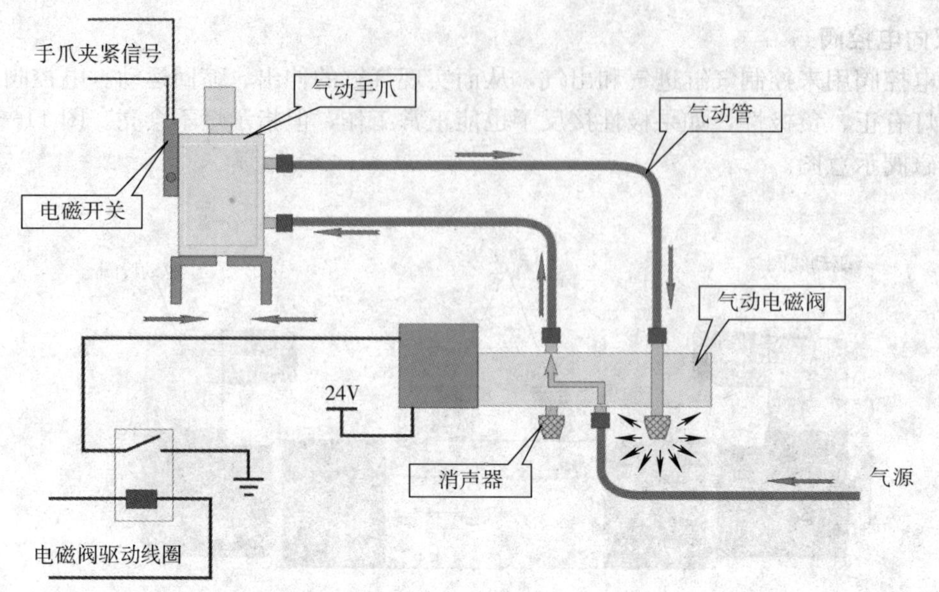

图 11—11　手爪控制示意图

六、传感器应用说明

1. 常用传感器的使用说明

（1）电感式接近传感器

电感式接近传感器由高频振荡、检波、放大、触发及输出电路等组成。振荡器在传感器检测面产生一个交变电磁场，当金属物料接近传感器检测面时，金属中产生的涡流吸收了振荡器的能量，使振荡减弱以致停滞。振荡器的振荡及停振这两种状态，转换为电信号，通过整形放大器再转换成二进制的开关信号，经功率放大后输出。

（2）光电传感器

光电传感器是一种红外调制型无损检测光电传感器，采用高效果红外发光二极管或光敏三极管作为光电转换元件，工作方式有同轴反射型和对射型。在本实训装置中均采用同轴反射型光电传感器，它们具有体积小、使用简单、性能稳定、寿命长、响应速度快、抗冲击、耐振动、不受外界干扰等优点。

2. 磁性开关的使用说明

磁性开关用于检测气缸活塞位置，即检测活塞的运动行程，可分为有触点式和无触点式两种。本装置上用的磁性开关均为有触点式的，通过机械触点的动作进行开关的通（ON）断（OFF）。

用磁性开关来检测活塞的位置，从设计、加工、安装、调试等方面都比使用其他限位开关方式简单、省时。其触点接触电阻小，一般为 50～200 mΩ；但可通过电流小，过载能力较差，只适合低压电路。

磁性开关响应快，动作时间为 1.2 ms；耐冲击，冲击加速度可达 300 m/s^2，无漏电流存在。其使用注意事项如下：

（1）安装时，不得让开关受过大的冲击力，如将开关打入、抛扔等。

（2）不要把控制信号线与电力线（如电动机供电线等）平行并排在一起，以防止磁性开关的控制电路由于干扰造成误动作。

(3) 磁性开关的连接线不能直接接到电源上，必须串接负载，且负载绝不能短路，以免开关绕圈烧坏。

(4) 采用带指示灯的有触点磁性开关，当电流超过最大允许电流时，发光二极管会损坏；若电流在规定范围以下，发光二极管会变暗或不亮。

(5) 安装时，开关的导线不要随气缸运动，否则不仅导线易断，而且应力加在开关内部，可能破坏开关内部元件。

(6) 磁性开关不要用于有磁场的场合，否则会造成开关的误动作，或者使内部磁环减磁。

(7) DC24V 带指示灯的开关是有极性的，茶色线为“+”，蓝色线为“−”；本实训装置中所用的均为 DC24V 带指示灯的有触点开关。

七、机械手物料传送和分拣模拟装置的电气电路说明

1. 电气电路组成

本装置电气部分主要由电源模块、按钮模块、可编程控制器（PLC）模块、变频器模块、三相异步电动机、接线端子排等组成。所有的电气元件均连接到接线端子排上，通过接线端子排连接到安全插孔，由安全接插孔连接到各个模块，结构为拼装式。各个模块均为通用模块，可以互换，能完成不同的项目控制，扩展性较强。图 11—12 所示为本项目装置电气部分的各个模块外形图。

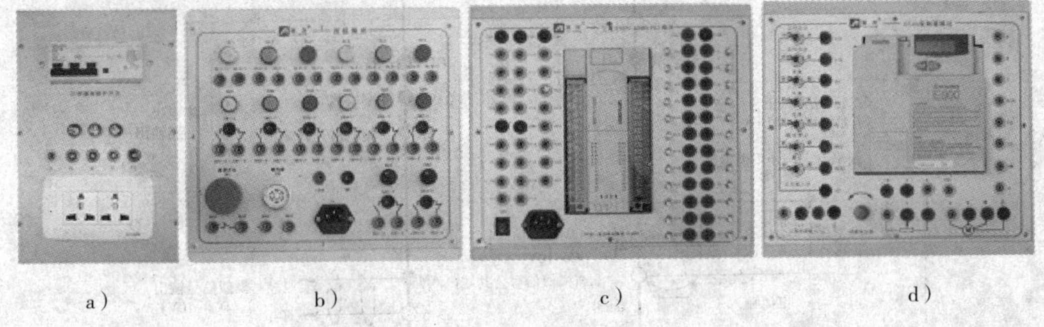

a)　　b)　　c)　　d)

图 11—12　机械手物料传送和分拣模拟装置电气部分的各个模块外形图

a) 电源模块　b) 按钮模块　c) PLC 模块　d) 变频器模块

(1) 电源模块

它主要由三相电源总开关（带漏电和短路保护）、熔断器和单相电源插座三部分组成。其中三相电源总开关是本项目装置的总电源控制，而单相电源插座用于模块电源连接和给外部设备提供电源，模块之间的电源连接采用安全导线方式。

(2) 按钮模块

它提供了多种不同功能的按钮和指示灯（DC24V），以及转换开关、蜂鸣器等。所有接口均采用安全插接件连接。内置开关电源（24 V/6 A 一组，12 V/2 A 一组）为外部设备工作提供电源。指示灯共有绿色和红色两种颜色。引出线五根，其中并在一起的两根粗线是电源线（红线接“+24 V”，黑红双色线接“GND”），其余三根是信号控制线（棕色线控制信号公共端，如果将控制信号线中的红色线和棕色线接通，则红灯闪烁，将控制信号线中的绿

色线和棕色线接通，则绿灯闪烁）。

（3）PLC 模块

采用三菱 FX2N－48MR 型继电器输出，所有接口采用安全插接件连接。

（4）变频器模块

采用三菱 E540－0.75 kW 型控制输送带电动机转动，所有接口采用安全插接件连接。

2. 变频器操作

（1）变频器的接线端子示意图

变频器的接线端子系统如图 11—13 所示。

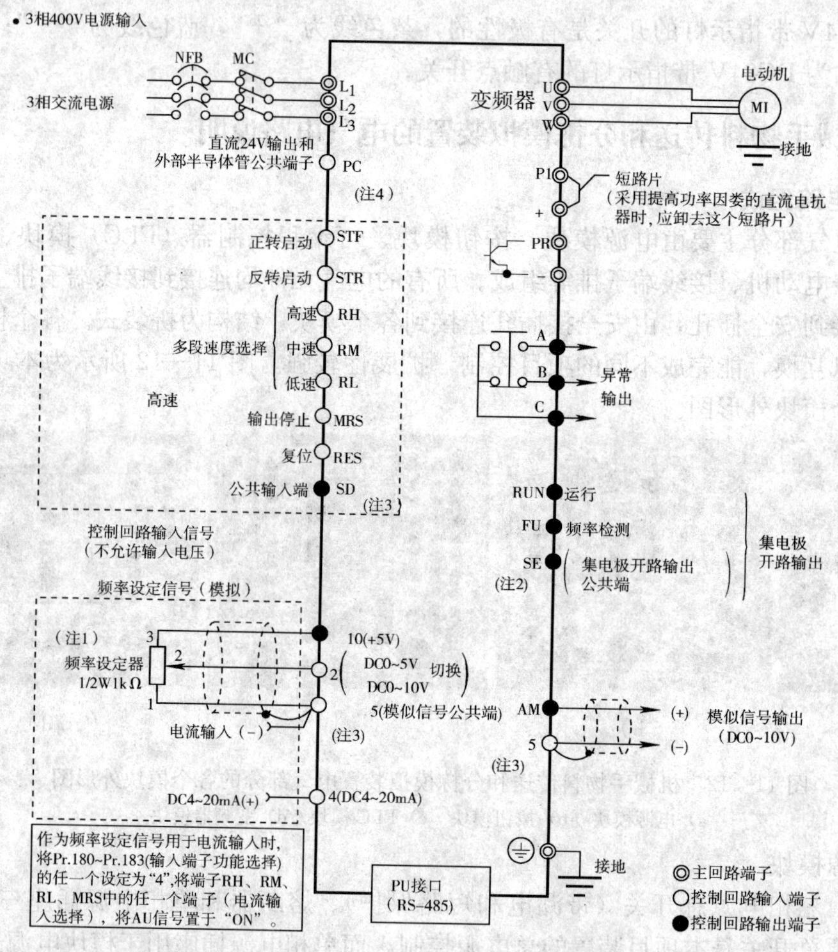

注：1.频率设定器操作频率高的情况下，应使用2W1kΩ的旋钮电位器。

2.使端子SD和SE绝缘。

3.端子SD和端子5是公共端子，不要接地。

4.端子PC-SD之间作为直流24V的电源使用时，应注意不要让两端子间短路。
一旦短路会造成变频器损坏。

图 11—13　变频器的接线端子功能示意图

（2）变频器操作面板说明

1）变频器操作面板功能示意图。图 11—14 所示为变频器操作面板功能示意图。

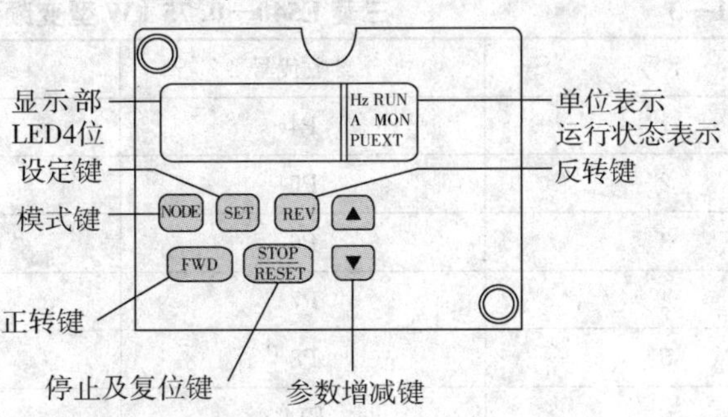

图 11—14　变频器的操作面板功能示意图

2）变频器操作面板键功能说明。变频器操作面板键功能见表 11—1。

表 11—1　变频器面板操作面板键的功能表

按键	说明
RUN 键	正转运行指令键
MODE 键	可用于选择操作模式或设定模式
SET 键	用于确定频率和参数的设定
▲/▼ 键	（1）用于连续增加或降低运行频率。按下这个键可改变频率 （2）在设定模式中按下此键，则可连续设定参数
FWD 键	用于给出正转指令
REV 键	用于给出反转指令
STOP RESET 键	（1）用于停止运行 （2）用于保护功能作输出停止对复位变频器

3）变频器操作面单位表示和状态表示见表 11—2。

表 11—2　变频器面板单位表示和状态表示说明

表示	说明
Hz	表示频率时，灯亮 （Pr. 52“操作面板/PU 主显示数据选择”为“100”时，有闪烁/亮灯的动作）
A	表示电流时，灯亮
PUN	变频器运行时灯亮。正转时/灯亮，反转时/闪亮
MON	监示显示模式时灯亮
PU	PU 操作模式时灯亮
EXT	外部操作模式时灯亮

(3) 三菱变频器参数设置

三菱变频器参数设置见表 11—3。

表 11—3　　三菱 E540—0.75 kW 型变频器参数设置

序号	参数代号	参数值	说明
1	P4	30	高速
2	P5	20	中速
3	P6	15	低速
4	P7	5	加速时间
5	P8	5	减速时间
6	P14	0	
7	P79	2	电动机控制模式
8	P80	默认	电动机的额定功率
9	P82	默认	电动机的额定电流
10	P83	默认	电动机的额定电压
11	P84	默认	电动机的额定频率

一、确定 I/O 地址分配

根据控制要求分析，使用四个 2 位五通双控电磁阀分别驱动机械手的四个气缸，使用三个 2 位五通单控电磁阀分别驱动三个负责推料的气缸，分配 PLC 的 I/O 地址。

1. 根据动作过程确定输入点数

所用检测传感器占用的输入点数为 18 个，启动、停止和急停需要输入点数 3 个，共计 21 个输入点。

2. 根据工作过程和气动系统图

确定完成生产线工件分送系统所需要的输出点。

(1) 圆盘直流电动机运行

需要 1 个输出点。

(2) 机械手动作

机械手悬臂伸出、缩回，手臂上升、下降，手爪抓紧、松开，机械手左摆、右摆，共需要 8 个输出点。

(3) 气缸推送工件动作

气缸Ⅰ、气缸Ⅱ、气缸Ⅲ动作，共需要 3 个输出点。

(4) 带式输送机运行

正反转运行 2 个输出点，变频器实现高、中、低速运行需要 3 个输出点，共计 5 个输出点。

（5）指示

它包括白色塑料包装指示灯、金属包装指示灯、紧急停止指示灯、红色指示灯、绿色指示灯和蜂鸣器共 6 个输出点。

由以上分析可知，完成机械手传送和分拣物料控制需要占用 PLC 的输出点数共 23 个。

3. 列出 PLC 的 I/O 地址分配表

见表 11—4。

表 11—4　　机械手控制系统 I/O 通道地址分配表

输入地址		输出地址	
启动按钮 SB5	X0	驱动悬臂伸出	Y0
停止按钮 SB6	X1	驱动悬臂缩回	Y1
悬臂气缸前限位传感器	X2	驱动手臂下降	Y2
悬臂气缸后限位传感器	X3	驱动手臂上升	Y3
手臂气缸下限位传感器	X4	驱动机械手向右旋转	Y4
手臂气缸上限位传感器	X5	驱动机械手向左旋转	Y5
旋转气缸左限位传感器	X6	驱动气爪夹紧	Y6
旋转气缸右限位传感器	X7	驱动气爪放松	Y7
手爪气缸夹紧限位传感器	X10	圆盘直流电动机	Y10
抓料平台光电传感器	X11	气缸Ⅰ推出	Y11
输送带进料口光电传感器	X12	气缸Ⅱ推出	Y12
位置Ⅰ光纤传感器	X13	气缸Ⅲ推出	Y13
气缸Ⅰ前限位	X14	白色塑料包装指示灯 HL4	Y14
气缸Ⅰ后限位	X15	金属包装指示灯 HL5	Y15
位置Ⅱ光纤传感器	X16	紧急停止指示灯 HL6	Y16
气缸Ⅱ前限位	X17	蜂鸣器	Y17
气缸Ⅱ后限位	X20	三相交流异步电动机正转运行	Y20
位置Ⅲ光纤传感器	X21	三相交流异步电动机反转运行	Y21
气缸Ⅲ前限位	X22	三相交流异步电动机高速运行	Y22
气缸Ⅲ后限位	X23	三相交流异步电动机中速运行	Y23
急停开关 QS	X24	三相交流异步电动机低速运行	Y24
		红色警示灯	Y25
		绿色警示灯	Y26

二、画出 PLC 接线图

本项目控制的 PLC 接线图（I/O 接线图）如图 11—15 所示。

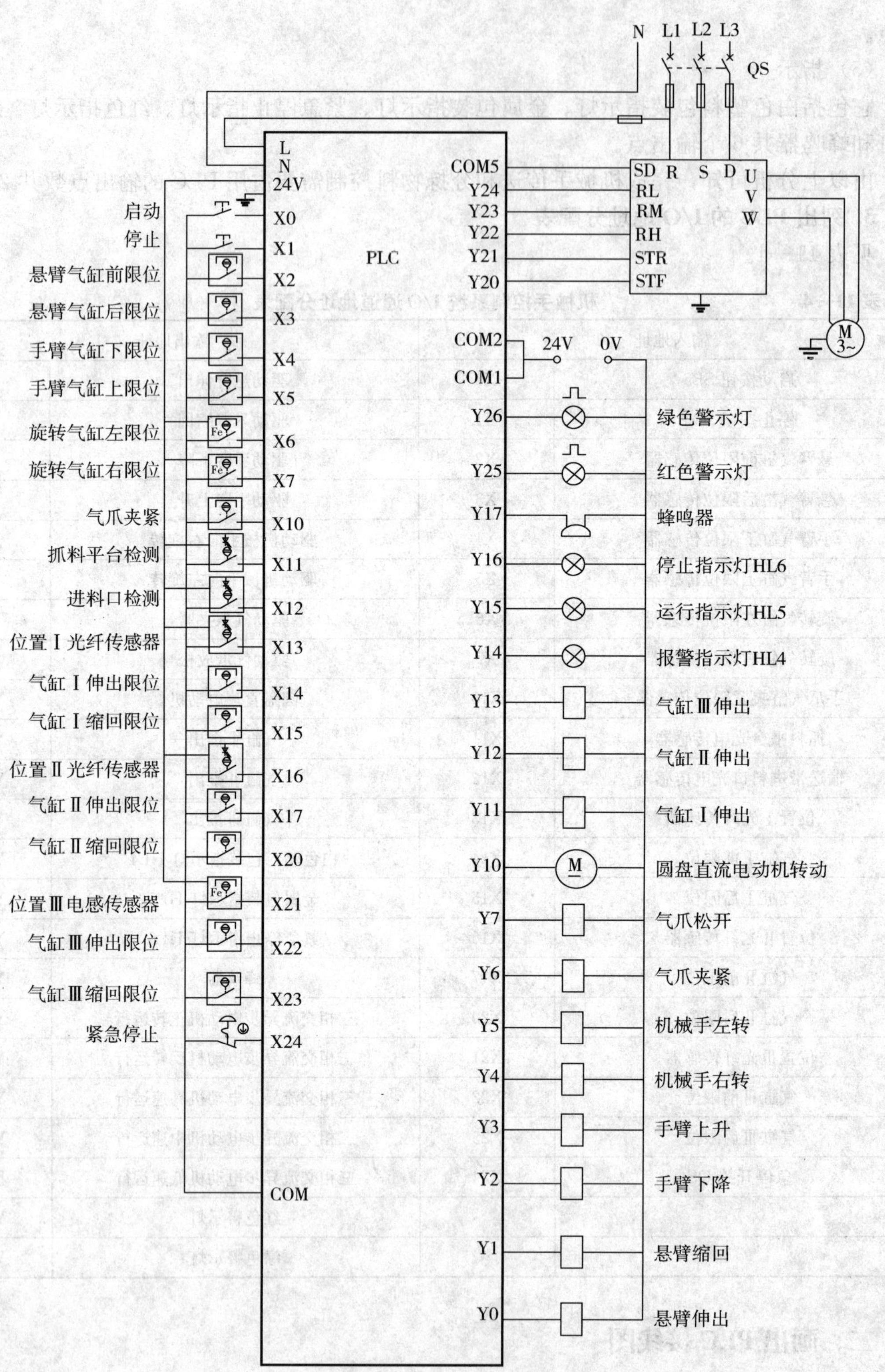

图 11—15　机械手物料传送和分拣模拟装置 I/O 接线图

三、程序设计

从控制要求分析可知，本项目设备具有以下功能：供料、搬运、区分合格与不合格工件、清洗、包装、分拣、急停、报警、三相交流异步电动机以三种速度及正反转运行。

1. 程序设计思路

从本项目的控制要求分析可知，本项目装置中的基本动作都是顺序控制，因此在设计动作程序时，可以选择采用基本指令实现的动作控制法，也可以选择采用三菱 PLC 的步进梯形图指令控制法，作为设计导向。

2. 系统程序的编写

（1）机械手程序的编写

确认系统的各个部件在原位后，按下启动按钮，接通一个 PLC 的内部辅助继电器（自锁）作为系统开始运行第一个动作的状态标志，此状态标志用于控制圆盘直流电动机的启/停。用这个状态标志与抓料平台的物料检测信号串联，作为下一个动作的触发条件，并用下一个动作去复位上一个动作的状态标志。依照这样的规律设计机械手的其余动作。整个机械手动作的顺序功能图如图 11—16 所示。

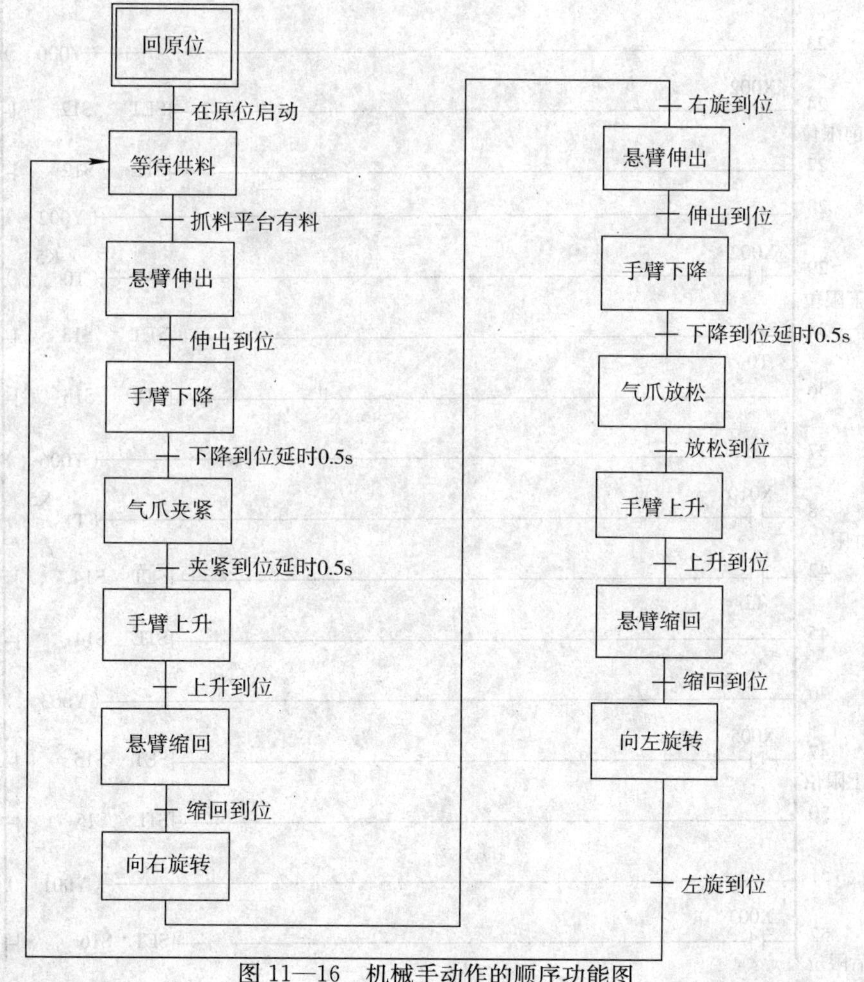

图 11—16　机械手动作的顺序功能图

机械手动作的控制程序梯形图如图 11—17 所示。

```
0   M8002                                                      [SET  S0  ]
3                                                              [STL  S0  ]
4                                                              ( Y001 )  悬臂缩回
                                                               ( Y003 )  手臂上升
                                                               ( Y005 )  机械手左转
                                                               ( Y007 )  气爪放松
8   X003        X005        X006        X010      X015      X020      X023      X000
    悬臂气缸    手臂气缸    旋转气缸    气爪气    位置Ⅰ    位置Ⅱ    位置Ⅲ    启动     [SET  S10 ]
    后限位      上限位      左限位      缸限位    后限位    后限位    后限位    按钮
18                                                             [STL  S10 ]
19  X011
    抓料平台光电传感器                                         [SE   S11 ]
22                                                             [STL  S11 ]
23                                                             ( Y000 )  悬臂伸出
24  X002
    悬臂气缸前限位                                             [SET  S12 ]
27                                                             [STL  S12 ]
28                                                             ( Y002 )  手臂下降
29  X002                                                           K5
    手臂气缸下限位                                             ( T0   )
33  T0                                                         [SET  S13 ]
36                                                             [STL  S13 ]
37                                                             ( Y006 )  气爪夹紧
38  X010                                                           K5
    气爪气缸限位                                               ( T1   )
42  T1                                                         [SET  S14 ]
45                                                             [STL  S14 ]
46                                                             ( Y003 )  手臂上升
47  X005
    手臂气缸上限位                                             [SET  S15 ]
50                                                             [STL  S15 ]
51                                                             ( Y001 )  悬臂缩回
52  X003
    悬臂气缸后限位                                             [SET  S16 ]
```

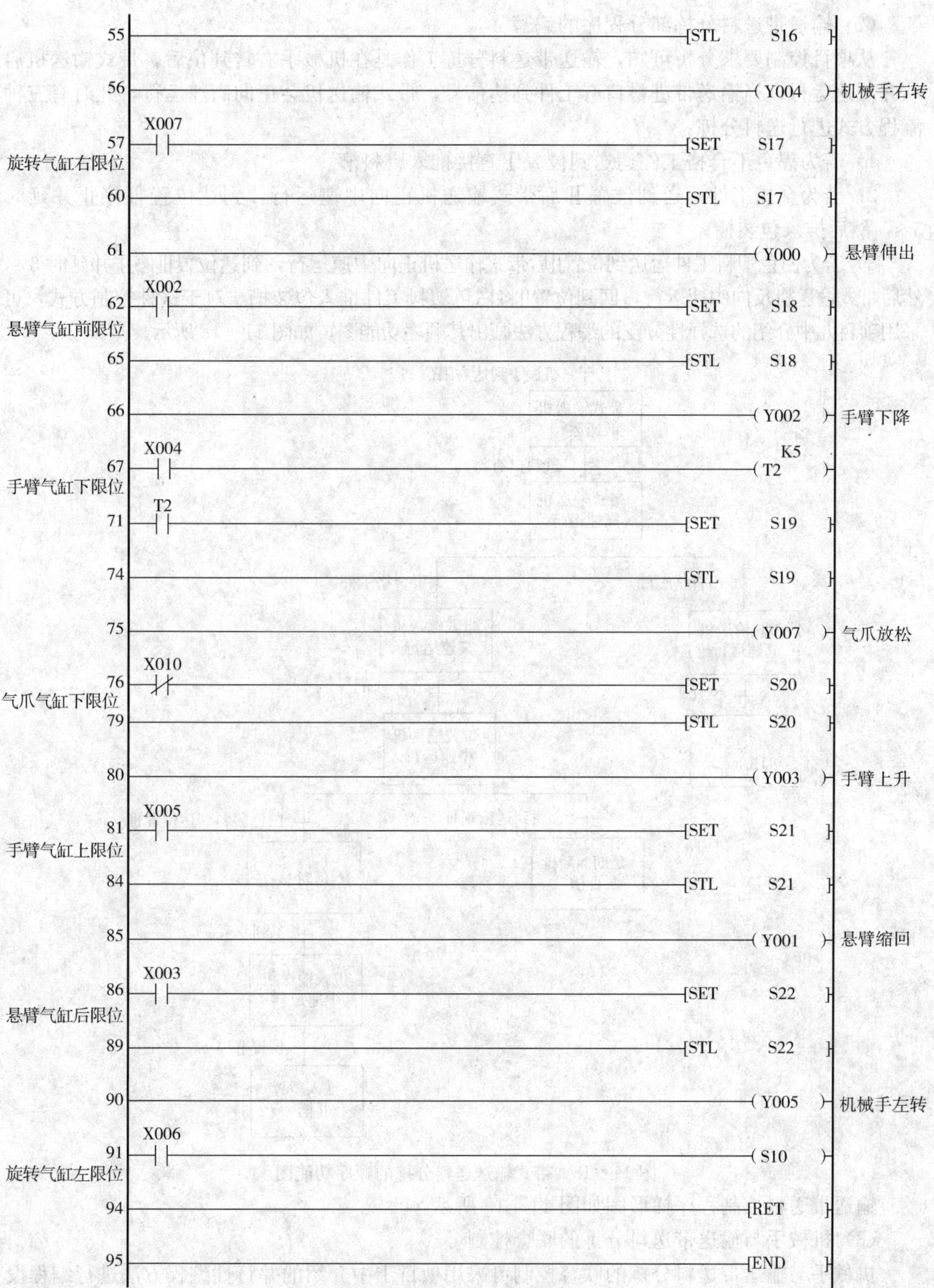

图 11—17　机械手动作控制梯形图

(2) 输送带送料分拣部分程序的编写

从项目控制要求分析可知，输送带送料分拣工作是在机械手右转到位后，带式输送机启动并低速运行；当输送带进料口有工件到达信号，带式输送机会正向高速运行，此时有三种流程方式进行送料分拣：

1）若为黑色不合格工件运送到位置Ⅰ直接推入废料槽。

2）若为金属工件运送到位置Ⅱ后带式输送机正向中速运行，到达位置Ⅲ停止并延时 3 s，然后推入包装槽。

3）若为白色塑料工件运送到位置Ⅱ后带式输送机正向中速运行，到达位置Ⅲ停止并延时 3 s，然后带式输送机反向中速运行，回到位置Ⅱ将白色塑料工件推入包装槽。对于这种控制方式，可采用项目九中介绍的选择性分支的编程方法画出其顺序功能图，如图 11—18 所示。

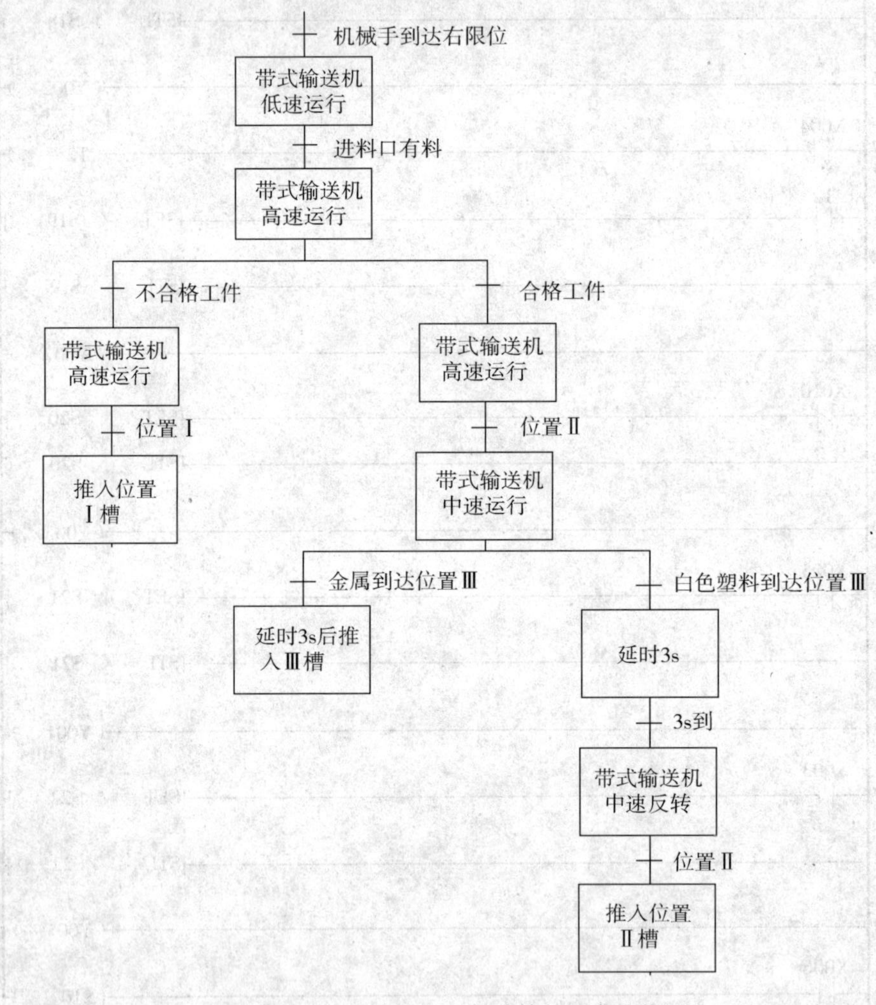

图 11—18 带式输送送料分拣的顺序功能图

输送带送料控制程序梯形图如图 11—19 所示。

(3) 机械手与输送带送料分拣的联合控制

机械手与输送带送料分拣的联合控制可采用项目十中介绍的并行性编程方法进行编程设计，其顺序功能图如图 11—20 所示。

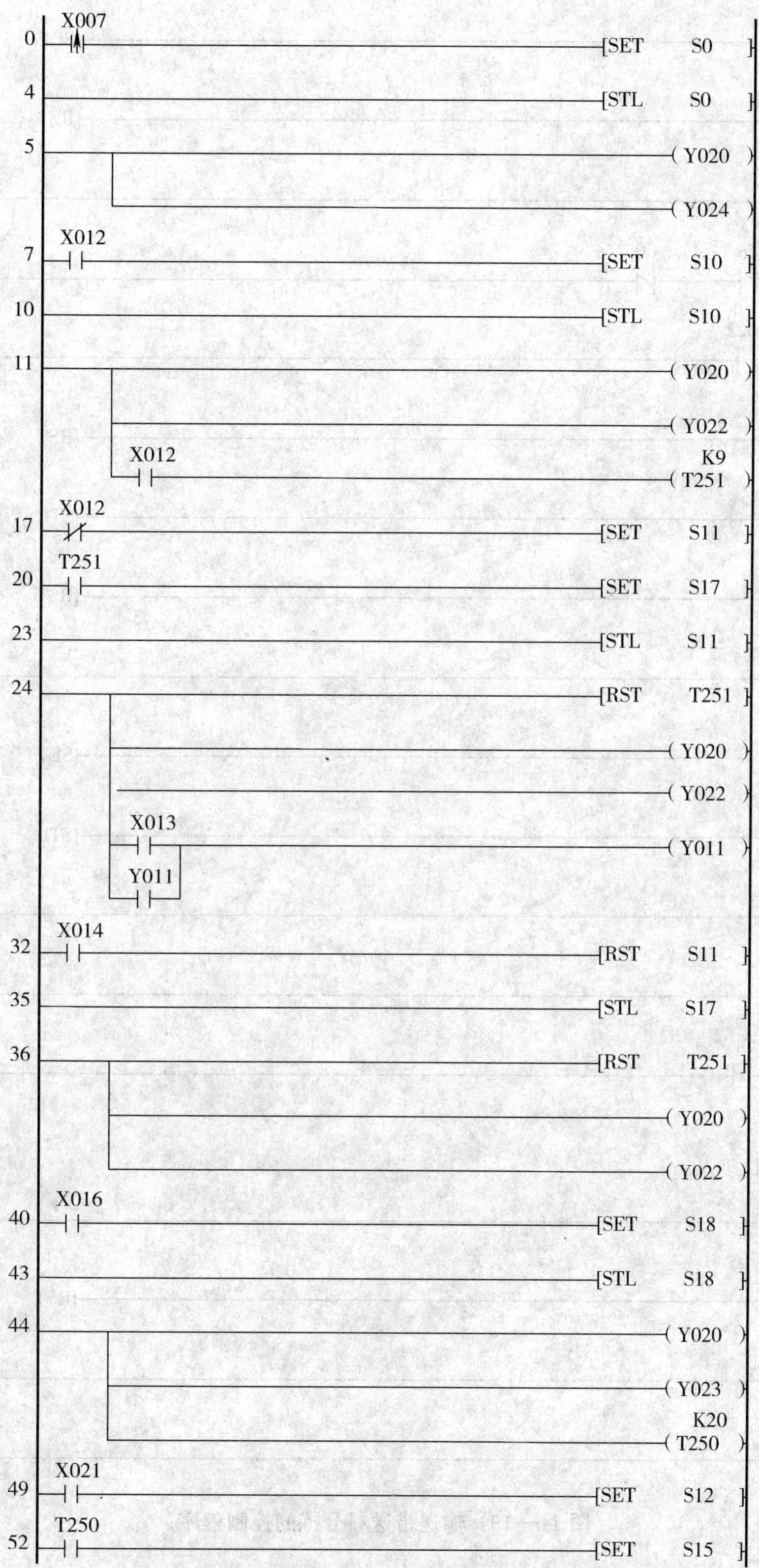
0
X007
SET S0
4
STL S0
5
Y020
Y024
7
X012
SET S10
10
STL S10
11
Y020
Y022
X012
K9
T251
17
X012
SET S11
20
T251
SET S17
23
STL S11
24
RST T251
Y020
Y022
X013
Y011
Y011
32
X014
RST S11
35
STL S17
36
RST T251
Y020
Y022
40
X016
SET S18
43
STL S18
44
Y020
Y023
K20
T250
49
X021
SET S12
52
T250
SET S15

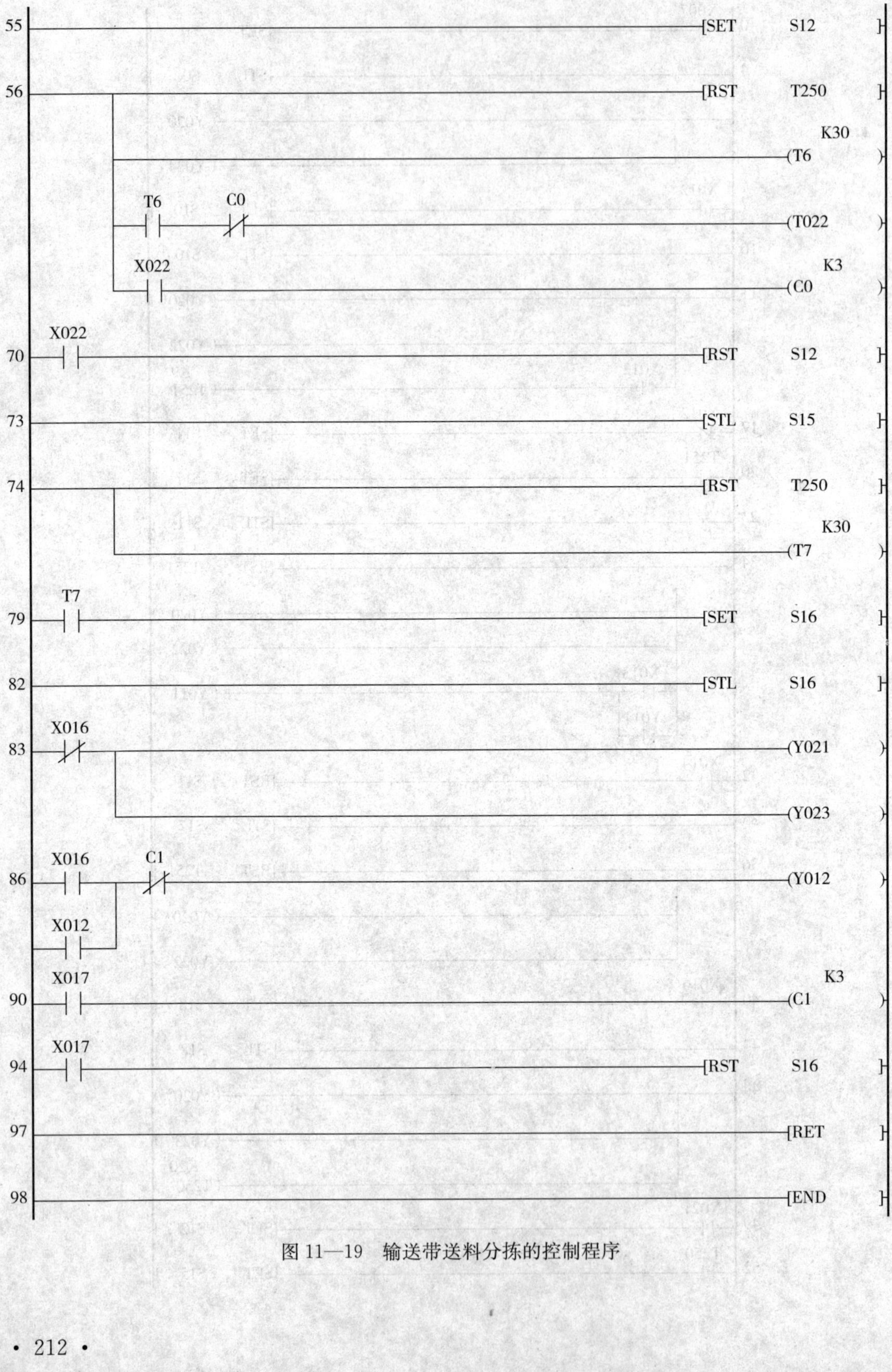

```
55 ─────────────────────────────────[SET  S12  ]
56 ──┬──────────────────────────────[RST  T250 ]
     │                                    K30
     ├──────────────────────────────(T6        )
     │  T6     C0
     ├──┤ ├────┤/├──────────────────(T022      )
     │  X022                              K3
     └──┤ ├─────────────────────────(C0        )
   X022
70 ──┤ ├────────────────────────────[RST  S12  ]
73 ─────────────────────────────────[STL  S15  ]
74 ──┬──────────────────────────────[RST  T250 ]
     │                                    K30
     └──────────────────────────────(T7        )
   T7
79 ──┤ ├────────────────────────────[SET  S16  ]
82 ─────────────────────────────────[STL  S16  ]
   X016
83 ──┤/├──┬─────────────────────────(Y021      )
          └─────────────────────────(Y023      )
   X016        C1
86 ──┤ ├──┬────┤/├──────────────────(Y012      )
   X012   │
   ──┤ ├──┘
   X017                                   K3
90 ──┤ ├────────────────────────────(C1        )
   X017
94 ──┤ ├────────────────────────────[RST  S16  ]
97 ─────────────────────────────────[RET       ]
98 ─────────────────────────────────[END       ]
```

图 11—19　输送带送料分拣的控制程序

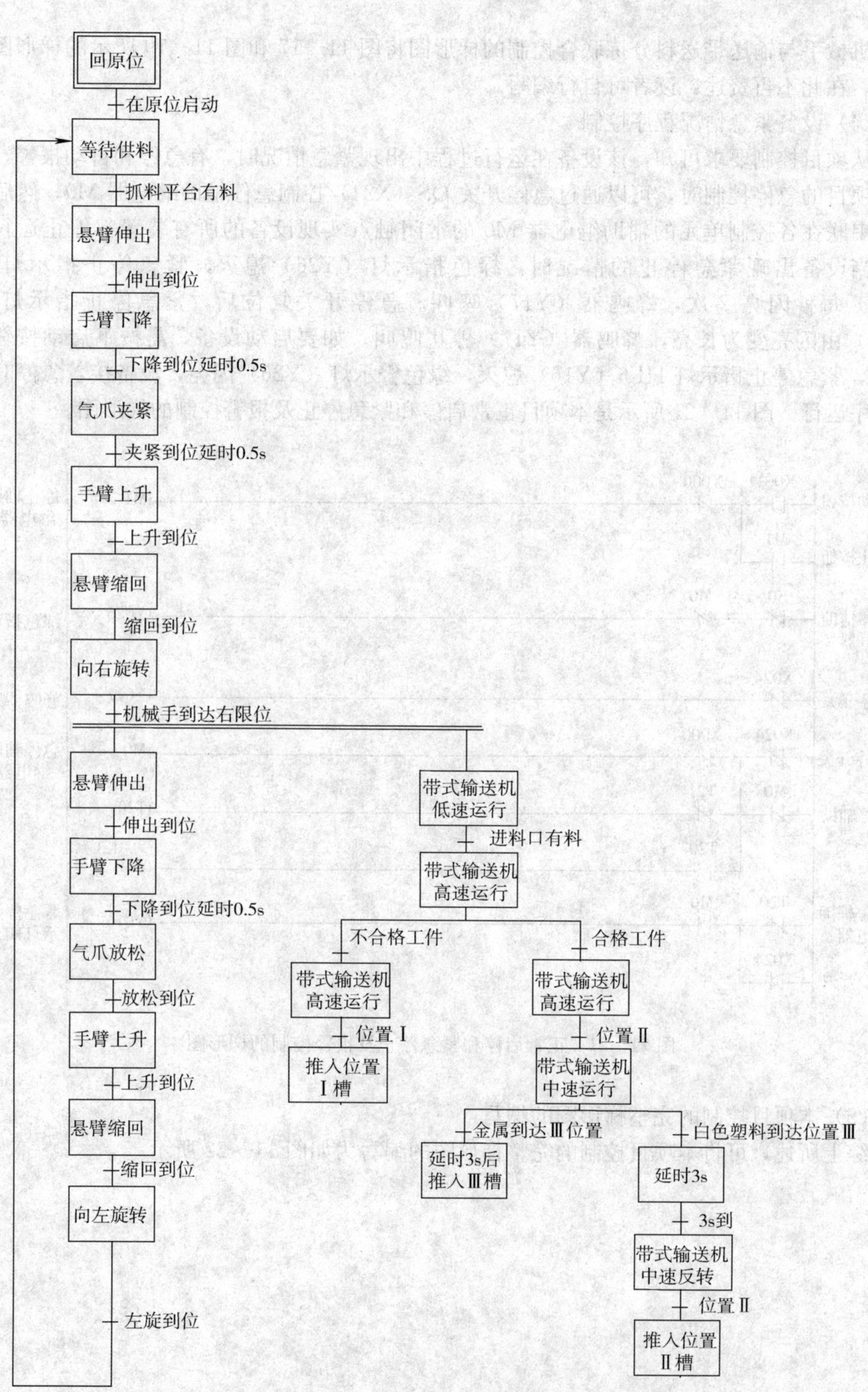

图 11—20　机械手与输送带送料分拣的联合控制的顺序功能图

机械手与输送带送料分拣联合控制的梯形图将图 11—17 和图 11—19 所示的梯形图综合即可，在此不再赘述，读者可自行编写。

(4) 设备紧急情况程序控制

从项目控制要求可知，该设备在运行过程中出现紧急情况时，有急停和自动报警。在设计本项目的急停控制时，可以通过急停开关 QS（X24）控制急停辅助继电器 M0，然后通过分断串联在各控制单元的辅助继电器 M0 的常闭触点实现设备的所有装置都停止运行。另外，当设备出现紧急停止的情况时，绿色指示灯（Y26）熄灭，紧急停止指示灯 HL6（Y16）每秒闪亮 2 次，蜂鸣器（Y17）鸣叫。急停开关复位后，紧急停止指示灯 HL6（Y16）由闪亮变为长亮，蜂鸣器（Y17）停止鸣叫。如要启动设备，需按下启动按钮 SB5（X0），紧急停止指示灯 HL6（Y16）熄灭，绿色警示灯（Y26）闪亮，设备接着急停时的工作顺序运行。图 11—21 所示是本项目正常启停和紧急停止及报警控制的梯形图。

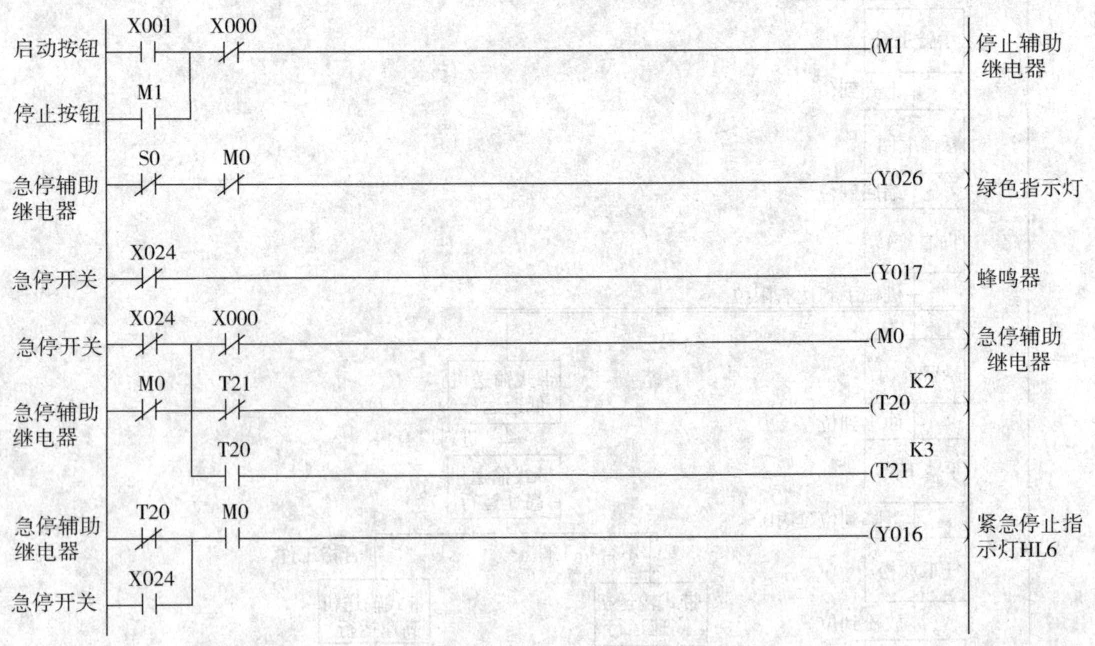

图 11—21　正常启停和紧急停止及报警控制的梯形图

(5) 本项目控制的完整梯形图的编写

综上所述，可将本项目控制的完整梯形图的编写为如图 11—22 所示。

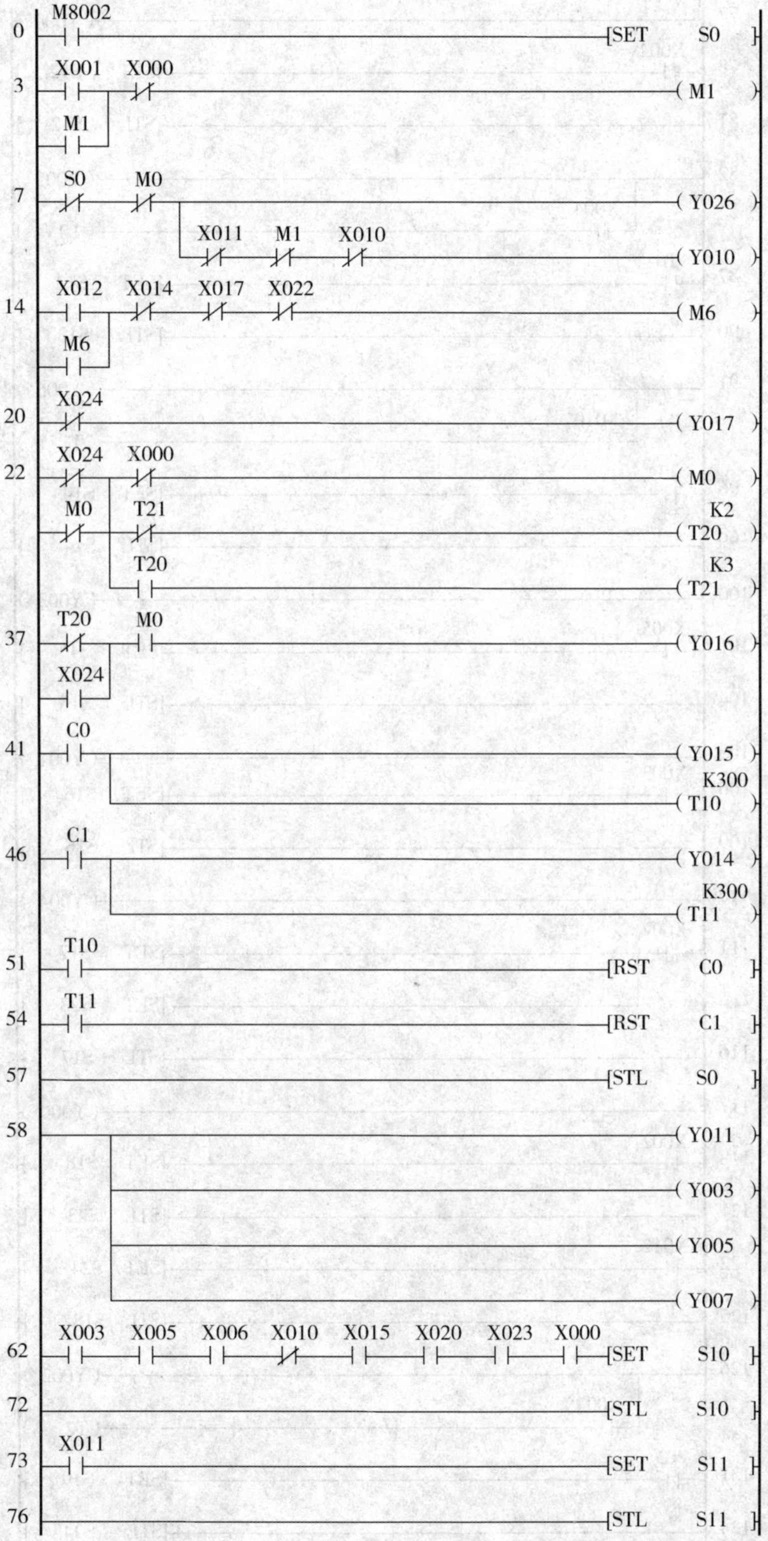

```
0   M8002 ┤├ ─────────────────────────────── [SET  S0 ]

3   X001 ┤├ ─┬─ X000 ┤/├ ─────────────────── ( M1 )
    M1   ┤├ ─┘

7   S0 ┤/├ ── M0 ┤/├ ─┬────────────────────── ( Y026 )
                      └─ X011 ┤/├ ── M1 ┤/├ ── X010 ┤/├ ── ( Y010 )

14  X012 ┤├ ─┬─ X014 ┤/├ ── X017 ┤/├ ── X022 ┤/├ ── ( M6 )
    M6   ┤├ ─┘

20  X024 ┤/├ ─────────────────────────────── ( Y017 )

22  X024 ┤/├ ─┬─ X000 ┤/├ ────────────────── ( M0 )
    M0   ┤/├ ─┤─ T21 ┤/├ ─────────────────── ( T20  K2 )
              └─ T20 ┤├ ──────────────────── ( T21  K3 )

37  T20  ┤/├ ─┬─ M0 ┤├ ───────────────────── ( Y016 )
    X024 ┤├  ─┘

41  C0 ┤├ ─┬──────────────────────────────── ( Y015 )
           └──────────────────────────────── ( T10  K300 )

46  C1 ┤├ ─┬──────────────────────────────── ( Y014 )
           └──────────────────────────────── ( T11  K300 )

51  T10 ┤├ ───────────────────────────────── [RST  C0 ]

54  T11 ┤├ ───────────────────────────────── [RST  C1 ]

57  ──────────────────────────────────────── [STL  S0 ]

58  ─────┬────────────────────────────────── ( Y011 )
         ├────────────────────────────────── ( Y003 )
         ├────────────────────────────────── ( Y005 )
         └────────────────────────────────── ( Y007 )

62  X003 ┤├ ── X005 ┤├ ── X006 ┤├ ── X010 ┤/├ ── X015 ┤├ ── X020 ┤├ ── X023 ┤├ ── X000 ┤├ ── [SET  S10 ]

72  ──────────────────────────────────────── [STL  S10 ]

73  X011 ┤├ ──────────────────────────────── [SET  S11 ]

76  ──────────────────────────────────────── [STL  S11 ]
```

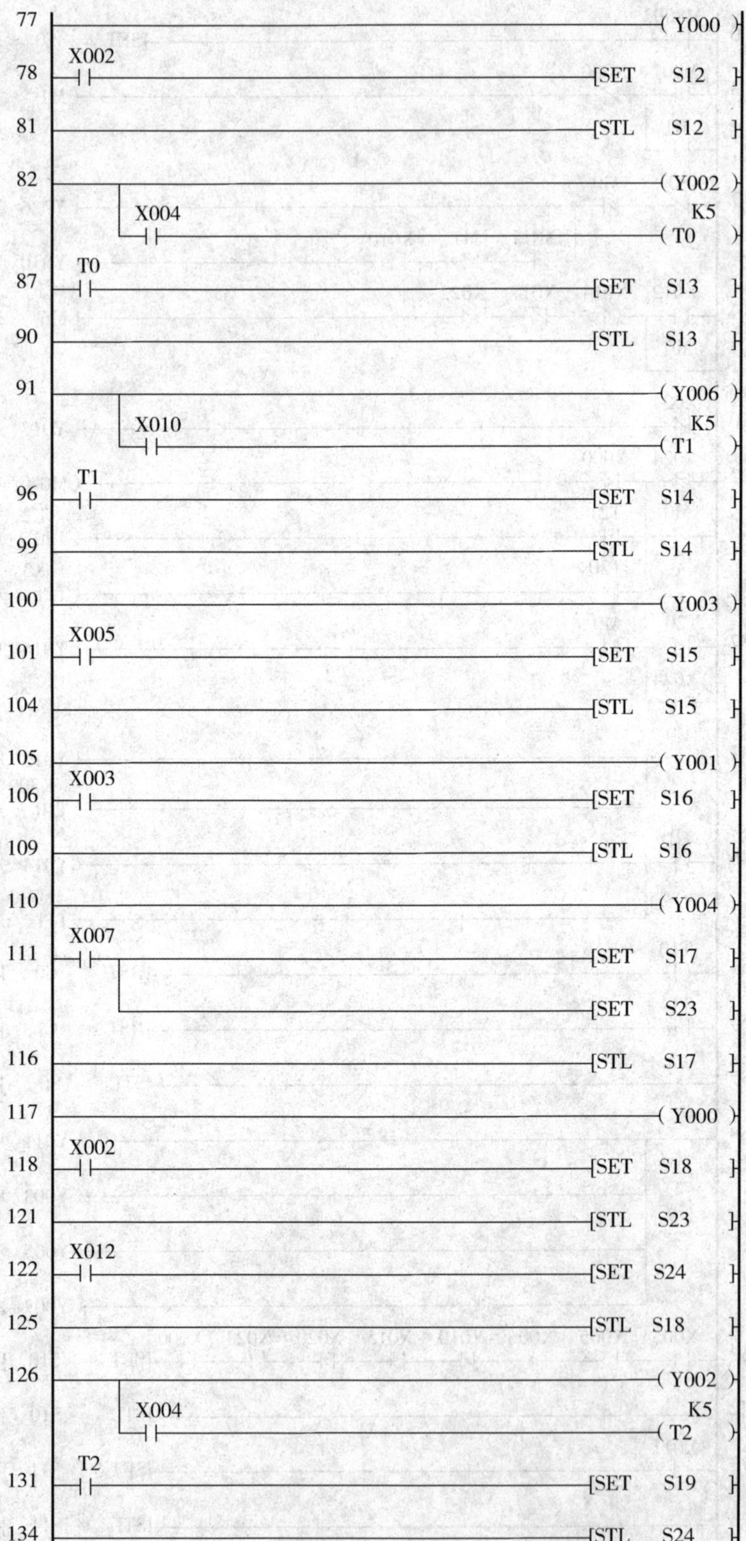
77
Y000
78
X002
SET S12
81
STL S12
82
Y002
X004
K5
T0
87
T0
SET S13
90
STL S13
91
Y006
X010
K5
T1
96
T1
SET S14
99
STL S14
100
Y003
101
X005
SET S15
104
STL S15
105
Y001
106
X003
SET S16
109
STL S16
110
Y004
111
X007
SET S17
SET S23
116
STL S17
117
Y000
118
X002
SET S18
121
STL S23
122
X012
SET S24
125
STL S18
126
Y002
X004
K5
T2
131
T2
SET S19
134
STL S24

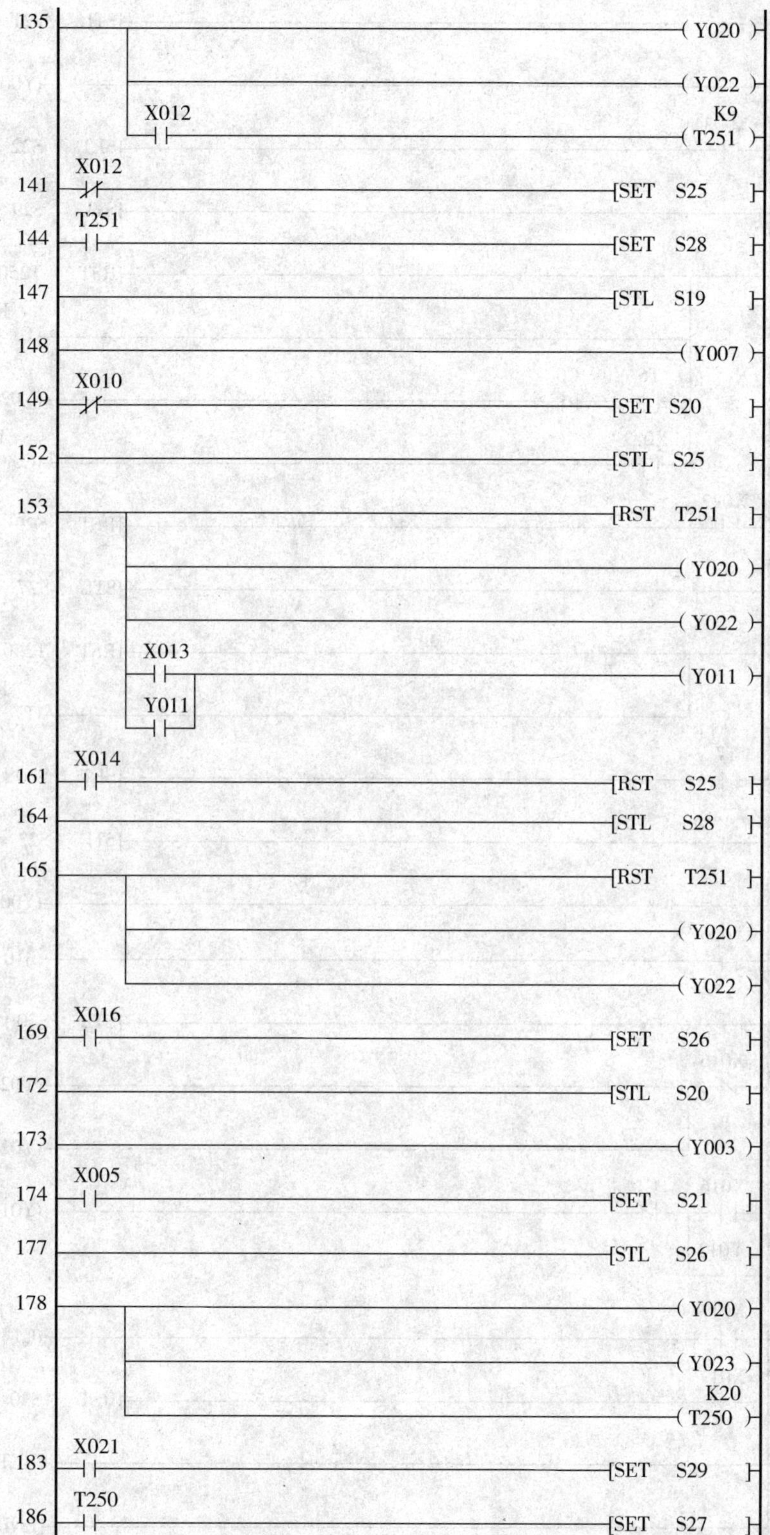

135
Y020
Y022
X012
K9
T251
141
X012
SET S25
144
T251
SET S28
147
STL S19
148
Y007
149
X010
SET S20
152
STL S25
153
RST T251
Y020
Y022
X013
Y011
Y011
161
X014
RST S25
164
STL S28
165
RST T251
Y020
Y022
169
X016
SET S26
172
STL S20
173
Y003
174
X005
SET S21
177
STL S26
178
Y020
Y023
K20
T250
183
X021
SET S29
186
T250
SET S27

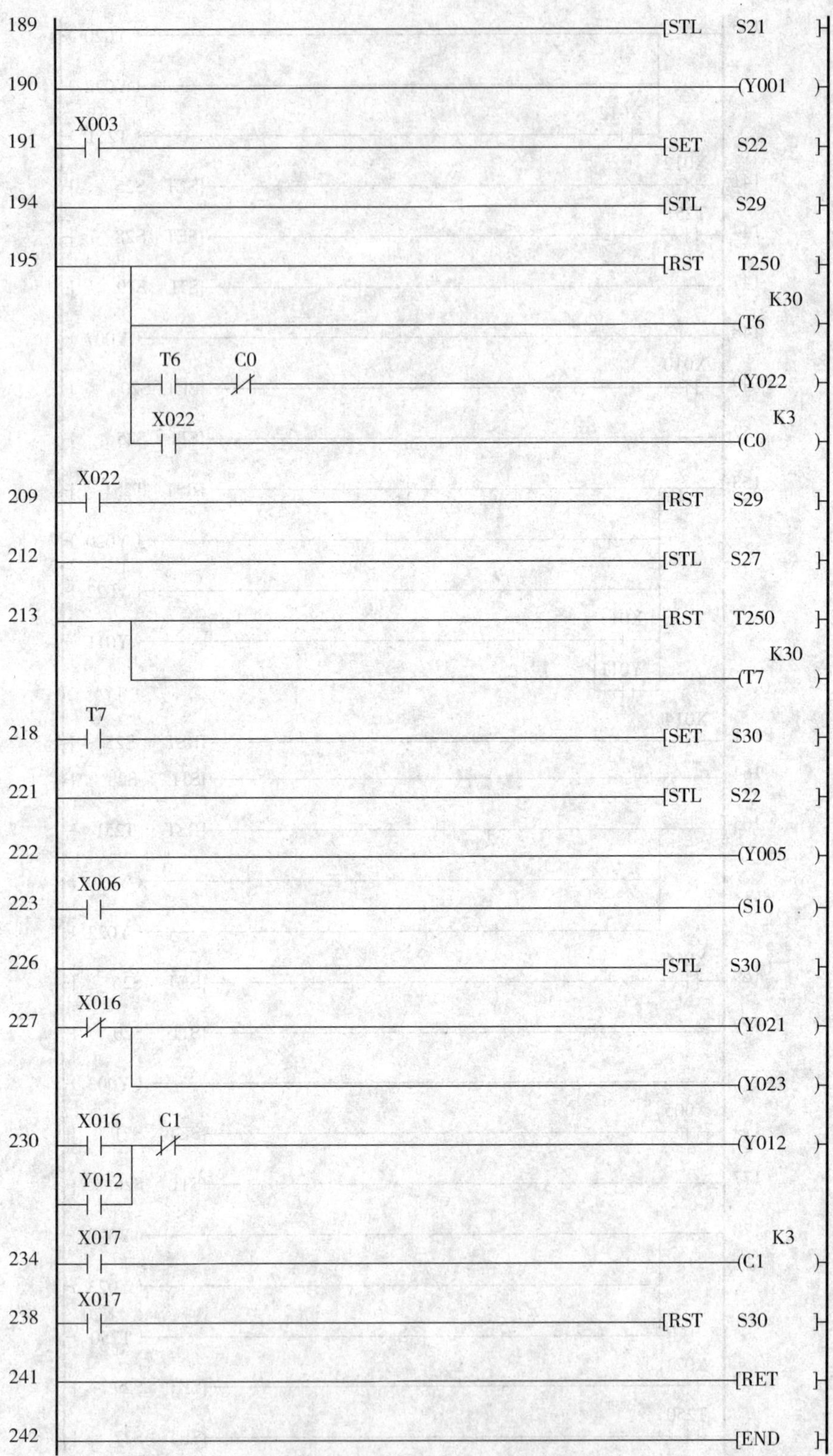

图 11—22　机械手物料传送和分拣模拟装置控制梯形图

四、程序输入及仿真运行

1. 程序输入

(1) 工程名的建立

启动 MELSOFT 系列 GX Developer 编程软件。首先选择 PLC 的类型为“FX2N”，在程序类型框内选择“SFC”，创建新文件名，并在“工程名”项输入为“机械手物料传送和分拣模拟装置控制”。余后不再表述。

(2) 程序输入

程序输入方法可参照项目九所述的方法，读者可自行输入，在此不再赘述。

2. 仿真运行

仿真运行可参照项目九所述的方法，读者可自行进行仿真，在此不再赘述。

3. 程序下载

把 PLC 与计算机连接，将程序写入 PLC 中。

五、线路安装与调试

1. 识读接线图

根据图 11—15 所示 I/O 接线和图 11—12 所示的模块，了解元件安装和线路连接。

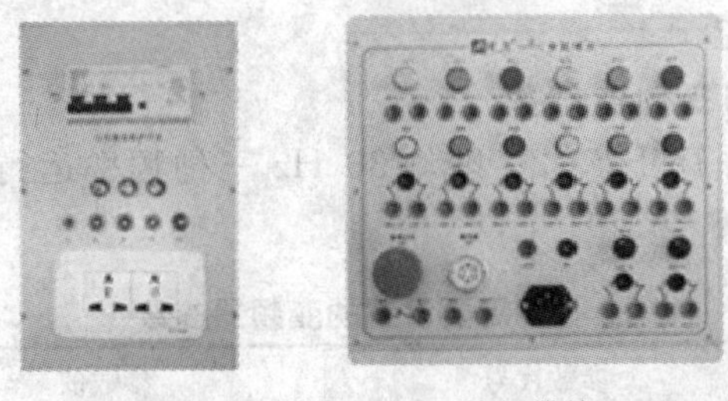

电源模块　　按钮模块

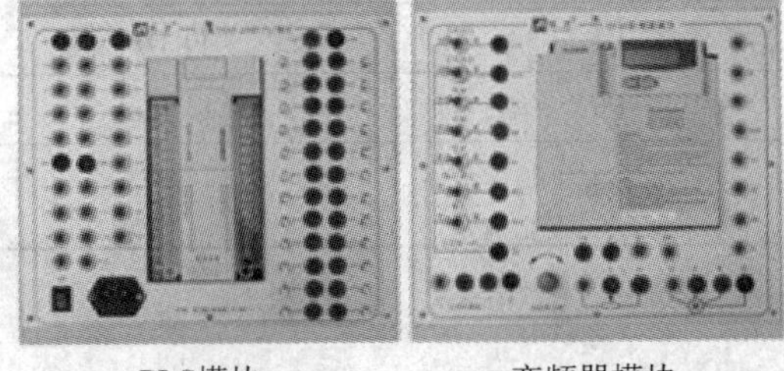

PLC模块　　变频器模块

图 11—23　本项目控制所需元件的模块示意图

2. 安装电路

(1) 检查光器件

根据表 11—4 配齐元器件，检查元器件的规格是否符合要求，并用万用表检测元器件是否合格。根据图 11—23 配齐各模块并检查是否符合要求。

(2) 配线安装

从接线的准确性、速度和美观等方面考虑，在此推荐以下接线标准和接线流程。

1) 接线要求。连接导线型号、颜色正确；电路各连接点连接可靠、牢固，外露铜丝最长不能超过 2 mm；接入接线排的导线都需要编号，并套好号码管；号码管长度应一致，编号工整、方向一致；同一接线端子的连接导线最多不能超过两根。

2）接线流程。首先从线架上取下黑色的连接线，将圆盘直流电动机蓝色接地线、信号灯上的蓝色接地线、电磁阀的黄色接地线在安装平台的接线排上通过并联方式进行连接，再引到电源接地线；磁性开关的蓝色接地线以及三线制传感器的蓝色接地线在安装平台的接线排上通过并联方式进行连接，再引到电源接地线。将信号灯的棕色正电源线、三线制传感器上的棕色电源线通过并联的方式连接，再引到 PLC 的 DC24V 电源接线端上。

然后对按钮模块上需要使用的元器件和 PLC 模块上的相关接线进行连接。将按钮模块上需要使用的启动按钮、停止按钮、急停开关等控制元件上端的黑色端子，通过并联的方式连接到 PLC 输入的 COM 点上；将电源指示灯、启动指示灯、蜂鸣器等元器件的一端与 PLC 输入点的 COM 点以及工作台上接地线并联到 0 V 上，将电源指示灯一端和安装平台上的火线端、输出点的 COM 点并联到＋24 V 上。

最后将电源模块上的三相电连接到变频器上，变频器上的 U、V、W、接地线连接到带式传送机的三相交流异步电动机上；最后从线架上取下黄色和绿色的连接线，根据编程时使用的输入/输出口地址分配表分别连接好。线接好后，把多余的线放回线架上。

（3）自检

对照接线图检查接线是否无误，再使用万用表检测电路的阻值是否与设计相符。

3. 变频器的参数设置

（1）列出需要设置的变频器参数

根据带式运输机能以 15 Hz、20 Hz、30 Hz 三种频率运行，需要设定的变频器参数及相应的参数值见表 11—5。

表 11—5　　需要设置的变频器参数

序号	参数代号	参数值	说明
1	P4	30 Hz	高速
2	P5	20 Hz	中速
3	P6	15 Hz	低速
4	P79	2	电动机控制模式 （外部操作模式）

（2）接通变频器电源

由于变频器负载电路已连接好，如果在接通电源时未将控制回路输入端断开，则变频器可能会输出信号，使三相交流异步电动机运行，从而造成危险。因此，需要先将控制回路输入端都置于断开位置，再接通变频器电源。电源接通后，变频器电源指示灯亮，此时才可打开变频器操作面板前盖。

（3）恢复出厂设置

由于变频器已被使用过，变频器上的某些参数被修改过，但不知道是哪些参数被修改，因此在设置变频器参数前，一般先将其参数恢复至出厂设置。

（4）参数设置

按照变频器参数设定模式的操作方法，依次将表 11—5 列出的需要设置的变频器参数设置好。所有参数设置完成后，再逐一进行检查，以确认设置是否有效。在确认变频器参数设置正确后，再将变频器设置为频率监示模式。

4. 通电调试

（1）经自检无误后，在指导教师的指导下方可通电调试。

（2）首先接通系统电源开关 QS，将 PLC 的 RUN/STOP 开关拨到"RUN"的位置，然后通过计算机上的 MELSOFT 系列 GX Developer 软件中的"监控/测试"监视程序的运行情况，再按照项目控制要求进行操作，观察系统运行情况并做好记录，填写表 11—6 所示的完成工作任务记录表。如出现故障，应立即切断电源，分析原因，检查电路或梯形图，排除故障后，方可进行重新调试，直到系统功能调试成功为止。

表 11—6　　完成工作任务记录表

项目	完成情况
连接的电路是否正确	
连接的气路是否正确	
编写的程序中初始位置是否符合工作任务要求	
初始位置符合工作任务要求后，红色指示灯是否会闪亮	
按下启动按钮后，红色指示灯是否会闪亮	
按下启动按钮后，绿色指示灯是否会闪亮	
在机械手搬运过程中按下停止按钮，机械手是否立即停止	
当机械手悬臂到达右限位时，带式输送机是否启动	
带式输送机进料口有工件到达，三相交流异步电动机能否高速运行	
输送带上有工件，机械手是否会继续搬运	
输送带上工件推出后，三相交流异步电动机是否会高速运行	
三相交流异步电动机高速运行时，按下停止按钮是否立即停止	
三相交流异步电动机低速运行时，按下停止按钮是否立即停止	
黑色塑料工件能否推入废料槽	
白色塑料工件能否在电感传感器下停止	
白色塑料工件包装时，HL4 指示灯是否会亮	
金属工件包装时，HL5 指示灯是否会亮	
包装时，有没有工件被推入正在包装的出料斜槽	
按下急停开关，报警装置是否会报警	
警装置是否符合工作任务要求	
急停开关复位后，没有按下启动按钮，设备能否接着运行	

如果本项目的机械手物料传送和分拣模拟装置在工作过程中突然停电，应如何处理机械手上夹持的工件？

一、理论知识拓展

PLC控制系统应有异常处理程序，用来处理PLC的各种异常情况，具体事项有错误报警、错误控制、状态记录、标志位使用、故障预测与预防、故障或错误诊断。此外，为了控制系统运行更加可靠，有的还可做冗余或容错配置处理。

1. 出现错误时报警

在有的PLC控制系统中，使用了3级错误报警系统。1级错误报警设置在控制现场的各控制柜面板上。采用信号指示灯指示设备正常运行和错误情况，当设备正常运行时对应的指示灯亮；当该设备运行有故障时，指示灯闪烁。2级错误报警设置在中心控制室大屏幕监视器上，当设备出现错误时，有共享显示错误标志，工艺流程图上对应设备的指示灯闪烁，历史事件表中将记录出现过的2级错误。3级错误报警在中心控制室信号箱内，当设备出现错误时，信号箱将用声、光报警方式提示工作人员及时处理错误。在故障或出错报警的同时，做好故障记录是必要的，也可将故障记录与状态记录一起编程。

2. 出现错误时的控制

一旦系统出错，除了报警、记录外，应立即要考虑的是对出错或故障性质、严重程度的判断。一旦确认是严重故障，应有应急处理机制或程序去处理故障，以确保人身及设备安全，特别是人身安全。

一般而言，出现错误时应能将与机器有关的危险隔离，主动或被动地将其封锁，或者在探测到危险时终止过程。这是唯一能把握并尽量避免伤亡，同时优化生产过程的机会。这时最简单的方法是设备紧急停止，或使PLC禁止输出等。总之，应在程序中考虑这些措施，确保出现故障时能及时进行控制。

3. 状态记录

例如，飞机失事，第一件事是想方设法找到“黑匣子”，因为它记录着飞机的飞行数据，有了它就容易查找和判断出现事故的原因。PLC运行也可有自己的“黑匣子”，即PLC的数据区。而且只要编有相应的PLC运行情况数据记录，数据中有足够的空间存储相关数据。

值得注意的是，这里讲的状态不仅是故障，还可以是系统运行负荷情况，以及在不同负荷下的运行时间、系统的重要性能特性等。一旦PLC控制系统出现故障，就可找出这个记录进行分析，这对故障判断、定位都会有很大的帮助。

4. 故障预测与预防

一般情况下，设备的维修都发生在设备损坏以后，但对重要设备而言，一旦突然损坏，将给生产带来巨大的损失。为此，应对重要设备进行计划预修。一定期限后，无论设备损坏与否，都应进行维修。这样可以减少重要设备突然损坏的风险。但难以充分利用资源。因此最好的办法是故障预测与预防，即用传感器不断监测设备的工作状态参数，并记入PLC的数据区，再由PLC实时判断，视情况对可能的故障进行预测，提示维护或提示停机修理，以做必要预防。对机械设备，一般检查轴承噪声及润滑油变脏的时间。一般来说，噪声变大，润滑油变脏时间缩短，是需要维修的征兆。事实上，只要做了相关配置，用 PLC 程序完全有可能实现这种故障预测及预防。这样，既可充分利用资源，又不会因设备突然损坏给生产带来损失。

5. 故障或错误诊断

故障或错误诊断是对已发生的故障或错误的定性与定位，为排除故障、纠正错误提供依据。为此，需在计算机上建立故障或错误诊断知识库，编写系统运行监视与诊断程序。设置 PLC 现场监视系统，实时监测系统状态，采集与存储有关数据。必要时，两者联机、通信，PLC 把采集及存储的有关数据传送给计算机，计算机处理这些数据，并存入数据库。一旦系统出现故障，知识库即可根据数据库的规则及推理机制，对故障进行实时诊断。

二、技能拓展

在本项目控制程序中增添报警功能。

1. 报警要求

(1) 无料报警

圆盘直流电动机转动 15 s，抓料平台处的物料检测传感器仍未检测到工件到来，表明圆盘中无料，则报警指示灯按 2.5 Hz 的频率闪烁 2 次、常亮 2 s 的方式闪烁报警，系统不能启动，提醒操作人员加料。加料后，设备需重新启动，启动后报警灯灭。

(2) 机械手动作超时报警

设机械手每一步动作不超过 5 s，如任何一步动作超过 5 s 没有完成，报警指示灯以 2.5 Hz 的频率闪烁 4 次、常亮 2 s 的方式闪烁报警。如果报警 5 s 后，动作还没有完成，则系统立即停止运行。

2. 报警功能控制程序的编写

报警控制不宜将其放在步进状态中，可以根据工作的要求和设备的具体工作情况，采用经验编程法或者使用独立的步进过程编写专用的报警程序。

值得注意的是，如果采用经验编程法处理程序，需要避免出现双线圈输出。

(1) 无料报警程序的编写

编写无料报警程序时，需要注意：无料的条件是圆盘直流电动机转动 15 s，抓料平台传感器没有发出工件到达信号。报警时，停止的是圆盘直流电动机和循环信号，动作不受影响的是分拣和搬运。报警灯 2.5 Hz 即 0.4 s 闪亮 1 次，为固定频率的闪烁，闪亮两次可用定时器也可用计数器。用计数器时，需要用报警灯信号的下降沿计数。图 11—24 所示为无料报警控制程序。

(2) 机械手动作超时报警程序的编写

机械手动作超时报警程序可以利用 PLC 扫描周期的时间差来完成，将这段计时程序放在输出程序的上方，这样机械手每一步动作可以切断一次超时时间，如果任何一步动作完成没有来得及切断这个时间，则证明此步动作超时，T0 的触点将动作输出报警信号。报警指示灯程序的实现方法与工作异常报警一样，只是闪烁的次数有所变化，这里不再赘述。机械手超时报警程序如图 11—25 所示。

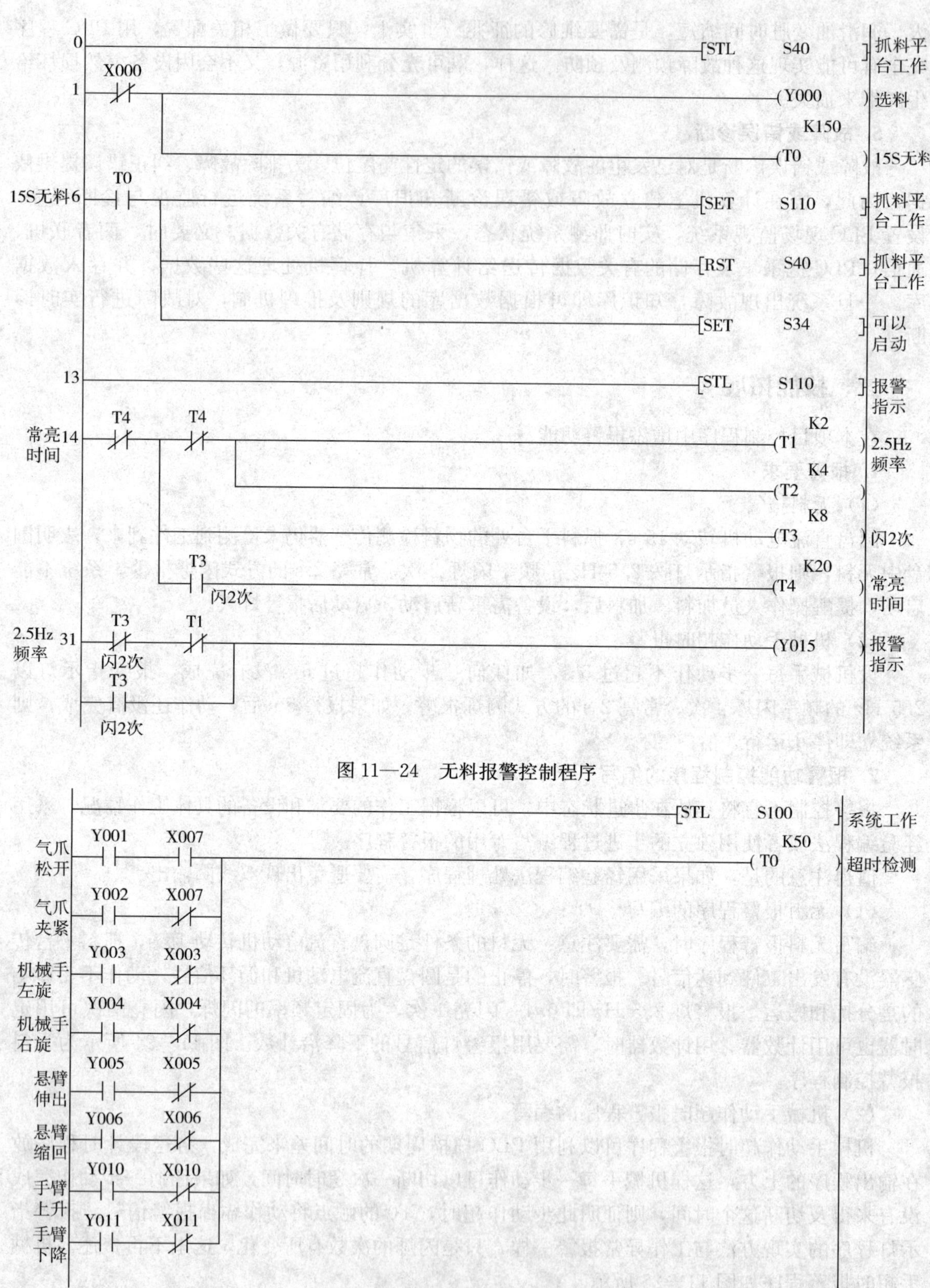

图 11—24 无料报警控制程序

图 11—25 机械手动作超时报警程序